ESSAIS

DE

PALÉOCONCHOLOGIE

COMPARÉE

Par M. COSSMANN

SEPTIÈME LIVRAISON

(Juillet 1906)

PARIS

CHEZ L'AUTEUR | F. R. DE RUDEVAL

95, *rue de Maubeuge* (x⁰) | 4, *rue Antoine Dubois*, 4

1906

ESSAIS

DE

PALÉOCONCHOLOGIE COMPARÉE

ESSAIS

DE

PALÉOCONCHOLOGIE

COMPARÉE

Par M. COSSMANN

SEPTIÈME LIVRAISON
(Juillet 1906)

PARIS

CHEZ L'AUTEUR   F. R. DE RUDEVAL
95, rue de Maubeuge (x°)   4, rue Antoine Dubois, 4

1906

CENACLE *CERITHIACEA*, Cossm. 1906

Forme turriculée, parfois pupoïde, ventrue ou même buccinoïde, spire polygyrée, généralement ornée de granulations, d'épines ou de côtes axiales plus ou moins crénelées, quelquefois simplement striée, jamais complètement lisse et vernissée. Ouverture presque toujours inférieure et rarement égale à la longueur de la spire, canaliculée ou sinueuse en avant, c'est-à dire plus ou moins siphonostome ; labre simple ou bordé, souvent très dilaté en forme de pavillon, généralement incurvé en arrière, mais aboutissant toujours normalement à la suture, très fréquemment proéminent du côté antérieur où il forme une languette plus ou moins développée ; columelle simple ou bien plissée, infléchie ou torduc en avant, près de sa jonction avec la sinuosité basale ; bord columellaire mince ou calleux, parfois détaché.

Observ. — Quelques explications me paraissent nécessaires au sujet du nouveau terme de classification : Cénacle, que j'ai proposé dans la « Revue critique de Paléozoologie » [1] pour désigner des groupes de Familles appartenant à un même Sous-Ordre de la Classe des Gastropodes, et pour remplacer le terme Superfamille récemment employé par quelques auteurs américains ; ce dernier terme ne me paraît pas suffisamment clair, puisqu'il peut également désigner tout ce qui est au-dessus de la Famille, comme le Sous-Ordre ou même l'Ordre dont elle dépend. La même objection ne peut pas être élevée contre le terme Sous-Famille qui désigne, lui aussi, un groupe de plusieurs Genres ne formant pas une Famille complète ; en effet, on est généralement habitué à adjoindre à un titre quelconque un sous-titre qui en représente la subdivision immédiatement inférieure, de sorte que, de ce côté, c'est-à-dire en descendant l'échelle. il ne peut y avoir aucune confusion. Il y en aurait une, au contraire, si l'on n'adoptait pas un mot spécial pour désigner la subdivision immédiatement supérieure qui risquerait de se confondre, comme étendue et comme limite, avec la subdivision inférieure du terme placé au-dessus dans la classification :

[1] **Janvier 1905, p. 60.**

1

c'est ainsi, par exemple, que « Supergenre » ne serait pas admissible, parce qu'il pourrait créer une ambiguïté dans sa limite avec Sous-Famille. Tels sont les motifs qui m'ont conduit à proposer — et à adopter désormais — dans ma classification, le terme « Cénacle » à la place de Superfamille, avec la désinence *acea*, empruntée à Lamarck.

Si l'on fait un retour en arrière sur les six livraisons, antérieurement publiées, de ces « Essais », il semble que l'on pourrait ainsi distinguer un certain nombre de Cénacles dans les Ordres et Sous-Ordres précédemment étudiés : ACTÆONACEA, BULLACEA, PLICACEA, FUSACEA, BUCCINACEA, MURICACEA, TRITONACEA, INVOLVACEA, ALATACEA. Il y a d'ailleurs des Cénacles qui se réduisent à une ou deux Familles, de sorte qu'il serait superflu de leur attribuer un nom.

✳

Le nouveau Cénacle CERITHIACEA, dont nous abordons maintenant l'étude, comprend un groupe important de Familles de Pectinibranches tænioglosses, qui sont presque exclusivement désignées jusqu'ici, dans tous les Manuels de Conchyliologie, sous le nom familial *Cerithidæ*. Fischer en avait déjà rapproché les deux Familles *Modulidæ*, *Planaxidæ* ; mais il y joignait aussi les Nérinées qui sont des ENTOMOTÆNIATA (V. liv. II), et il en écartait les *Purpurinidæ* qui, à mon avis, sont plus à leur place ici que près des Pourpres ou des Buccins.

Or, si l'on examine le caractère essentiel de la coquille des *Cerithidæ* actuels ou tertiaires, c'est-à-dire le canal cérithial, on s'aperçoit que cet appendice, dont la longueur varie beaucoup selon qu'il s'agit d'animaux vivant dans les mers ou dans les fleuves, est très atrophié, ou même remplacé par une échancrure versante chez certaines formes tertiaires, telles que *Diastoma* et *Sandbergeria*, à tel point qu'on les considérait autrefois comme des *Melania* ou des *Rissoia*. Si l'on poursuit cette recherche en descendant dans l'échelle stratigraphique des terrains, et surtout si l'on dispose d'échantillons ayant leur ouverture intacte (ceux-là seuls peuvent servir de base à la classification systématique), on ne tarde pas à s'apercevoir que le canal cérithial, encore visible chez les espèces supracrétaciques, est remplacé par un bec — en quelque sorte ancestral — chez les formes infracrétaciques, et que, dans le Système jurassique, il se réduit à une sinuosité, parfois anguleuse, qui n'est même plus un bec, et qui indique à peine une tendance rudimentaire à la formation d'une échancrure, juste suffisante pour affirmer que l'ouverture n'est pas holostome.

Quels sont les motifs de cette modification graduelle dans la forme de l'orifice par lequel se projette au dehors le siphon servant à alimenter d'eau l'animal des Cérites? Pourquoi l'évolution de ce canal s'est-elle plus accélérée chez certains groupes que chez d'autres où l'échancrure a peu varié? C'est ce que je ne suis pas en mesure d'expliquer, même par des hypothèses plus ou moins ingénieuses, attendu que la biologie des faunes paléontologiques est absolument inconnue. Mais cela dénote du moins, chez les animaux absolument semblables aux vrais Cérites, sauf par le canal, des mœurs assez différentes pour que l'on soit en droit de les grouper dans une Famille complètement distincte : **Procerithidæ**, indiquant bien que, dans ma pensée, ces animaux mésozoïques sont les ancêtres des Cérites tertiaires actuels.

L'origine des *Cerithiacea* s'explique d'ailleurs aisément, dès que l'on admet que ces *Procerithidæ* sont des *Cerithidæ* à peu près holostomes : leur première apparition se manifeste à la base du Lias ou vers la fin du Trias ; auparavant, toutes les coquilles à spire turriculée et à ouverture arrondie à la base ont été jusqu'ici classées dans la Famille *Loxonematidæ* qui date de l'époque silurienne. Or, d'un *Loxonema* bien orné à un *Procerithium* peu granuleux, il n'y a presque pas de différences quant à la forme de l'ouverture, de sorte qu'on se demande sur quels caractères subtils on pourra fonder la distinction à faire entre deux Cénacles, ou même entre deux Familles : il n'y en a guère d'autre que dans l'ancienneté relative des deux formes comparées, preuve évidente que la seconde forme descend bien de la première.

Quant à l'origine des Siphonostomes autres que les *Cerithiacea* et les *Alatacea*, nous avons vu jusqu'à présent, dans les précédentes livraisons, que leurs premiers représentants n'ont commencé à apparaître que dans le Système crétacique, bien après le temps où vivait *Columbellina* et surtout *Columbellaria* ; comme ces dernières formes, qui leur ont probablement donné naissance, sont-elles mêmes issues des *Alatacea* avec lesquels elles ont de réelles affinités comme on l'a vu précédemment, on en conclut que, dans leur ensemble, les coquilles des Siphonostomes sortent vraisemblablement de deux souches parallèles et très anciennes : *Alatacea* et *Cerithiacea*, sans qu'il soit encore possible de préciser à quelle époque elles ne formaient qu'un seul phylum, ou laquelle des deux a engendré l'autre.

Cette première question d'origine étant posée, sans être résolue quant à présent, il reste à essayer au moins de saisir l'enchaînement de ces *Cerithiacea* à travers les âges, c'est-à-dire suivre leurs transformations, de manière à en déduire un système de classification qui permette de mettre un peu d'ordre dans l'arrangement de ces nombreux Mollusques, si différents les uns des autres.

Or, sur ce point, nous trouvons déjà quelques indications dans la récente et magistrale étude de M. H. Douvillé sur les fossiles supra-crétaciques de la Perse ([1]) : notre savant confrère mis en présence d'une faune presque entièrement nouvelle et très riche en Cérites, a repris, en citant d'ailleurs la référence, une observation que j'avais précédemment faite ([2]) à propos des fossiles de l'Infralias de la Vendée, et il écrit à ce sujet : « Tout semble indiquer que le canal s'est développé progressivement et que c'est un caractère essentiellement évolutif, c'est-à-dire d'autant plus marqué que l'espèce est plus évoluée, plus récente ; au point de vue de la classification, son importance est donc tout à fait secondaire. »

Puis il ajoute : « l'ornementation de la coquille, qui est dans la dépendance directe de la forme du labre, nous a paru au contraire avoir une importance bien plus grande ; c'est un caractère nettement statif et qui permet d'établir des séries assez homogènes pour qu'on

---

([1]) **Mission scientifique en Perse.** — Paléontologie, Paris, 1905.
([2]) **B. S. G. F.** (4), t. II, p. 173.

puisse les considérer comme constituant des rameaux naturels ».

« Nous arrivons à distinguer ainsi deux groupes principaux, celui des Cérithidés, dans lequel le labre est peu sinueux, très légèrement concave sur le côté ou quelquefois même presque plan, et celui des Campanilidés, dans lequel le labre est beaucoup plus infléchi et en forme d'*S* inverse ; il est très fortement oblique en arrière sur le côté droit ; tantôt il conserve cette obliquité jusqu'à la suture, tantôt il se recourbe un peu en avant dans son voisinage. »

Ces principes si clairs et si nets sont exposés avec une justesse d'expressions si séduisante, qu'on est d'avance conquis par les conclusions qu'en a tirées M. Douvillé : aussi ai-je immédiatement essayé de les mettre en application, c'est-à-dire de faire entrer dans les deux phylums proposés la diversité des faunes mésozoïques qu'il s'agit de débrouiller. Mais je me suis aussitôt heurté, dans cette recherche, à des difficultés, à des contradictions, à des impossibilités même, qui m'ont contraint de revenir sur les principes eux-mêmes, et de discuter la valeur relative des deux critériums qui ont servi de base au projet de classification énoncé ci-dessus entre guillemets.

Tout d'abord, la sinuosité du labre, si caractéristique chez certains Cérithiacés, n'a pas le caractère « statif » que l'on serait tenté de lui attribuer ; c'est un critérium « évolutif », lui aussi, presqu'au même degré que le développement du canal cérithial ; cette sinuosité complète n'apparaît guère qu'à la même époque paléontologique où le bec initial se transforme en un véritable canal, et j'ajoute même qu'au point de vue plastique de la formation du péristome d'un Cérite, il ne peut matériellement pas en être autrement, parce que les deux critériums sont mécaniquement solidaires l'un de l'autre.

En effet, dans la sinuosité du labre (je parle, bien entendu, d'ouvertures complètes et adultes), il faut distinguer deux éléments partiels de courbure : la région latérale, correspondant à la hauteur du dernier tour, qui est toujours incurvée en sens concave chez les Cérites, même les plus anciens ; — et la région correspondant à la base de ce dernier tour, c'est-à-dire le contour supérieur ou le plafond de l'ouverture, qui se reploie en formant une courbe convexe et plus ou moins proéminente, en sens inverse de l'excavation latérale de la première région ; l'ensemble des deux courbures forme ainsi l'*S* renversé que vise M. Douvillé dans le troisième alinéa précité.

Or, si la première courbe concave est très prononcée, la seconde courbe convexe ne peut se développer qu'autant que la fragile languette qu'elle forme trouve un point d'appui à son extrémité dans la saillie tordue d'un canal s'élevant au-dessus du niveau de ce plafond ; c'est ce qui explique pourquoi les *Procerithium* de l'Infralias — qui n'ont qu'une sinuosité basale à la place du canal — ont le plafond de l'ouverture très peu convexe ; et il en est de même chez *Cerithium unitorquatum* du Callovien, que cite précisément M. Douvillé comme un des premiers Campanilidés. Au contraire, dès l'époque crétacique, un simulacre de canal commençant à apparaître chez certaines formes du Groupe de *C. trimonile*, aussitôt on voit la courbe convexe du plafond s'avancer avec le degré de proéminence qui a frappé, avec raison, l'attention de M. Douvillé ; mais, en même temps, cette courbe se relève un peu en hauteur, pour faire sa jonction avec l'extrémité du bec subcanaliculé où se termine la columelle, et c'est dans cette torsion gauchie que le plafond prend la force — ou plutôt l'épaisseur — nécessaire pour servir d'appui à une languette en arc de cercle. Il est vrai que cette torsion ne peut se constater que sur des ouvertures intactes, et qu'elle échappe à l'observateur quand il ne consulte que les stries d'accroissement.

D'ailleurs, quand on examine les coquilles tertiaires ou actuelles, qui ont un canal puissant, on s'aperçoit que la saillie du plafond prend alors un développement semicirculaire, en rapport avec l'appui que lui prête le canal — et cela non seulement chez *Campanile*, mais encore chez *Cerithium nodulosum* qui est le type du Genre *Cerithium*.

Ainsi, en résumé, l'examen d'ouvertures intactes de Cérites mésozoïques prouve irréfutablement que la proéminence du labre est fonction [pour parler mathématiquement] du développement du bec, puis du canal ; que par conséquent, ce critérium est aussi évolutif que l'autre ; et qu'en définitive, si l'on veut fonder une classification de Familles sur des phylums parallèles, présentant des caractères statifs à l'exclusion des caractères évolutifs, il ne faut pas prendre la courbure du labre plutôt que le développement du canal. D'ailleurs, on risquerait d'être très embarrassé pour le classement d'un certain nombre de coquilles tertiaires chez lesquelles le labre se développe graduellement, même selon l'âge des individus de la même espèce, de sorte qu'à l'état adulte cette espèce devrait, à la rigueur, être classée dans une autre Famille que celle où on la placerait dans le jeune âge : ce serait donc alors un critérium gérontique !

D'autre part, je me demande pourquoi les critériums évolutifs seraient relégués au second plan dans la taxonomie des Familles, surtout si l'on remarque que tout critérium statif devient évolutif lorsqu'on remonte suffisamment loin dans l'ancienneté des époques géologiques. Puisqu'une Famille est un assemblage de Genres qui ont un certain nombre de caractères communs, pourquoi exclurait-on de sa diagnose un caractère, sous le prétexte qu'il se modifie dans le temps ? Comme ils se modifient tous, avec plus ou moins d'amplitude, à quelle limite s'arrêtera-t on pour déclarer qu'un critérium est suffisamment statif et peut-être admis comme familial ? Cette incertitude cesse, au contraire, quand on se guide d'après l'évolution du canal, et quand on circonscrit les Familles d'après l'état d'avancement ou la spécialisation de cet organe, chez les *Cerithiacea*.

J'ai fait allusion, dès le début de cette discussion, aux difficultés qu'on rencontre si l'on cherche à appliquer cette synthèse théorique ; pour montrer qu'on serait conduit à des assemblages hybrides de formes qui contrasteraient d'une manière flagrante, il me suffira de citer quelques exemples : *Terebrella* (*Cerith. unitorquatum*) serait rapproché de *Campanile*, *Procerithium* viendrait se confondre avec *Vulgocerithium* ; au contraire, on placerait, dans deux Familles différentes, *Cerith. nodulosum* et *Vulgocerithium vulgatum*, quand les malacologistes nous affirment que les animaux de ces coquilles sont semblables ; de même, *Cerithidea* serait rattaché aux Campanilidés, tandis que *Pyrazus* et *Terebralia* iraient rejoindre *Procerithium* dans une autre Famille ; qui voudrait admettre un tel chassé-croisé ? Dans une même Famille, on réunirait des coquilles à peu près holostomes et d'autres essentiellement siphonostomes ! Or, bien que l'ancienne division des Gastropodes en deux Sous-Ordres, correspondant à ces deux états du contour antérieur de l'ouverture, soit abandonnée, il n'en est pas moins vrai que, d'après la classification actuelle des Gastropodes récents, celle du Manuel de Fischer par exemple, la coupure entre ces deux groupes se fait précisément aux environs de *Cerithiacea*, si l'on en rapproche les *Melaniacea* comme on le fait aujourd'hui ; il se trouve que cet arrangement coïncide assez exactement avec celui qui est fondé sur l'étude de la radule, et en partie avec les subdivisions faites d'après la forme de l'opercule ; ces deux derniers critériums sont d'un grand secours pour les conchyliologistes des mers actuelles. Si donc les paléontologistes — qui ne peuvent avoir recours à ces deux critériums — se guidaient uniquement d'après la sinuosité du labre, ils aboutiraient à un groupement de Familles et de Genres qui, au lieu de s'intercaler pour les êtres éteints, dans les mailles de la classification des coquilles vivantes, serait en complète contradiction avec elle.

La conclusion à tirer de cette longue discussion est qu'il faut, ici comme dans tous les autres Cénacles de Gastropodes, s'inspirer de l'ensemble des caractères, en accordant peut-être un peu plus d'importance que d'habitude au critérium de l'ornementation des Cérites, qui est un guide précieux lorsque leur ouverture est mutilée. En prenant comme base ce principe éclectique, je crois que l'on peut arriver à un arrangement satisfaisant des Familles dont se compose le Cénacle *Cerithiacea*, en les disposant de la manière suivante .

EUSTOMIDÆ. — Famille intermédiaire entre *Alatacea* et *Cerithiacea* .... **Jurassique.**
BRACHYTREMIDÆ. — Famille intermédiaire entre *Columbelli-
nidæ* et *Cerithiacea* .... **Jurassique.**
PROCERITHIDÆ. — Ouverture presque holostome, sinueuse
ou anguleuse à la « jonction de la columelle avec le contour supérieur ; pas de canal véritable ; labre incurvé
en arrière, peu proéminent en avant .... **Mésozoïque.**
CERITHIDÆ. — Canal cérithial plus ou moins long, généralement infléchi à droite avec la columelle tordue ; labre
plus ou moins sinueux, souvent très proéminent en
avant .... **Crét. Tert. Viv.**
CERITHIOPSIDÆ. — Canal tordu ; labre non sinueux ; protoconque développée .... **Tert. Viv.**
TRIFORIDÆ. — Canal clos ; tubulures adventives ; spire
normalement sénestre .... **Crét. Tert. Viv.**
DIASTOMIDÆ. — Pas de canal, sinuosité basale versante dont
les accroissements produisent un limbe plus ou moins
calleux .... **Crét. Tert. Viv.**
TRICHOTROPIDIDÆ. — Bec subcanaliculé ; labre non sinueux,
oblique .... **Crét. Tert. Viv.**
PURPURINIDÆ. — Sinuosité basale non versante ; bourrelet
ou limbe basal .... **Mésozoïque.**
PLANAXIDÆ. — Columelle tronquée ; échancrure basale ; labre non sinueux .... **Tert. Viv.**
MODULIDÆ. — Columelle tronquée et dentée à son extrémité ; labre non sinueux, oblique .... **Tert. Viv.**

En réalité, il n'y a de controverse ouverte qu'en ce qui concerne
la troisième et la quatrième de ces Familles ; tandis que M. Douvillé,
dans le Mémoire précité, admet deux phylums parallèles qui emprun-
tent leurs Genres indistinctement à chacune de ces Familles,
et probablement aussi aux trois suivantes qui n'ont pas le
labre sinueux en avant, je préconise une coupure qui, tout en ré-
pondant également aux conceptions phylogénétiques, a l'avantage de
ne rapprocher que des animaux ayant entre eux des liens de parenté
collatérale, comme il doit en exister entre tous les membres d'une
même Famille.

Quant à ce qui concerne plus particulièrement la Famille *Purpurinidæ*, que l'on n'a jamais vu jusqu'ici figurer dans le Cénacle *Cerithiacea*, nous avons déjà conclu précédemment que sa place n'est pas

auprès des *Purpuridæ*, et nous ajouterons qu'elle n'est pas davantage auprès des *Littorinidæ*, dont on serait tenté de la rapprocher à cause de la forme générale de la coquille. Mais leur sinuosité basale, parfois rétrécie comme un bec, ressemble à celle de quelques *Procerithidæ* et rappelle aussi un peu *Trichotropis* ; d'autre part, *Purpuroidea* possède un limbe basal tout à fait analogue à celui de *Diastoma*. C'est donc dans le voisinage de ces dernières formes que j'ai définitivement classé les *Purpurinidæ*.

EUSTOMIDÆ, *nov. Fam.*

Spire cérithiforme ; ouverture à labre étalé, avec un canal droit et rostré.

Ces formes sont intermédiaires entre les *Alatacca* et les *Cerithiacea* ; dans l'état actuel de nos connaissances, on ne peut les caractériser d'une manière plus précise : c'est un rameau latéral et hybride qui participe à la fois aux caractères de ces deux Cénacles et dont l'apparition n'a eu lieu qu'à une époque où leurs représentants étaient en plein épanouissement. Il n'y a d'ailleurs qu'un Genre, avec un Sous-Genre, à placer quant à présent dans cette nouvelle Famille, ce qui me dispense de dresser le tableau habituel des critériums distinctifs.

DIATINOSTOMA, Cossm. 1905. (¹)
(= *Eustoma*, Piette 1855, *non Eustomum* Leidy, *Vermes* 1851)

Coquille cérithiforme, à péristome étalé et calleux, terminée en avant par une sorte de canal ou de rostre droit, étroitement fermé.

(¹) Etymologie: Διατεινω j'étends ; στομα, ouverture. Cette correction a été proposée dans le Bull. de la Soc. Géol. de Fr. (Réunion extraord. dans les Alpes-Mar. 1902, publiée seulement à la fin de 1905). Référence de la dénomination *Eustoma* : B. S. G. F. (2). T. XII, p. 1107, Pl. XXXI, fig. 1-2.

DIATINOSTOMA, *s. str.*   G-T. (¹) : *Eustoma tuberculosum*, Piette. Bath.

Test épais. Taille parfois assez grande ; forme allongée, turriculée ;
spire longue, aiguë au sommet, étagée aux sutures, à galbe conique ;
tours étroits, ornés de tubercules pustuleux au-dessus de la suture
et de quelques cordons spiraux sur la région antérieure. Dernier
tour grand et prolongé chez les spécimens intacts et adultes, arrondi
à la périphérie de la base qui est médiocrement convexe, ornée de
cordons concentriques jusque sur le cou très long, fusoïde, à peine
excavé. Ouverture arrondie, à péristome étalé non seulement sur la
base, mais jusque sur l'avant-dernier tour, comme chez *Rostellaria*,
terminée en avant par un pseudo-canal analogue à une digitation
finement creusée, presque close ou étroitement rainurée sur sa face
ventrale, et dont la longueur devait dépasser celle du dernier tour y
compris la base ; labre épais, à peu près vertical, bordé et réfléchi à
l'extérieur, dépourvu de sinuosité antérieure, en deçà de sa jonction
avec la digitation, se prolongeant en arrière le long d'une gouttière
interne qui descend jusqu'au delà de la suture de l'avant-dernier tour,
de même que le bord opposé s'étale sur la face ventrale de la spire
avant de faire sa jonction avec le labre ; columelle excavée, non
plissée ; bord columellaire détaché du cou, formant un pavillon évasé
et se raccordant en avant, en face du labre, avec le bord de la rainure
du rostre.

Diagnose refaite d'après les spécimens cotypes (²) de l'espèce-type (pl. V,
fig. 1-5), collection de l'Ecole des Mines.

Observ. -- Malgré le déplaisir que j'éprouve à changer une dénomination
consacrée par l'usage depuis cinquante ans, il ne paraît pas possible de laisser
subsister un double emploi de noms aussi contraire aux règles de la Nomencla-

(¹) Par application des termes proposés par M. Schuchert (V. Revue crit. Paléoz, 1906,
n° 1, p. 6). nous désignerons désormais par G.-T. (**Génotype**), l'espèce type d'un Genre,
Sous-Genre ou Section , et par **Génoplésiotype**, toute espèce fossile choisie comme
exemple.
(²) D'après M. Schuchert, **Cotype** désigne tous les spécimens qui ont simultanément
servi de type à l'établissement d'une espèce.

ture ; *Eustoma* est exactement synonyme d'*Eustomum*, que l'auteur (Leidy) a incorrectement orthographié, puisque l'étymologie commune est ainsi formée : ευ , bien ; στοια, bouche. J'ai déjà indiqué cette rectification dès l'année dernière, à propos de la description des fossiles bathoniens du gisement de Courmes (Alpes-Maritimes).

Rapp. et diff. — Le classement de ce Genre est très embarrassant ; lorsque j'ai rédigé la précédente livraison de ces « Essais », j'ai renoncé à le comprendre parmi les coquilles ailées, non seulement à cause de sa spire cérithiforme, mais encore à cause de la rainure canaliforme que contient la digitation antérieure ; j'éprouve maintenant la même hésitation au moment de placer ce faux Cérite mésozoïque à côté des *Procerithidæ* qui n'ont pas le moindre canal séphonal, et chez lesquels l'indice d'un bec rudimentaire atteste seul que ces coquilles ont pu être les ancêtres des Cérites siphonostomes de l'époque tertiaire.

En examinant de nouveau à la loupe la digitation de l'unique spécimen à peu près intact du gisement d'Eparcy, — et je ne sache pas qu'on en ait jamais recueilli d'autres, ni là ni ailleurs, — je constate que ce pseudo-canal, de 1 millim.1/2 à 2 mill. à peine au diamètre extérieur, ne montre sur sa section transversale pas plus de 1/2 mill. de gangue calcaire à l'intérieur du test ! Est-ce bien dans cet espace restreint que pouvait passer le siphon d'un animal dont la coquille mesurait au moins 7 centimètres de longueur totale et dont l'ouverture avait un diamètre de plus d'un centimètre au fond ? Il y a, au contraire, lieu de présumer que le siphon ne sortait pas par cet orifice enclos et insuffisant, et que ce pseudo-canal n'était qu'une digitation dont la fonction était de protéger une lanière de manteau, exactement comme chez les coquilles ailées.

C'est en présence de cette incertitude que j'ai proposé la Famille mixte *Eustomidæ*, en attendant la solution de ce problème encore obscur.

Répart. stratigr.

BATHONIEN. — Outre l'espèce-type dans l'Aisne, ma coll., une espèce voisine, à ouverture inconnue toutefois, dans les Alpes-Maritimes. *Eustoma Guebhardi* Cossm., ma coll. Il existe également dans l'Aisne une coquille dont la spire est très semblable à celle du type, mais dont l'ouverture a été restaurée par M. Piette avec un canal cérithial ; *Nerinea margaritifera* d'Arch., ma coll.

CALLOVIEN. — Une espèce probable, mais à ouverture inconnue, dans les couches de Montreuil-Bellay : *Cerithium obliteratum* Héb. et Desl., d'après la figure de la M nographie de ces auteurs (pl. VII, fig. 5).

RAURACIEN. — Une espèce probable, quoique incomplète, dans les couches coralligènes du Jura bernois : *Cerith. Schardti* de Lor. (1ᵉʳ supplément 1895, p. 16, pl. III, fig. 8-10) ; une autre espèce dans les mêmes gisements et dans le « Coral-rag » de la Meuse : *Cerith. Collincum* Buv., d'après M. de Loriol (Mém. Soc. pal. suisse, 1899, p. 68, pl. IX, fig. 6-8), et d'après un fragment de ma collection ; peut-être aussi *Cer. Kobyi* de Lor. (*ibid.* fig. 10) est-il la pointe d'un *Diatinostoma* ou d'un *Ditretus*.

SÉQUANIEN. — D'après l'ornementation à tubercules suprasuturaux et à cordons spiraux, il est possible que la grande coquille dénommée *Cer. Achilles* d'Orb. appartienne à ce Genre (V. de Loriol, Couches séq. de Tonnerre, p. 37, pl. III, fig. 1-2).

KIMMÉRIDGIEN. — Une espèce probable, mais mutilée, dans les couches coralligènes de Valfin : *Cer. Germaini* Etallon. Coll. du Musée de Dijon.

BARRÉMIEN. — Une grande espèce dans le Gard. appartenant probablement à un Genre distinct de la Famille *Eustomidæ*, mais dont on ne connaît pas encore l'ouverture intacte : *Diatinostoma? Pellati* Cossm. (pl. XIV, fig. 12), coll. Pellat.

TURONIEN. — Une espèce du même groupe et de la même ornementation que la précédente, dans la craie de Gosaa : *Cerith. Haidingeri* Zek., d'après les figures et d'après les clichés du spécimen-type, envoyés par M. Kittl.

DITRÆTUS, Piette, 1874. ([1])   G-T. : *Cerithium rostellaria*, Buv. Raur.

« Coquille turriculée, terminée en avant par un canal très court, fermé sur ses côtés, ouvert antérieurement [pour donner passage à l'eau de mer dans le siphon ?]. Ouverture ovale ou arrondie, pourvue d'un péristome plus ou moins développé ; canal postérieur rudimentaire ou même nul ; bord libre épais, non digité ni échancré ; encroûtement columellaire très étendu et parfois relevé sur les bords. Ornements semblables à ceux des Cérites et consistant surtout en cordonnets enroulés transversalement et en rangées transversales de petits tubercules. »

« Dans les adultes, dit M. Buvignier, le péristome s'épaissit tellement que la bouche devient presque linéaire et que les rebords des deux lèvres donnent à la coquille l'aspect d'une Rostellaire, tandis que le canal se ferme par le rapprochement des deux bords, de manière à présenter une simple perforation. »

Reproduction de la diagnose originale ; vues de spécimens presque intacts du Rauracien supérieur de Ste-Ursanne : *D. Thurmanni* de Lor. (pl. V, fig. 6-10), coll. du Musée de Bâle, comm. par M. Greppin.

([1]) Sur quelques Gastr. nouv. ou peu connus. Assoc. franç. Congrès de Lille, pl. III, fig. 4-6.

Diatinostoma

Rapp. et différ. — En proposant ce nouveau Genre, M. Piette n'a pas indiqué qu'on dût le rapprocher d'*Eustoma* ; il s'est borné à le décrire immédiatement après ce dernier, ce qui me fait présumer qu'il le rangeait probablement dans le même groupe. Or je considère *Ditretus* comme un Sous-Genre seulement de *Diatinostoma* auquel il ressemble par la plupart de ses caractères, à tel point que l'on pourrait le définir comme étant un *Diatinostoma* dont on aurait raccourci la digitation antérieure ; même l'ornementation, — quoique les tours soient plus étagés, les tubercules plus saillants, et la spire plus courte, — a un aspect semblable qui appelle immédiatement l'attention de l'observateur. J'ai mis entre crochets, avec un point de doute, la phrase de la diagnose de M. Piette, dans laquelle il attribue à ce canal rudimentaire la fonction de donner passage, comme chez *Cerithium*, au siphon adducteur de l'eau nourricière de l'animal : c'est une hypothèse aussi incertaine chez *Ditretus* que chez *Diatinostoma*, attendu que le diamètre de cet orifice n'est guère plus ouvert ; à ce point de vue, l'opinion de Buviguier — qui rapprochait au contraire l'ouverture de l'espèce-type de celle de *Rostellaria* — n'est pas à négliger.

Ditretus semble être, en partie le contemporain, en partie le successeur de *Diatinostoma*, si toutefois l'attribution à ce Sous-Genre des quelques formes portlandiennes ci-dessous mentionnées, est exacte. Il y a, d'autre part, quelques coquilles crétaciques dont la spire a de l'analogie avec celle de *Ditretus*, mais dont l'ouverture paraît nettement rectangulaire : on les retrouvera plus loin dans la Famille *Procerithidæ* (S.-F. *Metacerithinæ*) sous le nom *Cimolithium*.

Répart. stratigr.
> RAURACIEN. — L'espèce-type dans le « Coral-rag » de la Meuse, d'après les figures publiées par l'auteur de l'espèce (1852, Stat. géol. Meuse, p. 40, pl. XXVII, fig. 7-9). Une autre espèce à tubercules plus allongés, dans les couches coralligènes du Jura bernois : *D. Thurmanni* de Lor. (*loc. cit.* p. 75, pl. VIII, fig. 18-22), ma coll.
>
> KIMMERIDGIEN. — Deux espèces très douteuses, pupoïdes et frustes, dans le Plérocérien de Valfin : *Cer. Charpyi*, *Eustoma jurassense* de Lor., d'après la Monographie de cet auteur (Moll. Cor. Valfin, p. 133 et 137, pl. XIII, fig. 8, pl. XIV, fig. 1-2).
>
> PORTLANDIEN. — Trois espèces trapues et étagées, dans les couches tithoniques de Stramberg : *Cer. (Eustoma) pagoda*, *migrans* Zittel, *Cer. nodosostriatum* Peters, d'après la Monographie de Zittel (pl. XIX, fig. 13). Plusieurs formes analogues dans les Alpes suisses, d'après la Monographie d'Ooster (Cor. de Wimmis, pl. VI, fig. 9-12, 15-16). Un échantillon à peu près complet de *C. nodosostriatum* Pet., dans les couches de Murles (Hérault), coll du Musée de Dijon, avec une autre espèce inédite, différente de *C. migrans*.

BRACHYTREMIDÆ, *nov. Fam.*

Coquille buccinoïde, à spire très ornée, à dernier tour très développé, à péristome dilaté et calleux, avec une double gouttière dans l'angle inférieur de l'ouverture, et une sinuosité subéchancrée à la base ; columelle lisse ou plissée, infléchie à droite vers son extrémité antérieure.

Observ. — La création de cette nouvelle Famille s'impose non seulement à cause du galbe général des coquilles que j'y classe et qui n'ont guère l'aspect des Cérites, mais encore et surtout à cause de leur ouverture dilatée et calleuse, échancrée en arrière par une double gouttière, ressemblant à celle de *Diastoma* ou de *Columbellina*, plutôt qu'à l'ouverture arrondie d'un *Procerithium* ; le bec basal, dont la formation est encore accentuée par l'inflexion de l'extrémité de la columelle, ne ressemble nullement au canal court des *Cerithium* bucciniformes, ni à la sinuosité versante des *Purpurinidæ*.

En tenant compte de ces divers éléments, je place donc la Famille *Brachytremidæ* entre les coquilles ailées et la Famille *Procerithidæ*, c'est-à-dire immédiatement après les *Eustomidæ*, mais avec la certitude qu'elle fait bien partie du Cénacle *Cerithiacea*, et non pas du Cénacle *Alalacea*.

Tableau des Genres, Sous-Genres et Sections

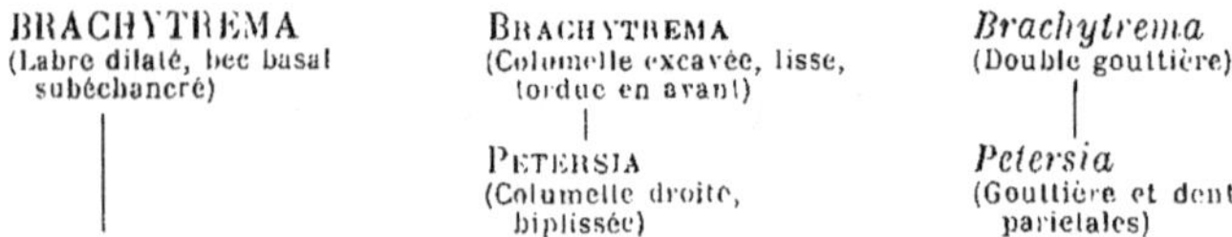

BRACHYTREMA (Labre dilaté, bec basal subéchancré)	BRACHYTREMA (Columelle excavée, lisse, tordue en avant) | PETERSIA (Columelle droite, biplissée)	*Brachytrema* (Double gouttière) | *Petersia* (Gouttière et dent pariétales)

BRACHYTREMA, Morris et Lycett, 1850 ([1]).

Coquille épaisse, ventrue, bucciniforme, à ouverture dilatée, échancrée à la base par une large sinuosité, munie d'une double gouttière postérieure ; columelle tordue en avant.

BRACHYTREMA, *s. str.*   G-T. : *B. Buvignieri* Morr. et Lyc. Bath.

Diagn. orig. *Testa turrita, turbinata ; anfractibus convexis et costatis, nodulosis aut cancellatis ; labro dextro tenui ; columella rotundata, lævi, ad basim contorta ; canali brevi, obliquo.*

---

(1) Moll. from the Gr. Ool., I, p. 24. — Palæotongr. Soc. 1850.

Diagn. rect. Taille moyenne, parfois assez grande ; forme courte, buccinoïde, ventrue ; spire régulièrement conique, parfois étagée ; tours étroits, généralement anguleux, ornés de costules noduleuses et de filets spiraux, avec des varices irrégulières. Dernier tour supérieur à la moitié de la hauteur totale, très souvent anguleux à la périphérie de la base qui est déclive ou peu convexe, ornée de cordons jusque sur le cou excavé et dépourvu de bourrelet. Ouverture grande, en pavillon très dilaté, quoique petite et arrondie au fond de cette large embouchure, munie d'une double gouttière à la partie inférieure, se terminant en avant par une troncature largement sinueuse qui ressemble à un canal échancré lorsque le contour supérieur n'est pas parfaitement intact ; labre ample, un peu réfléchi à l'extérieur, non bordé cependant, arrondi et proéminent en avant où il s'élève un peu plus haut que le bord opposé, lacinié à l'intérieur, échancré en arrière vis-à-vis du débouché des deux gouttières ; columelle excavée, lisse, tordue en avant par une sorte de pli obsolète qui l'infléchit fortement à droite ; bord columellaire calleux, bien appliqué sur la base où il est mince, formant en avant une lame qui se détache du cou et se termine en pointe contre l'extrémité de la columelle.

Diagnose refaite d'après des échantillons intacts et adultes de l'espèce génotype, du Vésulien de St-Gaultier (pl. V, fig. 11-14), ma coll.).

Observ. — Il y a loin de la diagnose originale, publiée en latin par les auteurs anglais et reproduite ci-dessus, à la description que nous faisons suivre après cette diagnose et qui est presque textuellement la reproduction de celle de *B. Buvignieri* (1900, Et. sur le Bath. de l'Indre, I, p. 13), faite d'après un spécimen dont l'ouverture est intacte, sauf un petit éclat du test, précisément à l'emplacement du canal ; cette entaille accidentelle, dont l'échancrure ne correspond nullement au tracé réel des stries d'accroissement du contour supérieur de l'ouverture, n'existe pas, comme on peut s'en rendre compte par l'examen du second génotype que je fais figurer à côté du premier, malgré qu'il ait l'ouverture en moins bon état sur les autres parties du contour : en enlevant grain par grain, à l'aide d'une pointe fine, la gangue calcaire qui encombrait son ouverture, j'ai réussi à dégager la sinuosité du contour supérieur sans entamer aucune partie du test qui est précisément très mince à cet endroit, ce qui explique qu'on ait très rarement l'occasion d'observer le véritable contour intact, et qu'on ait toujours attribué jusqu'ici un canal antérieur à *Brachytrema*. L'existence inexacte de ce canal est signalée dans la diagnose originale ; l'erreur a été reproduite par tous les auteurs qui ont suivi, même par M. Piette (1874, Assoc. franc. Congrès de Lille) qui s'est borné à ajouter quelques détails intéressants à la caractéristique fournie par Morris et Lycett ; cependant M. Piette a ajouté, dans un dernier alinéa, que *B. unituberculata* « fait partie d'un groupe de coquilles turbinées, dépourvues de canal, n'ayant qu'une rigole mal accentuée... » ; il a même fait figurer (pl. III, fig. 15-17) un échantillon de *B. Cotteaui* qui aurait un péristome épais et presque holostome ! La vérité est entre ces deux extrêmes : *Brachytrema* possède une sinuosité qui se raccorde à l'extrémité de la torsion columellaire, sans former un véritable canal, comme cela a lieu chez *Purpuroidea* ; mais, tandis que, chez ce dernier, la columelle est infléchie à gauche vers la sinuosité — ce qui en rétrécit l'ampleur — au contraire chez *Brachytrema* l'extrémité de la columelle s'incline à droite et contribue à prolonger l'étendue de la sinuosité basale. Cette différence capitale explique pourquoi je n'ai pas classé *Brachytrema* dans la même Famille que *Purpuroidea*, tout en le plaçant dans le Cénacle *Cerithiacea* et en l'excluant du Cénacle *Alatacea*, dont il se rapproche par d'autres caractères.

Dans ce dernier Cénacle, *Columbellina* possède un péristome très analogue à celui de *Brachytrema*, avec une columelle d'*Aporrhaidæ* ; il n'est pas probable que cette coquille crétacique descende des *Brachytremidæ* jurassiques.

Ainsi que je l'ai déjà fait remarquer (*loc. cit.* p. 14), j'avais autrefois confondu avec le Genre *Brachytrema* des Cérites tertiaires, trapus et à columelle tordue en avant, que j'ai récemment séparés sous le nom *Benoistia* (v. ci-après dans la Fam. *Cerithidæ*), lorsque j'ai pu étudier l'ouverture intacte de *Brachytrema* ; en effet, celle de *Benoistia*, contractée et canaliculée en avant comme celle de *Vulgocerithium*, n'a aucune affinité avec le pavillon dilaté, échancré en arrière, que forme le labre de *Brachytrema*, et à cette différence il faut encore ajouter celle de la présence d'un vrai canal cérithial chez *Benoistia*. D'ailleurs *Brachytrema* est une forme exclusivement jurassique, qui s'est éteinte sans qu'aucun lien paraisse l'unir, à travers le Système crétacique, aux coquilles éocéniques dont il s'agit ; quant à son origine, peut-être doit-on la rechercher parmi ces formes infraliasiques que Gemmellaro a désignées sous le nom *Tomocheilus* (= *Teliochilus, nob.*) et qui ont elles-mêmes des ancêtres dans le Trias.

Répart. stratigr.

Bajocien. — Trois espèces dans « l'Inferior oolite » de la Grande-Bretagne : *B. binodosum, subvaricosum, despectum* Hudleston, d'après la Monographie de cet auteur (1888, Palæontogr. Soc., p. 98, pl. VII, fig. 8-9 et 12). Une espèce dans le Bajocien inférieur du Calvados : *B. labiosum* Eug. Desl. (Notes paléont., X, p. 90, pl. VIII, fig. 3-4).

Bathonien. — Outre l'espèce-type, en Angleterre et en France, nombreuses espèces aux divers niveaux : *Fusus Thorenti* d'Arch., *Purpurina costellata*

Piette, *Brachytrema breve* Piette, *Fusus subnodulosus* d'Orb., *B. granulosum*
Piette, *Cerith. bellulum* Piette, d'après mes recherches (1885, Mém. Soc.
géol. Fr., p. 78-81). En Angleterre, une espèce bien caractérisée, avec l'espèce-type : *B. turbiniforme* Morr. et Lyc., d'après la Monographie précitée
de ces auteurs ; et deux autres espèces : *B. buccinoideum, varicosum*
Lycett, d'après le Supplément publié par ce dernier (1863). Deux espèces
aux environs de Bâle : *B. Cossmanni, parvulum* Greppin, d'après cet auteur (1888. Mém. Soc. pal. Suisse, p. 21-23).

CALLOVIEN. — Trois espèces dans les couches de Montreuil-Bellay : *Turbo
Wrighti* Cotteau, *B. unituberculatum, spinosum* Héb. et Desl., d'après la
Monographie de ces auteurs.

RAURACIEN. — Plusieurs espèces dans les couches coralligènes du Jura bernois : *B. simplex* de Lor., *Fusus corallensis* Buv., *B. Kobyi* de Loriol,
d'après la Monographie précitée de ce dernier auteur. Une espèce probable
dans le « Coral-rag » de St-Mihiel : *Cerith. binodum* Buvignier (*l. c.*, p. 40,
pl. XXVIII, fig. 1-2).

SEQUANIEN. — Une espèce bien caractérisée, dans les couches coralligènes
d'Oberbuchsiten (Suisse) : *B. Cartieri* Greppin, d'après la Monographie de
cet auteur (1893. Mém. Soc. pal. Suisse, p. 26, pl. II, fig. 1).

PORTLANDIEN. — Une espèce dans les couches tithoniques de Stramberg :
B. superbum Zittel, d'après la Monographie de cet auteur (pl. XLIII,
fig. 1-2).

PETERSIA, Gemmellaro, 1870.   G-T. : *P. costata*, Gemm. Port.

Test épais. Taille moyenne ; forme turbinée, très trapue ; spire
courte, à galbe conique ; tours convexes ou anguleux, ornés de côtes
plus ou moins noduleuses et de cordons spiraux. Dernier tour supérieur aux deux tiers de la hauteur totale, subanguleux à la périphérie
de la base qui est déclive et ornée de cordons granuleux, jusqu'au
bourrelet assez proéminent du cou court et peu excavé. Ouverture à
péristome épais et dilaté, étroitement ovale au fond de l'embouchure,
munie d'une double gouttière postérieure, et terminée en avant par
un bec court qui forme une sinuosité large et peu profonde sur le
contour supérieur ; labre épais, non oblique, taillé en biseau et
lacinié sur son contour, subdenté sur la callosité interne ; la gouttière
latérale, entaillée dans cette callosité, est séparée de la gouttière
pariétale par une protubérance arrondie ; columelle droite, tordue

par deux plis inégaux et obtus, l'antérieur plus saillant et plus gros
que l'autre, mais ils ne persistent pas très nettement sur le péristome
des individus adultes ; saillie dentiforme sur le bord pariétal, contre
la gouttière ; bord columellaire large et calleux, aplati, bien appliqué sur la base et sur le bourrelet du cou.

> Diagnose complétée d'après un échantillon intact d'un génoplésiotype, du
> Rauracien de Coulanges-sur-Yonne : *Cerith. buccinoideum* Buv. (pl. V, fig.
> 15-17), coll. Peron ; autre spécimen de la même espèce, provenant du Jura
> bernois et montrant les plis de la columelle (pl. V, fig. 18-20), Musée de
> Bâle, communiqué par M. Greppin.

> **Rapp. et différ.** — Sauf les plis columellaires, *Petersia* ressemble beaucoup
> à *Brachytrema* : la forme générale est la même, l'ouverture est aussi dilatée et
> munie également d'une double gouttière ; cependant le péristome est encore
> plus épais, surtout à l'intérieur où apparaissent des dents qui rappellent celles
> de *Chilodonta* ; mais c'est surtout par son bec subcanaliculé que *Petersia* se dis-
> tingue de ce dernier Genre qui est holostome, et que M. Piette, puis Fischer,
> ont rapproché de *Monodonta*, tandis que Zittel a réuni ensemble, mais à tort,
> *Petersia* et *Chilodonta*. En définitive, *Petersia* peut être conservé comme Sous-
> Genre de *Brachytrema*, tandis que *Chilodonta* doit être classé beaucoup plus
> loin dans la série des coquilles holostomes.

Répart. stratigr.
> Oxfordien. — Une espèce dans le Jura bernois : *P. aculeata* de Lor. (Oxf.
> sup., p. 41, pl. VII, fig. 3-5).
> Rauracien. — Deux espèces dans les couches coralligènes de la Meuse et du
> Jura bernois : *Buccinum bidentatum*, *Cer. buccinoideum* Buvignier, d'après
> cet auteur et d'après M. de Loriol (*loc. cit.*).
> Sequanien. — L'espèce plésiotype ci-dessus figurée, dans les calcaires de
> Tonnerre, d'après M. de Loriol (Moll. séq. Tonnerre, p. 14, pl. I, fig. 6).
> Kimmeridgien. — Deux espèces dans le Ptérocérien de Valfin : l'une confon-
> due avec *Bucc. bidentatum*, et l'autre *P. Guirandi* Piette, d'après M. de
> Loriol (Moll. corall. Valfin, p. 56, pl. III, fig. 15).
> Portlandien. — Outre l'espèce géno-type en Sicile, deux autres espèces dans
> le Tithonique des Carpathes : *Chilodonta victrix, curta* Zittel, d'après la
> Monographie de cet auteur (Stramberg, pl. XIX, fig. 10-12).

PROCERITHIDÆ, Cossmann, 1905.

Coquille plus ou moins turriculée, généralement ornée de granulations ou de côtes avec des aspérités, très rarement lisse ; ouverture presque holostome, sinueuse ou anguleuse à la base, mais dépourvue d'un véritable canal remplacé tout au plus par un bec peu saillant ; labre incurvé latéralement, légèrement proéminent en avant, à mesure que le bec basal est mieux formé ; columelle à peine infléchie en avant ; pas de varices.

Observ. — Les explications détaillées, qui ont été développées ci-dessus à propos du Cénacle *Cerithiacea*, me dispensent d'insister de nouveau sur la nécessité de séparer cette Famille qui paraît être l'ancêtre des véritables *Cerithidæ*, mais qui s'en distingue essentiellement par l'absence d'un canal cérithial, s'élevant au-dessus du niveau du plafond de l'ouverture. On trouve chez les *Procerithidæ* mésozoïques, d'assez grandes différences dans la disposition du contour supérieur de l'ouverture, même en ne tenant compte que des spécimens parfaitement intacts : chez les uns, qui constituent la Sous-Famille *Procerithinæ*, ce contour est arrondi et presque holostome, et il forme seulement une légère sinuosité contre laquelle aboutit l'extrémité de la columelle avec une inflexion à peine visible ; — le second groupe, qui apparaît presque à la même époque que le précédent, se distingue déjà par un bec mieux formé ou plus anguleux, parce que l'inflexion de l'extrémité antérieure de la columelle est plus marquée, de sorte que son raccord avec le contour supérieur ne se fait pas suivant une courbe graduellement sinueuse : pour les Genres de ce second groupe, je propose la Sous-Famille *Paracerithinæ* ; — enfin, un troisième groupe, qui ne commence à apparaître que dans la Craie, forme le dernier lien de transition avec les *Cerithidæ* : en même temps que le bec devient subcanaliculé et que la columelle s'infléchit davantage à droite, le contour supérieur du labre c'est-à-dire le plafond forme un arc de cercle plus proéminent, et le raccordement de ce contour avec la troncature du bec ou du pseudo-canal s'élève déjà un peu au-dessus du niveau du plafond, de sorte qu'en regardant la coquille du côté du dos, on constate qu'elle présente un cou rudimentaire ; je réserve à cette Sous-Famille le nom *Metacerithinæ*.

Pour être rigoureusement exact, il est nécessaire d'ajouter que ces coupures ne présentent pas, en réalité, la netteté absolue que comportent les définitions ci-dessus ; mais nous avons maintes fois répété qu'en histoire naturelle. il ne peut y avoir de solutions mathématiques, que les transitions se font graduellement, par évolution lente, et qu'enfin, si nous y substituons des subdivisions à limites précises, c'est afin d'aboutir à une classification appropriée à notre cerveau.

D'autre part, cette division en trois Sous-Familles ne coïncide pas exactement avec celle qui paraîtrait résulter de la phylogénie : le bec des *Paracerithinæ* est au moins aussi ancien que la sinuosité des *Procerithinæ*, du moins dans l'état actuel de nos connaissances ; tandis que le pseudo-canal des *Metacerithinæ* — qui dérive évidemment du bec de *Paracerithium* — est relativement plus récent.

La filiation de ces derniers, du Crétacé au Tertiaire, est encore obscure, eu égard à l'état de conservation très défectueux des échantillons crétaciques, surtout dans les étages supérieurs ; cependant il paraît établi que certaines formes de *Cerithidæ* proprement dits ont authentiquement apparu pendant la période supracrétacique, particulièrement à l'époque turonienne où l'on trouve des Coquilles qui rappellent tout-à-fait l'aspect des Cérites tertiaires ; pour acquérir la certitude que ce sont des *Cerithidæ* ou même des *Potamidinæ*, il suffirait de trouver des individus ayant leur canal intact ; mais en attendant, nous en sommes réduits aux conjectures à ce sujet.

Pour me conformer à la valeur relative des caractères essentiels des *Procerithidæ*, j'adopte donc, dans le tableau de classification ci-dessous :

Comme c r i t é r i u m   g é n é r i q u e, le tracé plus ou moins sinueux du contour basal, c'est-à-dire du plafond de l'ouverture, sa disposition en bec ou en canal rudimentaire plus ou moins développé, et corrélativement, l'inflexion moins ou plus visible de l'extrémité antérieure de la columelle.

Comme c r i t é r i u m s   s o u s - g é n é r i q u e s, d'abord la forme générale de l'ouverture, et accessoirement le profil du labre, puis le bourrelet basal et le cou, s'il y en a un.

Comme c r i t é r i u m s   s e c t i o n n e l s, le galbe et l'ornementation de la spire qui, chez les *Cerithiacea*, méritent d'être pris en plus grande considération que dans d'autres groupes, parce qu'ils sont généralement en corrélation intime et assez régulière avec les autres critériums, de sorte que, même chez les individus mutilés, on peut être à peu près certain que, quand l'ornementation change d'aspect, c'est que la coquille appartient à une Section distincte : cette conclusion empirique permet, non pas de créer des Sections nouvelles avec des individus incomplets, mais de rapporter à des Sections connues des espèces représentées seulement par des fragments.

Tableau des Genres, Sous-Genres et Sections

PROCERITHINÆ (Pas de bec basal ; labre peu sinueux).

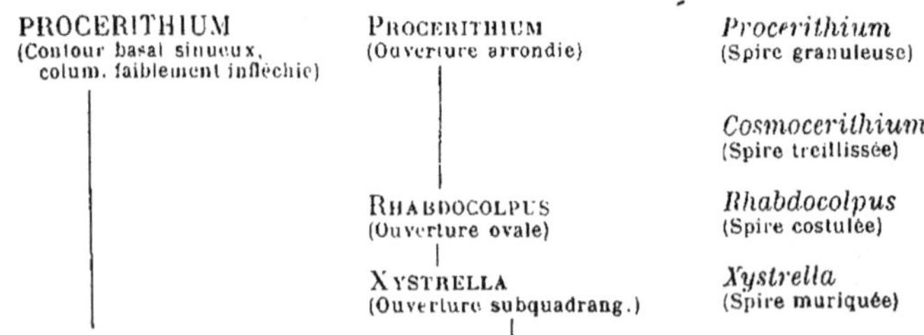

PROCERITHIUM (Contour basal sinueux, colum. faiblement infléchie)	PROCERITHIUM (Ouverture arrondie)	*Procerithium* (Spire granuleuse)
		Cosmocerithium. (Spire treillissée)
	RHABDOCOLPUS (Ouverture ovale)	*Rhabdocolpus* (Spire costulée)
	XYSTRELLA (Ouverture subquadrang.)	*Xystrella* (Spire muriquée)

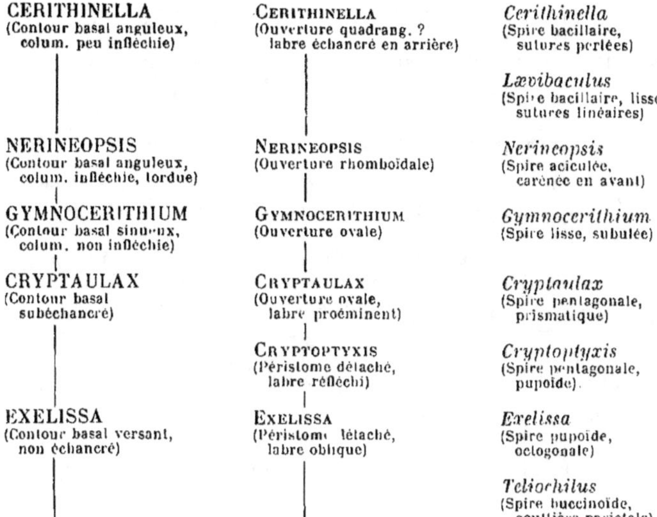

CERITHINELLA (Contour basal anguleux, colum. peu infléchie)	**CERITHINELLA** (Ouverture quadrang. ? labre échancré en arrière)	*Cerithinella* (Spire bacillaire, sutures perlées)
		Lævibaculus (Spire bacillaire, lisse, sutures linéaires)
NERINEOPSIS (Contour basal anguleux, colum. infléchie, tordue)	**NERINEOPSIS** (Ouverture rhomboïdale)	*Nerineopsis* (Spire aciculée, carènée en avant)
GYMNOCERITHIUM (Contour basal sinueux, colum. non infléchie)	**GYMNOCERITHIUM** (Ouverture ovale)	*Gymnocerithium* (Spire lisse, subulée)
CRYPTAULAX (Contour basal subéchancré)	**CRYPTAULAX** (Ouverture ovale, labre proéminent)	*Cryptaulax* (Spire pentagonale, prismatique)
	CRYPTOPTYXIS (Péristome détaché, labre réfléchi)	*Cryptoptyxis* (Spire pentagonale, pupoïde)
EXELISSA (Contour basal versant, non échancré)	**EXELISSA** (Péristome détaché, labre oblique)	*Exelissa* (Spire pupoïde, octogonale)
		Teliochilus (Spire buccinoïde, gouttière pariétale)

*

PARACERITHINÆ (Bec basal, non saillant sur le contour ; labre sinueux).

PARACERITHIUM (Bec basal court, columelle arquée)	**PARACERITHIUM** (Ouverture ovale, sans bourrelet basal)	*Paracerithium* (Spire subépineuse, gouttière pariétale)
RHYNCHOCERITHIUM (Bec basal tronqué, columelle infléchie)	**RHYNCHOCERITHIUM** (Ouverture ovale, bourrelet basal)	*Rhynchocerithium* (Spire granuleuse, trapue, gouttière)
TEREBRELLA (Bec basal aigu, columelle droite)	**TEREBRELLA** (Ouverture rhomboïdale, sans bourrelet basal)	*Terebrella* (Spire costulée, crenelée à la suture)
CIRSOCERITHIUM (Bec basal peu formé, columelle droite)	**CIRSOCERITHIUM** (Ouverture ronde, labre variqueux)	*Cirsocerithium* (Spire trapue, pustuleuse, sutures bordées)

*

METACERITHINÆ (Bec subcanaliculé, saillant sur le contour ; labre très sinueux).

BATHRASPIRA (Bec cerithial court, columelle droite)	**BATHRASPIRA** (Ouverture subpentagonale, cou excavé)	*Bathraspira* (Spire en gradins, stries spirales)
METACERITHIUM (Canal rudimentaire, colum. peu incurvée).	**METACERITHIUM** (Ouverture subrectangulaire, cou excavé)	*Metacerithium* (Spire conique, cordons granuleux).
UCHAUXIA (Canal très court et tordu, columelle un peu arquée)	**UCHAUXIA** (Ouverture arrondie, cou excavé)	*Uchauxia* (Spire turriculée, costules granuleuses et variqueuses)

? CIMOLITHIUM	CIMOLITHIUM	*Cimolithium*
(Canal ou bec ?)	(Ouverture quadrangulaire, cou court)	(Spire turriculée, nodules suturaux)
? ROSTROCERITHIUM	ROSTROCERITHIUM	*Rostrocerithium.*
(Rostre antérieur ?)	(Ouverture fusoïde)	(Spire subétagée, quelques plis arqués)

Genres à éliminer de la Famille

ENDIATÆNIA, Cossmann, 1902. — Type: *E. Terquemi*, Cossm., de l'Infralias de la Vendée (B. S. G. F. (4) t. II). Malgré l'existence d'un bec à la partie antérieure de l'ouverture, je ne crois pas que cette coquille lisse et subulée puisse être rapprochée des *Cerithiacea* ; elle me paraît plutôt intimement liée à *Cœlostylina* Kittl, et on la retrouvera dans l'une des livraisons suivantes de ces « Essais » [V. pl. V. fig. 31-32 et pl. VII, fig. 6 de la présente livraison].

PROCERITHIUM, Cossmann, 1902 (¹).
(= *Protocerithium*, v. Bistram, 1903)

Coquille à spire granuleuse, à ouverture arrondie, presque holostome. terminée en avant par une sinuosité, un bec très atténué, au lieu d'un canal cérithial.

PROCERITHIUM, *s. str.*   G-T. : *P. quinquegranosum*, Cossm. Hett.

« Taille médiocre ; forme plus ou moins allongée ; spire parfois très longue, à galbe conique ; tours nombreux, à sutures profondes, ornés de plis axiaux, curvilignes, et de cordons spiraux, granuleux à leur intersection. Ouverture petite, arrondie, avec un contour supérieur à peine anguleux et sinueux, ne paraissant former un bec que quand il est mutilé : labre mince, incurvé ; columelle non plissée, peu arquée, faiblement infléchie à sa jonction antérieure ; bord columellaire non calleux, indistinct. »

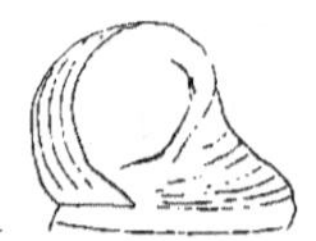

Fig. 1. — *P. plocophorum.*

Fig. 1 *bis.* — *P. vendæense.*

Reproduction de la diagnose originale. Vue d'un génoplésiotype de l'Hettangien de la Vendée : *P. plocophorum* (pl. XIV, fig. 4 bis), coll. Chartron. Croquis de l'ouverture intacte (Fig. 1), et base de *P. vendæense* (Fig. 1 *bis*).

(¹) B. S. G. F. (4) T. II, p. 117. Note sur l'Infralias de la Vendée.

Observ. — Le type du G. *Protocerithium*, proposé en 1903 par M. von Bistram, de Fribourg, dans son étude sur le Trias de Val Solda, est *Cerith. lugdunense* Dumort., espèce qui, autant que l'on peut en juger par la figure, est un *Procerithium* bien caractérisé : il y a donc là un double emploi manifeste, et nous ne pouvons que cataloguer *Protocerithium* comme étant exactement le synonyme de *Procerithium*.

Rapp. et diff. — L'aspect de la spire des espèces mésozoïques que je place dans ce Genre est complètement semblable à celui des *Cerithidæ* tertiaires ou récents, et particulièrement aux *Bittium* ou aux *Potamides s. str.* Il est donc explicable que la plupart des auteurs qui les ont décrites, les aient dénommées *Cerithium* (*sensu lato*) à cause de la similitude de leur ornementation ; même, lorsque les spécimens sont conservés jusqu'au dernier tour, lorsque leur columelle est à peu près intacte et que la partie antérieure du labre est seule mutilée, la jonction du contour supérieur avec l'extrémité de cette columelle incomplète présente tout-à-fait l'apparence d'un Cérite un peu mutilé, ce qui laisse supposer que, si l'on restaurait l'ouverture, on obtiendrait à peu près un canal cérithial. Aussi, sans une circonstance particulièrement favorable, qui m'a permis d'étudier quelques individus de l'Infralias de la Vendée absolument intacts et ne présentant aucune trace de cassure sur le contour supérieur, il eût été téméraire de proposer un Genre distinct par ces formes, et même une Famille complètement distincte des *Cerithidæ* dont elle est le précurseur incontestable, ainsi qu'on l'a vu ci-dessus.

Procerithium, lorsque l'ouverture est intacte, se distingue de *Bittium* ou de la Section *Semibittium* non variqueuse, par l'absence d'un canal siphonal, simplement remplacé par une sinuosité basale, encore moins visible que celle d'un *Diastoma*, moins versante que la lèvre basale de *Sandbergeria*, ne s'élevant pas au-dessus du plafond comme cela a lieu chez les *Potamides* qui sont le moins canaliculés ; ce n'est pas encore un bec comme celui des *Paracerithinæ*. En résumé, *Procerithium* est bien réellement la forme de transition entre les Holostomes et les *Cerithidæ* ; puis, le bec, d'abord rudimentaire, s'est peu à peu affiné pour se transformer enfin en un pseudo canal, comme chez les *Metacerithinæ* ; en même temps, la columelle — qui se raccorde chez *Procerithium* avec le contour supérieur par un angle arrondi — s'est graduellement infléchie à droite, en se détachant de ce contour, en formant d'abord un bec avec lui, puis en se terminant par une troncature dont l'apparition coïncide avec l'origine du canal siphonal. On peut aisément observer cette transformation successive de la sinuosité basale et du bec, au fur et à mesure qu'on s'élève dans la série des stratifications de l'époque secondaire : c'est-à-dire que le G. *Procerithium* s. s. ne dépasse pas le Système Jurassique.

Répart. stratigr.

HETTANGIEN. — Outre l'espèce génotype et sa variété (*P. subregulare* Cossm. = *Cerith. regulare* Terquem et P., *non* Mellev.), trois autres espèces dans les gisements infraliasiques de la Vendée et des Deux-Sèvres : *P. plocopho-*

Procerithium

rum, vendæense, potamidulum Cossm. ; un fragment très voisin dans la
Moselle : *Cerith. abcisum* Terq. et Piette (Mém. Soc. géol. Fr. 2ᵉ sér., t. VIII.
n· 1, 1865). Une autre espèce (type de *Protocerithium*) dans l'Infralias du
Bassin du Rhône : *Cerith lugdunense* Dumort. (Et. pal. jur. bass. Rhône,
t. I p, 142, pl. XIX, fig. 11, 1864). Une espèce douteuse dans les grès d'Hettange : *Cerith. gratum* Terq., d'après la Monographie de cet auteur.

SINEMURIEN. — Une espèce bien caractérisée dans le Lias inférieur de la vallée
du Rhône, *Cerith. Ogerieni* Dumort. (Et. pal. jur. bass. Rhône, t. II, p. 198,
pl. XLV, fig. 6). Une espèce plocophore dans les environs de Semur :
Cerith. Henrici Martin (Pal. strat. Infralias Côte-d'Or, p. 76, pl. II, fig.17-18).

CHARMOUTHIEN. — Une espèce dans le Lias moyen du Calvados : *Cerith. pre-
catorium* Desl. (Mém. Soc. linn. Norm. 1842, pl. XI, fig. 35-37).

TOARCIEN. — Une espèce dans le « Roc de Curcy » (Calvados) : *Cerith. subre-
ticulatum* d'Orb., (= *Cer. reticulatum* Desl. *non* Montg., *loc. cit.* pl. XI,
fig. 38-39).

BAJOCIEN. — Plusieurs espèces dans l'Oolite ferrugineuse des environs de
Bayeux : *Cerith. millepunctatum, quadriseriatum, triseriatum. clavulus*
Desl. (*loc. cit.* pl. XI, fig. 24 34). Nombreuses autres espèces dans « l'Inferior oolite » d'Angleterre : *Cerith. Beani* Morr. et Lyc., *C. Leckenbyi,
Weldonis, Pontonis, Wansfordiæ, Georgii, latisulcatum, pisolithicum* Hudleston, d'après la Monographie de cet auteur (pl. IX). Au même niveau,
dans le Mont d'Or lyonnais: *Cerith. couzonense* Riche (Zone à *Lioc.
concavum*, 1904).

BATHONIEN. — Une espèce dans le « Fullers Eath » du Boulonnais et de la Moselle
Cerith. granulatocostatum Munst., Coll. Legay et Piette ; une autre dans le
Bradfordien du Calvados et du Pas-de-Calais : *C. Lorierei* Héb. et Desl.,
coll Deslongchamps. Deux autres espèces dans la Grande Oolite de
l'Aisne : *Cerith. multistriatum, Hospitii* Piette, ma coll. Trois espèces aux
environs de Bâle : *Cerith. quadricinctum* Goldf., ma coll., *C. Sancti-Jacobi,
ventricosum* (¹) Greppin (Foss. gr. ool. 1888).

CALLOVIEN. — L'espèce bathonienne précitée — ou une variété — à Montreuil-
Bellay et en Allemagne, *C. granulatocostalum* M., d'après la Monographie
d'Hébert et Deslongchamps, avec une autre espèce également précitée dans
le Bathonien : *C. Lorierei* H. D., ma coll.

OXFORDIEN. — Une espèce à tubercules un peu muriqués, en Alsace et dans
le Jura bernois : *Cerith. muricatoechinatum* Andreæ, d'après la figure publiée par M. de Loriol (1901, Mém. Soc. pal. Suisse, p. 39, pl. III, fig. 11).

RAURACIEN. — Une espèce dans le « Coral-Rag » de la Meuse : *Cerith.
grandineum* Buv. (*loc. cit.* pl. IV, fig 2). Une autre espèce dans le Jura
bernois : *Cerith. Agenor* de Loriol (1895, 1ᵉʳ Supp., p. 19, Pl III. fig. 15).
Trois espèces du groupe *limæforme*, dans le « Coral Rag » du Yorkshire,
d'après les figures publiées par M. Hudleston (1880, Geol. Mag., pl. XVI,
fig. 1 3).

____

(¹) Dénomination préemployée, à remplacer par **Procerith. muttenzense**, *nobis*.

SÉQUANIEN. — Une espèce typique en Allemagne (ma coll.) en Suisse et dans l'Astartien de la Meuse: *Cerith. limæforme* Rœmer, d'après la figure publiée par Buvignier (*loc. cit.* pl. IV, fig. 3). Une espèce probable dans l'Astartien d'Oberbuchsiten: *Cerith. Cartieri* de Loriol (Mon. zone *Amm. tenuilob.*, p. 29, pl. VIII, fig. 1); deux autres espèces bien caractérisées, au même niveau : *C. oberbuchsitense, Sanctæ-Verenæ* Greppin (1893, Moll. corall. Oberb., p. 34, pl. II, fig. 3 et 8).

KIMMÉRIDGIEN. — Une espèce dans le Ptérocérien de la Haute-Marne: *Cerith. Catalaunicum* de Loriol, d'après la Monographie de cet auteur (1871, pl. VII, fig. 3); la même dans le Boulonnais, et une autre espèce dans l'horizon virgulien : *Cerith. virgulinum* de Loriol (Mon. form. jur. Boul. 1874, p. 69, pl. VII, fig. 17-18).

PORTLANDIEN. — Deux espèces bien distinctes dans les calcaires de la Meuse: *Cerith. granicostatum, trinodule* Buvignier (*loc. cit.*, pl. XXVII, fig. 23-24). Deux autres espèces dans l'Yonne: *Cerith. Lamberti* de Loriol, *Cerith. Heberti* Buv., d'après la Monographie de Loriol et Cotteau (Mon. Portl. Yonne, p. 462, pl. II, fig. 6-8).

COSMOCERITHIUM, nov. sect.   G.-T. : *Cerithium Nysti* d'Arch. Bath.

Taille assez petite ; forme étroite, cylindracée ; spire longue, faiblement étagée aux sutures ; tours plans, treillissés plus finement sur la région antérieure que sur la région postérieure, sur laquelle des crénelures axiales un peu plus grossières forment une bande spirale et légèrement proéminente qui contribue à étager les tours en gradins à peine saillants au-dessus de la suture. Dernier tour peu élevé, arrondi et funiculé à la base qui n'est excavée que contre le cou très court ; ouverture arrondie ; labre peu sinueux ; columelle excavée, lisse, peu calleuse.

Diagnose établie d'après l'espèce géno-type, du Bathonien de l'Aisne (pl. VIII, fig. 15-16), ma coll. ; et d'après un géno-plésiotype du Bathonien du Boulonnais: *Cerith. Betulæ* d'Orb. (pl. IX, fig. 9) coll. Legay.

Rapp. et diff. — J'avais d'abord réuni à *Procerithium s. str.* la plupart des espèces avec lesquelles je propose maintenant de former cette nouvelle Section, et dont je n'ai pas encore pu étudier l'ouverture intacte. Cependant, comme leur ornementation s'écarte complètement de celle de *Procerithium*, et qu'au lieu de trois à cinq rangées spirales de granulations sur des tours convexes, elle comporte, sur des tours plans, deux régions inégalement treillissées, avec une saillie crénelée au-dessus des sutures ; comme d'autre part, il ne paraît pas y avoir de transition entre ces deux types d'ornementation ; — je crois qu'on peut. à la rigueur, séparer *Cosmocerithium* à titre de Section de *Procerithium* : le nom choisi rappelle d'ailleurs l'élégance (κοσμητος) de son ornementation.

Je ne puis rapprocher ces coquilles de *Cerithinella* Gemm., comme l'a proposé M. Hudleston (*loc. cit.*), parce que ce dernier Genre possède une sinuosité postérieure et profonde sur le labre, des sutures perlées, le reste de la surface étant lisse, et enfin parce que son ouverture est quadrangulaire, tandis que celle de *Cosmocerithium* est vraisemblablement arrondie.

Répart. stratigr.

> CHARMOUTHIEN. — Une espèce probable dans la « zone à *Spinatum* » d'Angleterre : *Cerith. confusum* Tate, d'après M. Hudleston (Gast. infer. Ool., p. 186, 1888) qui la classe à tort dans le G. *Cerithinella*.
>
> BAJOCIEN. — Deux espèces bien typiques dans le « Dogger » du Yorskhire : *Cerithinella bajocensis, Brodiei* Hudleston (*ibid.*).
>
> BATHONIEN. — Outre le type, plusieurs espèces dans le Bathonien de l'Est et de l'Ouest de la France : *C. Betulæ, C. Aceste* d'Orb., ma coll. Une autre espèce dans le « Corn-Brash » du Yorkshire : *Cerithinella biserialis* Blake (1905. Palæontogr. Soc.).

RHABDOCOLPUS *nov. subgen.* G.-T. *Melania scalariformis,* Desh. Baj.

Taille un peu au-dessus de la moyenne ; forme turriculée, scalaroïde, conique ; spire médiocrement longue, pointue au sommet, à galbe conique ou à peine conoïdal ; tours assez nombreux, étagés aux sutures, ornés de costules axiales, droites ou faiblement incurvées, crénelées par des rubans moins saillants, parfois presque effacés, que séparent d'étroits sillons ; au-dessus des sutures, une rampe étroite que couronnent les nodosités terminales des côtes qui ne se correspondent pas d'un tour à l'autre. Dernier tour assez élevé, à peu près égal aux deux cinquièmes de la hauteur totale, ou davantage chez les espèces trapues, arrondi à la base sur laquelle persistent seuls les rubans concentriques. Ouverture ovale, anguleuse en arrière, arrondie en avant quand elle est intacte, à peine échancrée de ce côté par une très légère sinuosité du contour supérieur ; labre un peu oblique, peu épais, légèrement proéminent en avant, non

sinueux en arrière ; columelle excavée, lisse, se raccordant en avant
par une large sinuosité avec le contour du plafond ; bord columel·
laire un peu calleux, étroit, recouvrant plus ou moins complètement
la fente ombilicale.

Diagnose établie d'après des échantillons de l'espèce géno-type, de l'Oolite ferrugineuse de Bayeux (pl. V,
fig. 21-22), ma coll. ; et d'a-
près un géno-plésiotype du
Bolonien de Wimereux : *Cerith. Manselli* de Loriol (pl. V,
fig. 23), coll. Legay. Croquis
de l'ouverture (Fig. 2).

Fig. 2. — *Rhabdocolpus Manselli* de Lor.

Rapp. et diff. — Les différences qui séparent ce Sous-Genre de *Procerithium* n'avaient pas échappé à Eudes Deslongchamps, puisqu'il avait classé
Melania scalariformis dans le G. *Melania*, tandis que d'Orbigny, en faisant
repasser cette espèce dans le G. *Cerithium* s'est vu contraint de remplacer le
nom spécifique par *subscalariforme* (*in* Prod.) ; en réalité, cette espèce doit conserver son nom originel, puisque ce n'est pas un vrai Cérite. Ses caractères
différentiels, qui me paraissent motiver la création d'un Sous-Genre plutôt que
d'une Section, sont les suivants : l'ouverture est moins arrondie, plus ovale ou
même subanguleuse en arrière ; la columelle est plus arquée et son bord est
calleux ; l'ornementation a un aspect complètement différent, avec des côtes
crénelées au lieu de rangées de granulations. Cette dernière particularité avait
déjà conduit M. Hudleston (*loc. cit.*) à séparer les Cérites bajociens en deux
Groupes, dont le second (*Comma Group*) correspon I précisément à notre Sous·
Genre *Rhabdocolpus*, tandis que l'autre comprend e. partie les *Procerithium* ; toutefois l'ouverture des individus qu'il a étudiés ét nt mutilée, la plupart des
espèces ont été figurées, sur les planches de son Mémoire, avec un bec ou un
canal cérithial qui n'existe pas sur l'individu presque intact que m'a donné
M. Brasil, ni sur ceux de la coll. Deslongchamps, qui m'ont été obligeamment
communiqués par M. Bigot.

Rhabdocolpus est un peu moins ancien que *Procerithium*, et il en descend manifestement, quoique ce dernier ait continué à vivre simultanément dans les
mêmes étages ; toutefois, l'imperfection des figures lithographiées de la plupart
des ouvrages paléontologiques — dans lesquelles le dessinateur confond habi·
tuellement des crénelures avec des granulations — est cause que la distinction
entre les espèces de ces deux groupes est très difficile à faire quand on n'a pas
des spécimens authentiques sous les yeux ; on est alors obligé de se rapporter,
comme je l'ai fait, à des figures inexactes que le texte ne complète pas toujours
d'une manière très précise : mes listes de répartition stratigraphique se ressen·

tant nécessairement de l'incertitude de ces documents iconographiques, il n'en
sera plus de même le jour où la reproduction phototypique des fossiles se sera
davantage généralisée.

Répart. stratigr.

SINEMURIEN. — Une espèce douteuse, dans les calcaires bleus de Poleymieux
(Rhône) : *Cerith. Dumortieri* Martin (Pal. strat. Infralias Côte-d'Or, p. 77,
pl. II (fig. 23-24).

CHARMOUTHIEN. — Une espèce bien caractérisée, dans le Lias moyen de Fontaine-Etoupefour : *Melania undulata* Desh. (pl. V, fig. 24), ma coll.

TOARCIEN. — Une espèce typique, en Alsace et dans l'Aveyron : *Cerith. pseudo-
costellatum* d'Orb , ma coll. ; un fragment probable, dans la vallée du
Rhône : *Chemnitzia ferrea* Dumortier (*loc. cit.*, t. IV, pl. XXXV, fig. 8).

BASOCIEN. — Deux espèces dans l'Oolite ferrugineuse des environs de Bayeux :
Melania scalariformis Desl. ma coll., et *M. abbreviata* Desl. (= *Cerith.
subabbreviatum* d'Orb) d'après la figure publiée par Deslongchamps (*loc.
cit.*, 1842, pl. XI, fig. 58 à 67). Plusieurs espèces dans l'Oolite inférieure
d'Angleterre ; *Cerith. vetustum* Phill., *C. spinicostatum* Wrigth, *C. subgla-
brum* Hudleston (*loc. cit.*, pl. VIII). Une espèce bien caractérisée dans les
environs de Bâle : *Cerith. cf. flexuosum* Munst., d'après M. Greppin (Foss.
ool. infér., p. 39, pl. IV, fig. 6, et 13-15).

BATHONIEN. - Une espèce douteuse dans le Bradfordien des Ardennes :
Cerith. multiforme Piette, coll. de l'auteur ; trois autres espèces dans la
grande Oolite de l'Aisne : *C. semiobliteratum* Cossm., ma coll., *C. portulife-
rum, flammuligerum* Piette, coll. de l'auteur. Une autre espèce très incertaine, dans le Vésulien de St-Gaultier, *Cerith. Dorvali* Cossmann, ma
collection.

CALLOVIEN. — Une espèce dans l'Oxfordien inférieur du Jura bernois : *Cerith. pleignense* de Loriol (1899, Mém. Soc. pal. suisse, p. 132, pl. IX
fig. 18-19) ; une autre espèce dans le Jura lédonien : *C. Girardoti* de
Loriol (1900, *ibid.*, pl. VI, fig. 22-26).

OXFORDIEN. — Une espèce voisine de *Melania undulata*, dans les calcaires
gris de Trouville, d'après Deslongchamps (*loc. cit.*) et dans le minerai de
fer de Neuvizi (Ardennes), ma coll.

RAURACIEN. — Une espèce probable, dans le « Coral-Rag de la Meuse: *Cerith,
insculptum* Buvignier (*loc. cit.*, pl. XXIX, fig. 9), avec la var. *Humbertinum*
Buv. (pl. XXVIII, fig. 3). Une espèce bien typique dans les couches coralligènes de Blauen : *Cerith. blauenense* de Lor., ma coll.

SEQUANIEN. — Une espèce bien caractérisée, dans l'Oolite des environs de
Boulogne : *Cerithium quehenense*, de Loriol (Monogr. form. jur. Boul.
1874, p. 74-75, pl. VII, fig. 21-24) ; une espèce voisine de *C. blauenense* dans
les couches coralligènes d'Oberbuchsiten, d'après M. Greppin (*loc. cit.*
p. 57, pl. II, fig. 9).

KIMMERIDGIEN. — L'espèce séquanienne précitée (*C. quehenense*), dans le Boulonnais, coll. Legay.

PORTLANDIEN. — Fragments d'une espèce confondue à tort avec *C. corallense*, dans les couches tithoniques des Alpes suisses, d'après Ooster (Cor. de Wimmis, pl. VI, fig. 13-14). Le géno-plésiotype ci-dessus figuré, dans le Bolonien de Wimereux, ma coll.

XYSTRELLA (1), *nov. subgen.* G.-T.: *Cerithium armatum*, Munst. Toarc.

Taille moyenne ou assez petite; forme turriculée, assez étroite, conique; spire muriquée, à tours plans, séparés par de profondes sutures, ornés de costules axiales qui se succèdent assez régulièrement et sur lesquelles des cordons spiraux ou des carènes assez saillantes, au nombre de deux ou trois, produisent des aspérités subépineuses qui hérissent toute la surface. Dernier tour ralativement court, à base convexe, sur laquelle se prolonge l'ornementation de la spire, et qui est presque dépourvue de cou. Ouverture peu élevée, subquadrangulaire, à péristome presque détaché, avec une faible gouttière dans l'angle inférieur de gauche, et une légère sinuosité dans l'angle supérieur de droite; labre mince, très sinueux, excavé en arrière, proéminent en avant et sur le contour supérieur; columelle lisse, à peu près rectiligne et un peu oblique, terminée en pointe atténuée un peu en deçà de la sinuosité basale; bord columellaire étroit et détaché de la fente ombilicale.

Diagnose établie d'après des échantillons de l'espèce géno-type, du Toarcien des environs de Metz (pl. V, fig. 26), ma coll. ; et d'après un géno-plésiotype bien intact, de l'Oxfordien supérieur de la Suisse : *Cerith. Struckmanni*, de Lor. (pl. V, fig. 25 et 29-30), ma coll.

Rapp. et diff. — J'avais d'abord classé les formes du Groupe de *Cerith. armatum* dans le S.-G. *Rhabdocolpus*, malgré la différence essentielle de leur ornementation qui porte des aspérités muriquées au lieu de costules crénelées par des sillons ; mais, quand j'ai pu étudier l'ouverture intacte chez une autre espèce que le type, il est vrai, mais avec ornementation identique, je me suis rendu compte qu'elle s'écarte complètement de celle de *Rhabdocolpus scalariformis*, de sorte que la création d'un nouveau Sous-Genre paraît s'imposer : cette ouverture, à contour supérieur presque aussi proéminent que chez certains *Pota-*

(¹) **Etymologie** : ξυστρον, râpe.

Procerithium

mides, est en effet surbaissée et presque quadrangulaire, au lieu de la forme ovale qui caractérise celle de *Rhabdocolpus* ; d'autre part, elle n'a pas le contour arrondi qu'on observe chez *Procerithium s. s.*, dont la sinuosité est moins latéralement rejetée à droite, et dont l'ornementation granuleuse ne ressemble guère aux aspérités de *Xystrella*.

Répart. stratigr.

TOARCIEN. — L'espèce géno-type, en Allemagne, en Alsace-Lorraine et dans le Doubs, ma coll. ; dans le Yorkshire, d'après Tate ; douteuse dans la vallée du Rhône, d'après Dumortier (*loc. cit.*, pl. XXXVII, fig. 10).

BAJOCIEN. — Une espèce avec quelques variétés, dans l'Oolite inférieure d'Angleterre : *Cerithium muricatum* Sow., d'après les figures de la Monographie précitée de M. Hudleston (pl. VIII, fig. 2-3).

BATHONIEN. — Une espèce probable dans les calcaires blancs d'Eparcy : *Rissoa elegantula* Piette (B. S. G. F., 1857, p. 560, pl. VIII, fig. 8).

CALLOVIEN. — Une espèce très variable, dans le Gisement de Montreuil-Bellay : *Cerith. tortile* Héb. et Desl., ma coll.

OXFORDIEN. — Le plésiotype ci-dessus figuré, en Suisse : *Cerith. Struckmanni*, de Loriol, depuis identifié par cet auteur avec *C. russiense* d'Orb., mais évidemment différent de la coquille de Neuvizi, désignée sous ce dernier nom.

RAURACIEN. — Une espèce probable dans le « Coral-Rag » de la Meuse : *Cer. corallense* Buvignier, d'après la figure restaurée de l'Atlas de cet auteur (*loc. cit.*, pl. XXVII, fig. 28).

CERITHINELLA, Gemmellaro, 1878 [1]

Coquille très allongée, cylindracée, à sutures perlées, à ouverture quadrangulaire, non caniculée en avant, à labre sinueux en arrière, mais antécurrent.

CERITHINELLA, *s. stricto.*   G.-T.: *C. italica*, Gemm. Lias.

Taille assez grande ; forme bacillaire, très étroite, dont la longueur réelle ne peut être que calculée d'après l'angle spiral qui varie de 5° à 10° ; tours nombreux, un peu excavés, finement striés dans le sens spiral, ornés en avant d'une rangée saillante de tubercules perlés,

---

[1] Sui foss. del Calc. cristall. delle **Mont. del Casale e di Bellampo, nelle prov. di Palermo** (*Giorn. di Sc. natur. ed econ. di Palermo*, Vol. XIII).

au-dessous de la suture, à l'instar des Nérinées, et parfois d'une se conde rangée moins saillante au-dessus de la suture. Dernier tour court, à base plane ou déclive, circonscrite par un cordon lisse ; ouverture quadrangulaire, sans plis internes, paraissant dépourvue de canal, à l'angle de jonction de la columelle avec le plafond ; labre oblique, sinueux en arrière, mais antécurrent vers la suture ; columelle lisse, droite ou un peu renflée, à peine infléchie en avant ; bord columellaire indistinct.

Diagnose complétée d'après les figures de l'espèce géno-type et d'espèces voisines. Copie de la figure originale (Fig. 3).

Rapp. et diff. — Le point essentiel de la diagnose de Gemmellaro et surtout des figures (pl. XXV, fig. 25) qu'il a publiées à l'appui, c'est l'indication du tracé sinueux, mais non rétrocurrent à la suture que font les stries d'accroissement, ce qui prouve que, malgré l'apparence de Nérinée que présente *Cerithinella*, ce Genre ne peut être classé parmi les *Entomotæniata* ; sans cette circonstance, sur laquelle a bien insisté l'auteur, la solution la plus naturelle consistait à le placer à côté de *Nerinella* ou plutôt d'*Aptyxiella*, dont il ne se distingue, ni par son ornementation ni même par son ouverture, autant qu'on peut en juger toutefois d'après les spécimens figurés qui sont tous mutilés sans aucune exception.

Fig. 3 — *Cerithinella italica* gemm.

Cependant, malgré le rapprochement que Gemmellaro a fait entre les coquilles de son nouveau Genre et certains Cérites jurassiques perlés ou bacilliformes, ou même avec des espèces tertiaires, telles que *Teliostoma bacillum* Desh., il est hors de doute que *Cerithinella*, par son aspect général et par son ouverture quadrangulaire, ne ressemble à aucun des *Procerithidæ* jurassiques avec lesquels je suis obligé de le placer provisoirement, faute de savoir où le classer, et uniquement à cause de la pénurie des spécimens intacts. C'est seulement lorsqu'on aura pu en étudier l'ouverture complète qu'il sera possible de caractériser la Famille, probablement nouvelle, dans laquelle doit entrer ce Genre ambigu.

En tous cas, il est bon de noter que c'est une forme localisée jusqu'à présent à la base du Lias de la Sicile, et qu'on ne l'a retrouvée ni dans d'autres terrains, ni dans d'autres régions.

Répart. stratigr.

HETTANGIEN ou SINEMURIEN — Huit espèces dans les environs de Palerme, d'après la Monographie précitée de Gemmellaro : *C. italica, elegans, Piettei, Manzonii, Stefanii, turritelloides. scherina, cerithiformis* Gemm.

Cerithinella

LÆVIBACULUS nom. mut.   G.-T.: *Pachystylus cylindricus*, G᷉ m.

(= *Pachystylus*, Gemm. 1878, *non* Woll. Col. 187! ,

nec Pachystylum, Macq. Dipt. 1848 ; *nec Pachystyla*,

Môrch, Moll. 1852; *nec* Lioy, Dipt. 1864)

« Coquille lisse, non ombiliquée, conique, allongée, turriculée ou quasi cylindrique, avec une spire formée de tours nombreux, dont le dernier est constamment anguleux, à la périphérie de la base plane ou à peine déclive en avant. Ouverture quadrangulaire, étroite, terminée en avant par un canal très léger, droit et très court ; colu-melle robuste, droite et plus ou moins épaissie au milieu de sa hauteur ; labre simple et mince, à stries d'accroissement obliques, fortement et étroitement sinueuses près de la partie postérieure du dernier tour, puis aboutissant presque perpendiculairement à la suture. »

Diagnose traduite d'après celle de l'auteur. Reproduction de la figure originale (Fig. 4).

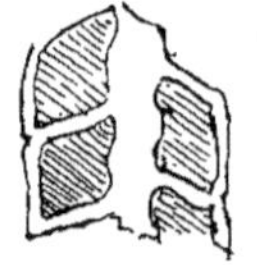

Fig. 4. — *Pachys-tylus cylindricus.* Gemm.

Rapp. et diff. — Le Genre *Pachystylus*, tel que l'a dé-fini Gemmellaro, et dont j'ai été obligé de changer le nom pour corriger un quadruple emploi, ne diffère absolument de *Cerithinella* que par la disparition des tubercules perlés qui bordent la suture chez ce dernier, tandis que les tours sont plans et lisses chez *Lævibaculus*. L'ouverture mutilée présente le même aspect que celle des indi-vidus aussi incomplets de *Cerithinella* ; le gonflement de la columelle est peut-être un peu plus accentué chez *Lævibaculus* ; mais ces différences légères, ne paraissent guère importantes quand on compare sur la pl. XXV, la figure 19 (*Pachystylus cylindricus*) avec la figure 25 (*Cerithinella Manzonii*), sur lesquelles les stries d'accroissement qui représentent la sinuosité du labre sont identiques ; même, les tubercules suturaux et les stries spirales de certains *Cerithinella* disparaissent sur les derniers tours, de sorte que ceux-ci, plans et lisses ne présentent absolument aucune différence avec ceux de *Pachystylus*. Dans ces conditions, on se demande comment Gemmellaro, si clairvoyant d'habitude, a pu rapprocher ce dernier Genre des Nérinées, tandis qu'il assimilait l'autre à des *Cerithidæ* ; quant à moi, je me vois contraint de n'accepter *Lævibaculus* que comme une Section de *Cerithinella*, et de l'éloigner complètement des *Nerineidæ* puisque les stries d'accroissement aboutissent normalement à la suture.

3

Cerithinella

Répart. stratigr.

HETTANGIEN OU SINEMURIEN. — Trois espèces dans les calcaires cristallins de la montagne de Casale, en Sicile : *Pachystylus cylindricus, conicus, subangulatus* Gemm. (*loc. cit.*, p. 278, pl. XXIII et XXV).

NERINEOPSIS, *nov. gen.*

Coquille étroite, aciculée, avec un carène spirale en avant de chaque tour ; base plane et lisse ; ouverture anguleuse en avant, à columelle lisse.

NERINEOPSIS, *s. stricto*. G.-T. : *Cerithium Davoustianum*, Cott. [1] Néoc.

Taille assez petite ; forme étroite, turriculée, aciculée ; spire longue, aiguë au sommet, à galbe régulièrement conique sous un angle spiral très peu ouvert ; tours nombreux, peu élevés, à sutures peu distinctes, portant une carène lisse à la partie antérieure, et d'autres cordonnets lisses ou perlés sur la région inférieure. Dernier tour court, muni d'une seconde carène périphérique ; base plane et lisse, au centre de laquelle s'élève un cou assez haut et excavé, sans aucune apparence de bourrelet. Ouverture petite, subrhomboïdale, à columelle lisse, infléchie en avant et tordue en deçà de sa jonction avec le contour basal ; bord columellaire tout-à-fait indistinct.

Diagnose établie d'après des échantillons de l'espèce géno-type, du Néocomien de l'Yonne (pl. VI, fig. 9-14), coll. Peron.

Rapp. et diff. — A première vue, avec sa carène spirale et son cordon perlé, situé vers le tiers de la hauteur de chaque tour, cette coquille ressemble complètement à un *Nerinella*, tandis qu'elle n'a pas de rapports avec les subdivisions déjà connues des *Cerithiacea*. Je ne l'aurais donc pas admise dans ce dernier Cénacle — et surtout je n'aurais pas proposé pour elle une nouvelle dénomination générique — si je n'avais constaté l'absence complète de plis au

[1] Prod. Moll. Yonne, 1854, p. 44. Type figuré par M. Peron (Et. pal. Yonne, 1902, p. 133, pl. IV, fig. 6).

labre et à la columelle ; d'autre part, la carène spirale occupe un emplacement très différent de celui qu'elle a chez *Aptyxiella* ; enfin, bien qu'il m'ait été impossible de vérifier si les lignes d'accroissement, très effacées sur le type, sont rétrocurrentes ou normales à la suture, je ne crois pas que ce soit un *Entomotæniata*, car on ne distingue aucune bande suturale correspondant aux accroissements de l'entaille inférieure du labre, tandis que chez *Nerinella*, cette bande est toujours limitée en dessus par une petite ligne bien visible.

Il existe, dans le Bathonien, une espèce (*Nerinella Dufrenoyi*, d'Archiac — *Cerithium*) qui ressemble à *Cerithium Davoustianum* ; mais, outre que sa carène est au-dessus de la suture, tandis qu'elle est au dessous chez ce dernier, *N. Dufrenoyi* a un pli pariétal bien visible et une bande suturale qui, à défaut de pli au labre, fixe le classement de l'espèce bathonienne dans le Sous-Ordre *Entomotæniata* (V. Mém. S. géol. Fr. 1898, p. 106, pl. VIII, fig. 38-39).

Il y a peut-être aussi quelques rapports à établir entre *Nerineopsis* et *Cerithinella* ; mais, pour les préciser, il faudrait être en état de comparer les ouvertures intactes ; or je n'en connais, jusqu'à présent, ni pour l'un, ni pour l'autre de ces deux Genres ; tout ce que l'on peut indiquer, avec les matériaux actuels, c'est que *Nerineopsis* ne présente pas la sinuosité postérieure que possède le labre chez *Cerithinella*, et que l'ornementation comporte quelques différences constantes ; enfin, il y a un grand écart entre les époques géologiques pendant lesquelles ces deux formes ont vécu, puisque l'extinction de l'une est séparée de l'apparition de l'autre par toute la période jurassique.

Répart. stratigr.

PORTLANDIEN. — Une espèce très probable dans les environs de Boulogne : *Cerithium pseudo-excavatum* de Loriol, Coll. Pellat.

NÉOCOMIEN. — L'espèce géno-type ci-dessus figurée, dans l'Yonne, coll. Peron.

APTIEN. — Une espèce dans les couches inférieures de Sainte-Croix : *Cerithium Loryi* Pict. et Campiche (Crét. de Sainte-Croix, t. II. p. 283, pl. LXXI, fig. 3).

ALBIEN. — Une espèce bien caractérisée, dans le Gault de la Perte du Rhône : *Cerithium excavatum* Brongn., d'après la Paléontologie franç. et la Monographie de Pictet et Roux.

CÉNOMANIEN. — Une espèce dans les grès du Mans : *Cerithium sarthacense* d'Orb., d'après la figure de l'album paléontologique de la Sarthe par Guéranger (pl. XIV, fig. 13-14 et 16, figure beaucoup plus exacte que celle de *C. limæforme* d'Orb. *non* Rœmer, *in* Pal. franc.).

TURONIEN. — Une espèce très probable dans les couches de Gosau : *Turritella Eichwaldiana* Goldf., d'après la figure publiée par Zekeli (Gastr. Gosausch. 1852, pl. I, fig. 2).

DANIEN. — Une espèce bien caractérisée, quoique à l'état de fragment, dans les couches supra-crétaciques de la Lybie : *Cerithium chargense* Quaas (*Palæontogr.* 1902, p. 261, pl. XXVI, fig. 25).

GYMNOCERITHIUM, *nov. gen.*

Grande coquille turriculée ou subulée, à tours convexes ou presque
plans et à peu près lisses; ouverture courte, ovale, un peu sinueuse
à la base.

GYMNOCERITHIUM, *s. stricto.* G.-T.: *Cerithium collegiale*, Zittel. Potrl.

Taille souvent assez grande, en général au-dessus de la moyenne ;
forme turriculée, quelquefois subulée, non étagée ; spire longué,
pointue au sommet, à galbe conique ; tours nombreux, assez étroits,
convexes, devenant parfois presque plans à l'état gérontique, lisses
ou très faiblement striés dans le sens spiral, à sutures profondes au-
dessus desquelles on distingue quelquefois d'imperceptibles crénelures. Dernier tour au plus égal au quart de la hauteur totale, arrondi
à la base qui est lisse jusqu'au cou court et un peu excavé. Ouverture
peu élevée, ovale, avec une faible gouttière dans l'angle inférieur,
non canaliculée en avant où elle se termine probablement par une
légère sinuosité plutôt que par un véritable bec, autant qu'on peut
en juger par les stries d'accroissement; labre peu incurvé, à peine
proéminent sur le contour supérieur ; columelle peu excavée, lisse,
non infléchie en avant ; bord columellaire calleux, bien appliqué sur
la convexité de la base.

Diagnose faite d'après le moulage de l'espèce géno-type (pl. VII, fig. 17) ; et
d'après un géno-plésiotype à derniers tours plans, du Néocomien de l'Yonne :
Cerithium Cotteaui Peron = *C. icaunense* Cossm. (pl. VI, fig. 41-42), coll.
Peron ; autre plésiotype du Kimméridgien de Valfin : *Cerithium rotundum*
Etallon (pl. VIII, fig. 7-9), coll. du Musée de Dijon.

Rapp. et différ. — Il n'est réellement pas possible de dénommer *Cerithium*
(*s. lato*) des coquilles qui en diffèrent extérieurement, à tel point qu'on les rapprocherait plutôt de *Pseudomelania* si leurs stries d'accroissement n'avaient
pas une tout autre inclinaison. Malheureusement, je n'en connais pas l'ouverture, et je ne puis que présumer par conséquent l'existence d'une sinuosité basale
qui ressemblerait probablement à celle de *Procerithium. Gymnocerithium* s'écarte
d'ailleurs de ce dernier Genre par sa spire à peu près lisse, par sa grande taille
et par sa callosité columellaire.

Grymnocerithium

Répart. stratigr.

BATHONIEN. — Une petite espèce, striée, dans l'Aisne et dans le Boulonnais :
Cerithium multivolutum Piette, ma coll.

RAURACIEN. — Une espèce confondue avec *C. rotundum*, dans les couches
coralligènes du Jura bernois, d'après M. de Loriol (*loc. cit.*, p. 70, pl. IX.
fig. 9).

SEQUANIEN. — Une espèce confondue avec *C. rotundum*, dans les calcaires
de Tonnerre, d'après M. de Loriol (pl. II, fig. 18-19).

KIMMERIDGIEN. — Une espèce typique, dans les couches coralligènes de l'Ain :
Cerithium rotundum Etallon, ci-dessus figuré comme plésiotype (V. de
Loriol, Valfin, pl. XII, fig. 1-5). Une espèce dans le Virgulien des envi-
rons de Boulogne : *Cerithium Beaugrandi* de Loriol (*loc. cit.*, pl. VII, fig. 16).

PORTLANDIEN. — Plusieurs espèces dans les couches lithoniques de Stramberg : *C. collegiale, dictyotum, amabile* Zittel, d'après la Monographie de
cet auteur (pl. XLIV, fig. 5-11).

NEOCOMIEN. — Le géno-plésiotype ci-dessus figuré, dans l'Yonne (Dénomination spécifique remplacée par *icaunense* pour corriger un double
emploi, *non* Cossm. et Lambert, Revue crit. 1901, p. 21).

CRYPTAULAX, Tate, 1869 ([1]).

(= *Pseudocerithium*, Cossm. 1884).

Coquille turriculée, pointue, à spire costulée, en pyramide tordue
autour de l'axe ; ouverture non canaliculée en avant, les bords étant
seulement disjoints à la base par une sinuosité subéchancrée.

CRYPTAULAX, *s. stricto*.   G.-T. : *Cerithium scobina*, Eudes Desl. Charm.

Taille moyenne ; forme étroite, bacillaire, turriculée ; spire à galbe
prismatique, composée d'un grand nombre de tours dont l'ornementation se compose généralement de filets spiraux et de côtes axiales,
peu nombreuses, parfois muriquées ou subépineuses, se succédant
d'un tour à l'autre en ligne oblique, de sorte que l'ensemble paraît
former une pyramide ou presque un prisme (si l'angle spiral est très
petit) tordu autour de l'axe. Dernier tour court, circonscrit à la périphérie de la base qui est ornée de cordons concentriques et dépourvue

[1] Annals and Mag. of Nat. hist. 4ᵉ sér. Vol. IV, p. 418.

de cou. Ouverture ovale, un peu plus large en arrière qu'en avant
où elle est légèrement sinueuse sans être véritablement canaliculée,
ses bords étant interrompus avant de se joindre et formant par suite
une gouttière versante qui n'est même pas comparable à un bec
formé; labre un peu sinueux, projeté en avant, du côté antérieur;
columelle courte, un peu excavée, sans aucune trace de pli; bord
columellaire mince, bien appliqué sur la base.

> Diagnose refaite d'après la figure de l'espèce géno-type (Mém. Soc. linn.
> Nom. 1842, pl. X, fig. 50), et d'après un géno-plésiotype du Bajocien de
> Bayeux : *Cerithium contortum* Eud. Desl. (pl. IX, fig. 15) ma coll.; autre
> géno-plésiotype du Callovien de Montreuil-Bellay : *Turritella undulata*
> Quenst. (pl. VI, fig. 7), ma coll.

Observ. — Il y a complète identité générique entre le type de *Pseudocerithium* (*P. densestriatum*) et celui de *Cryptaulax* (*Cer. scobina*), de sorte que, de
ces deux noms exactement synonymes, le plus récent, proposé par moi à une
époque où je n'avais pas eu connaissance de la publication de Tate, doit évidemment disparaître de la Nomenclature. Toutefois, il est intéressant de signaler que ma diagnose originale, applicable aussi à *Cryptaulax*, a été faite d'après
un spécimen intact, tandis que Tate s'est borné à créer son Genre d'après la
figure d'une des espèces dessinées par Eudes Deslongchamps, avec beaucoup
d'exactitude d'ailleurs, comme tout ce que faisait ce dernier savant.

Rapp. et diff. — Ce n'est pas seulement par le galbe aciculé de sa spire
et par les caractères de son ornementation qu'on distingue *Cryptaulax* de *Procerithium*, mais encore et surtout par la forme de son ouverture qui est moins
arrondie et qui, sans former un bec comme celle de *Paracerithium*, a toutefois
les bords presque désunis à leur jonction sur le contour supérieur; cette disposition simule une échancrure rudimentaire dont on n'aperçoit jamais la trace
chez les *Loxonematidæ*, et en particulier sur l'ouverture du Genre *Rigauxia*,
dont quelques espèces se rapprocheraient un peu de *Cryptaulax* par leur forme
prismatique ou par leurs côtes variqueuses. Il est bien évident que, tant qu'on
ne possède pas l'ouverture complète d'un spécimen au moins de chacune des
espèces, l'incertitude peut subsister quant au classement de celles-ci dans l'un
ou l'autre des deux Genres.

Répart. stratigr.
SINÉMURIEN. — Un fragment d'une espèce à côtes peu marquées, dans l'Est
de la France : *Cerith. distortum* Terq. et Piette (M. S. G. F., 2ᵉ Sér., T. VIII,
p. 66, pl. VI, fig. 14-15). Une autre espèce bien caractérisée, dans le Lias

inférieur de Brocastle en Angleterre : *Cerith. spiratum* Moore (ce nom préemployé a déjà été remplacé par *C. Moorei* Cossm. *in* Revue crit., III, p. 135).

CHARMOUTHIEN. — Une espèce (géno-type de *Cryptaulax*) dans le gisement de Fontaine-Etoupefour (Calvados) : *Cerith. scobina* Eud. Desl., d'après la figure (*loc. cit.*) et d'après un fragment de ma coll.

BAJOCIEN. — Deux espèces dans l'Oolite ferrugineuse des environs de Caen, la première aussi dans la Nièvre : *Cerith. contortum* Eud. Desl., *C. hystrix* Eud. Desl., ma coll. Plusieurs formes voisines, dans « l'Inferior oolite » d'Angleterre, d'après M. Hudleston (*loc. cit.*). Une espèce très douteuse (très allongée, mais à côtes nombreuses comme celles de *Xystrella*), dans les environs de Bâle : *Pseudocerithium bajocense* Greppin (*loc. cit.*, p. 40, pl. IV, fig. 7-8).

BATHONIEN. — Une espèce tout à fait caractéristique, dans la « Grande Oolite » du Calvados ; *Pseudocerithium densestriatum* Cossm., coll. Eug. Deslongchamps. Une espèce peu ornée, à pans presque lisses, dans le gisement d'Eparcy (Aisne) et aux environs de Bâle : *Cerith. pentagonum* d'Archiac, ma coll.

CALLOVIEN. — Deux espèces dans le gisement de Montreuil-Bellay : *Cerithium tortile* Héb. et Desl., ma coll., et *Turritella undulata* Quenst. d'après la Monographie de Hébert et Deslongchamps (Bull. Soc. Linn. Norm., t. V, pl. VII, fig. 13).

NEOCOMIEN. — Une espèce indubitable, dans les couches ferrugineuses de l'Yonne : *Turritella angustata* d'Orb., d'après les échantillons figurés par M. Peron (Et. pal. terr. crét. Yonne, p. 27, pl. 1, fig. 14), coll. Peron.

CRYPIOPTYXIS, *nov. subgen.*   G.-T. : *Cerithium Wrighti*, Etallon. Kim.

Taille moyenne ou assez petite ; forme pupoïde, pentagonale ; spire peu allongée, à galbe conoïdal ; tours nombreux, peu convexes, étagés aux sutures, formant une pyramide à cinq pans, régulière, non tordue, avec des filets spiraux, égaux et réguliers, décussés par de petites stries d'accroissement crépues et très serrées qui les festonnent très finement. Dernier tour égal au tiers environ de la hauteur totale, ovale à la base qui est totalement dépourvue de cou et sur laquelle se prolonge l'ornementation de la spire. Ouverture petite, à péristome complètement détaché, oblique, avec une gouttière anguleuse en arrière et une très légère échancrure en avant, à la place du canal ; labre peu épais et réfléchi, rejoignant le bord opposé autour de la gouttière postérieure ; columelle excavée, lisse en apparence quand le péristome n'est pas incomplet, mais intérieurement munie de deux plis, l'un pariétal, l'autre antérieur ; bord columellaire calleux et détaché sur toute sa longueur.

Diagnose établie d'après un échantillon de l'espèce géno-type, du Kimméridgien de Valfin (pl. VI, fig. 8), coll. Etallon au Musée de Dijon.

Rapp. et diff. — M. de Loriol a bien observé les caractères tout particuliers de cette coquille, et il a par conséquent évité de la classer dans le Genre *Exelissa*, malgré son apparente similitude. Je la rapproche, avec certitude, de *Cryptaulax* dont l'ornementation est très voisine, quoique le galbe ne soit pas le même, et qui a aussi l'ouverture subéchancrée à la base ; toutefois, ce nouveau Sous-Genre s'en distingue par le détachement complet du péristome, surtout par les deux plis internes de sa columelle, enfin par son galbe plus pyramidal, moins prismatique ; mais ce dernier caractère n'est pas absolu, car certain *Cryptaulax*, tels que *C. polygonum* par exemple, sont relativement courts.

Si l'on compare *Cryptoptyxis* à *Exelissa* près duquel on serait tenté de le placer à cause de son galbe pupoïde et de son péristome détaché, on constate qu'il s'en écarte par son échancrure basale, par ses plis columellaires qui n'existent jamais même chez les individus mutilés d'*Exelissa*, enfin par sa forme nettement pentagonale.

Répart stratigr.
CALLOVIEN. — Trois espèces probables, dans le gisement de Montreuil-Bellay : *Cerithium angystoma, quinquangulare, pupoides* Héb. et Desl. (*loc. cit.*, pl. VII, fig. 2-4).
KIMMÉRIDGIEN. — Trois espèces dans les couches ptérocériennes de Valfin : *Cerith. Wrigthi* Etallon, *C. Bourgeati* de Lor., *C. Grimaldii* G. et O. d'après la Monographie précitée de M. de Loriol (p. 123 124, pl. XII, fig. 1-3).
PORTLANDIEN. — Deux espèces certaines, dans les couches tithoniques de Stramberg : *Cerithium Hoheneggeri, Exelissa pretiosa* Zittel, d'après la Monographie précitée de cet auteur (pl. XLV, fig. 10 et 14).

EXELISSA, Piette, 1860 (¹).

Coquille pupoïde, à tours treillissés, à ouverture arrondie, légèrement versante ou anguleuse à la base ; péristome épais et subdétaché, en retrait sur l'avant-dernier tour.

(¹) Bull. Soc. géol. Fr. 2ᵉ sér., t. XVIII, p. 14.

EXELISSA, *s. stricto.* G.-T. : *Cerithium strangulatum*, d'Arch. Bath.
(= *Kilvertia*, Lycett 1863)

Taille petite, forme pupoïde ; spire peu allongée, à galbe conoïdal,
l'accroissement des derniers tours étant plus rapide en hauteur
qu'en largeur ; ornementation composée de costules axiales, parfois
très effacées en avant, se correspondant souvent d'un tour à l'autre,
de manière à former une pyramide à 7, 8 ou 9 pans ; elles sont
croisées par des cordons spiraux que séparent des sillons étroits.
Dernier tour un peu en retrait sur l'avant-dernier, à suture un peu
ascendante chez les adultes vers le péristome. Ouverture petite, arrondie, à péristome épais et presque détaché ou subdévié presque
comme chez les Clausilies ; contour basal complètement dépourvu
de sinuosité ou d'échancrure, montrant seulement l'indice d'un bec
à peine versant, subanguleux à droite, à l'extrémité de la columelle ;
labre incliné obliquement par rapport à l'axe, de gauche à droite ;
columelle écourtée, excavée, sans aucune trace de pli ni d'inflexion,
se terminant au bec ; bord columellaire calleux, bien appliqué sur
la base.

Diagnose refaite d'après des échantillons de l'espèce géno-type, du Bathonien
d'Éparcy, dans l'Aisne (pl. VI, fig. 1-5), ma coll. et coll. du Musée de Bâle
(communiqués par M. Greppin).

Observ. — Le Genre *Kilvertia* a été proposé en 1863, c'est-à-dire trois ans
après *Exelissa*, pour le même type, dans l'appendice (p. 93) à la Monographie
supplémentaire de Lycett, sur les coquilles de la « Grande Oolite » d'Angleterre
(Palæontogr. Soc.). En conséquence, cette dénomination tombe complètement en
synonymie avec celle proposée par Piette.

Rapp. et diff. — Quoique l'ornementation de ce groupe de coquilles, très
répandues dans le Système jurassique, ait quelque analogie avec celle de *Cryptaulax*, on les en distingue, non seulement par leur galbe pupoïdal et par le
nombre plus grand des pans de la pyramide moins tordue que forment les côtes
axiales, mais surtout par leur ouverture ronde et subdétachée, un peu déviée
par suite de la direction ascendante que suit la suture du dernier tour en retrait
sur le précédent ; ce caractère, joint à celui de l'épaisseur du péristome, grâce

à laquelle l'ouverture est ordinairement moins mutilée que chez les autres groupes de *Procerithidæ*, permet de reconnaître *Exelissa* au premier coup d'œil au milieu d'un lot de coquilles de cette Famille. L'absence d'épines et de granulations sur les tours de spire, empêche de confondre les espèces de ce Genre, même incomplètes, soit avec *Paracerithium*, soit avec *Procerithium*, qui n'ont pas toujours — le premier surtout, une forme parfaitement conique. L'ouverture a d'ailleurs le péristome plus détaché que celle de *Paracerithium*, le bec d'*Exelissa* n'est pas au même emplacement que celui de ce dernier Genre : c'est plutôt une gouttière latérale qu'un véritable bec cérithial.

Dans la revision que j'ai faite (Olig., III, p. 26) de certaines formes tertiaires placées par moi dans une nouvelle Famille *Diastomidæ*, j'avais émis l'opinion que l'on pourrait probablement classer aussi dans cette même Famille le Genre *Exelissa* à cause de son péristome qui tend à se détacher de la base du dernier tour ; mais je constate actuellement que ce rapprochement n'est pas admissible, parce qu'*Exelissa* n'a pas l'ouverture versante de *Diastoma*, ni le péristome mince et en pavillon de *Teliostoma*. C'est donc bien dans la Famille *Procerithidæ* que l'on doit classer ce Genre jurassique, tandis que les *Diastomidæ* ne paraissent pas avoir vécu avant la partie tout à fait supérieure du Système crétacique.

Quant aux coquilles qui ont été souvent confondues avec *Exelissa*, et notamment celles des gisements de Valfin et de Stramberg que j'ai placées dans le nouveau Sous-Genre *Cryptoptyxis*, outre l'existence de deux plis columellaires que ne porte jamais la columelle d'*Exelissa*, il y a lieu de signaler l'échancrure basale qui ne ressemble pas à la gouttière latérale de ce dernier Genre ; même l'ornementation crépue de *Cryptoptyxis* suffit pour le distinguer empiriquement d'*Exelissa*.

Répart. stratigr.

HETTANGIEN. — Une espèce bien caractérisée dans l'Infralias de la Vendée : *E. infraliasica* Cossm., coll. Chartron.

TOARCIEN. — Une espèce douteuse, dans le Lias supérieur de la vallée du Rhône : *Cerithium Chantrei* Dumortier (*loc. cit.*, t. IV, p. 161, pl. XXXVII, fig. 10).

BAJOCIEN. — Plusieurs formes du « Dogger » d'Angleterre, assimilées aux espèces bathoniennes ci-après, et en outre : *E. Weldonis* Hudleston (*loc. cit.*, pl. XI) ; cette dernière aux environs de Bâle, d'après M. Greppin (*loc. cit.*, p. 40, pl. IV, fig. 5 et 10). Une espèce plus hérissée, dans la Normandie et aussi en Angleterre : *Cerith. normanianum* d'Orb., coll. Deslongchamps.

BATHONIEN. — Outre le géno-type, plusieurs espèces dans la « Grande Oolite » de l'Aisne, du Calvados, d'Angleterre et des environs de Bâle : *Cerithium spiculum* Lyc., *Cerith. pulchrum* Lyc., *Kilcertia formosa* Lycett, ma coll. une espèce différente dans le « Fuller's earth » du Boulonnais : *E. subformosa* Cossm., coll. Legay ; une autre aux environs de Bâle : *E. papillosa* Greppin (Foss. gr. ool. 1888, p. 44, pl. I, fig. 8).

CALLOVIEN. — Une espèce bien caractérisée, dans le gisement de Montreuil-
Bellay : *Cerithium Thersites* Héb. et Desl. (*loc. cit.*, pl. VII. fig. 12) ;
la même en Savoie, d'après MM. Parona et Bonarelli (Mém. Acad. Savoie,
T. VI, 1895).

RAURACIEN. — Une espèce dans les couches coralligènes de Sainte-Ursanne :
Cerithium ursicinum de Loriol, ma coll.

SEQUANIEN. — Deux espèces dans les « calcaires à *Astarte* » de la Meuse :
Scalaria minuta, Cerithium Gaulardeum Buvignier (*loc. cit.*, pl. XXVII,
fig. 3-4 et 29). Une espèce allongée dans les couches coralligènes d'Oberbuchsiten : *E. sequana* Greppin (*loc. cit.*, p. 41, pl. II, fig. 2).

KIMMERIDGIEN. — Une espèce bien caractérisée dans le Ptérocérien de Vallin :
E. Guirandi de Loriol (*loc. cit.*, p. 138, pl. XIV, fig. 3).

PORTLANDIEN. — Une espèce probable dans les calcaires de la Meuse : *Ceri-
thium supracostatum* Buvignier (*loc. cit.*, pl. XXVII, fig. 31) ; la même,
désignée sous le nom *C. septemplicatum* Rœmer, d'après M. de Loriol, en
Allemagne, dans le Boulonnais coll. Legay, dans la Haute-Marne (Monogr.
Portl. Boul., p. 17, pl. II, fig. 15-16), dans l'Yonne, ma coll. et d'après
Loriol et Cotteau (Monogr. Portl. Yonne, p. 459, pl. III, fig. 5). Une espèce
douteuse, dans les couches tithoniques de Stramberg : *Cerith. Mojsisovicsi*
Zittel (*loc. cit.*, pl. XLV, fig. 13, mais *Exelissa pretiosa* est, comme on l'a
vu, un *Cryptoptyxis*).

TELIOCHILUS, *nom. mut.* G.-T. : *Tomocheilus Deslongchampsi*, Gemm. Lias.

(= *Tomocheilus*, Gemmellaro 1878, *non*

Tomochilus, Laf. Col. 1851)

Taille petite ; forme pupoïde, trapue ou même subglobuleuse ;
spire courte, à galbe conoïdal, obtuse au sommet ; tours un peu
convexes, à sutures profondes, ornés de cordonnets spiraux et de
costules axiales, arrondies, peu saillantes, souvent même effacées sur
le dernier tour qui occupe à peu près la moitié de la hauteur totale ;
base arrondie, avec une fente ombilicale plus ou moins visible. Ouverture à péristome détaché, arrondi, épanoui en pavillon dans un
plan oblique par rapport à l'axe, sans aucune trace de canal ni d'é-
chancrure sur le contour supérieur ; labre simple et épais, un peu
prolongé en arrière où il rejoint le bord opposé en s'étalant sur la
base ; une gouttière existe sur certains échantillons, dans l'angle

inférieur ; columelle excavée, lisse ; bord columellaire calleux, largement étalé, recouvrant incomplètement la fente ombilicale.

Diagnose refaite d'après la figure de l'espèce géno-type (1) ; reproduction de cette figure (**Fig.** 5).

Fig. 5. — *Telio-chilus Deslong-champsi* Gemm.

Observ. — La dénomination *Tomocheilus* préemployée (attendu que *cheilus* et *chilus* sont exactement le même mot : χεῖλος, lèvre, la diphthongue ει n'existant pas en latin) doit être remplacée par *Teliochilus* qui a à peu près la même signification.

Rapp. et diff. — Gemmellaro a rapproché son nouveau Genre de *Brachytrema*, à cause de son aspect trapu et de son ornementation ; cependant *Teliochilus* s'en écarte absolument par tous ses caractères les plus essentiels, ceux de l'ouverture ; ces deux formes n'appartiennent évidemment pas à la même Famille et c'est plutôt auprès d'*Exelissa* qu'il y a lieu de le placer, ainsi que Gemmellaro l'a lui-même indiqué à une autre page de son Mémoire (p. 300). En examinant les deux ouvertures, on reconnaît, en effet, que leur analogie est telle que je ne puis admettre *Teliochilus* que comme une Section d'*Exelissa* : son péristome est continu, subdétaché, arrondi comme celui des espèces de ce dernier Genre, le labre est également oblique, incliné dans le même sens, le bord columellaire est aussi calleux ; toutefois, chez *Teliochilus*, il y a une fente ombilicale, un sillon pariétal dans l'angle inférieur à la jonction du labre et du bord copposé, et en outre le galbe plus globuleux ressemble à celui de quelques *Canlellariidæ*. Mais ces différences n'ont qu'une importance secondaire, elles ne dépassent pas la valeur des critériums sectionnels.

D'autre part, si l'on compare *Teliochilus* avec *Brachytrema*, on constate que son ouverture est radicalement différente et qu'elle ne ressemble pas à une aile comme celle de ce dernier Genre ; en outre, *Brachytrema*, qui a la base imperforée, a une échancrure basale et une columelle tordue, ce que l'on ne constate pas chez *Teliochilus*.

Répart. stratigr.

HETTANGIEN OU SINEMURIEN. — Outre l'espèce géno-type, trois autres espèces dans les calcaires cristallins des environs de Palerme : *Tomocheilus gradatus, semiplicatus, asper,* Gemmellaro, d'après la Monographie de cet auteur (V. notre note infrapaginale).

(1) Sui foss. del Calc. Crist. Mont. Casale (Journ. Sc. nat. ed econ. di Palermo, Vol. XIII, 1878 ; p. 299, pl. XXIV et XXV.

*

PARACERITHIUM, Cossmann, 1902 [1].

Coquille à spire épineuse, à ouverture ovale, terminée par un bec court, à columelle infléchie en avant.

PARACERITHIUM, *s. stricto.* G.-T. : *P. acanthocolpum,* Cossm. Hett.

« Taille assez petite ; forme plus ou moins élancée ; spire turriculée, ornée de fortes côtes axiales et de filets spiraux peu saillants, étagée vers les sutures. Ouverture peu élevée, ovale, avec une petite gouttière dans l'angle inférieur, terminée en avant par un bec court qui ne modifie pas sensiblement le contour supérieur, sauf par une ·faible troncature légèrement sinueuse, sans apparence de cou ni de bourrelet sur la base ; labre un peu oblique, épaissi par la dernière côte ; columelle non plissée, arquée au milieu, infléchie à droite contre le bec antérieur ; bord columellaire mince, étroit, appliqué sur la base. »

Reproduction de la diagnose originale et de spécimens de l'espèce géno-type (pl. VI, fig. 12-14), ma coll. Ouverture très grossie (Fig. 6).

Fig. 6. — *Paraceri-thium acanthocol-pum* Cossm.

Rapp. et diff. — La séparation des espèces de ce Genre et de celles du Genre *Procerithium* est surtout motivée par l'existence d'un bec aigu à l'extrémité antérieure de l'ouverture ; la columelle s'infléchit déjà un peu vers la droite, sans qu'elle soit cependant tronquée. Lorsque l'ouverture est mutilée et qu'elle prend alors l'aspect subcanaliculé, comme chez tous les Cerithiacés jurassiques, on distingue encore *Paracerithium* de *Procerithium* par l'apparence épineuse des tours de spire qui sont étagés au-dessus des sutures par une rampe ou une rainure en haut de laquélle les côtes se terminent par une saillie plus ou moins aiguë, ou même par une épine courte ; en outre, les filets spiraux sont généralement moins saillants que ces côtes et ils n'y produisent pas de granulations à leur intersection. Bien que ces caractères différentiels soient plutôt empiriques et qu'ils n'aient pas la valeur des critériums de l'ouverture, d'après lesquels j'ai établi ma classification, ils sont d'un grand secours pour séparer, à première vue, ces coquilles mésozoïques dont l'ouverture n'est que très rarement intacte.

[1] B. S. G. F. (4) t. II, p. 173.

D'autre part, si l'on compare *Paracerithium* à *Cryptaulax* qui a aussi des côtes épineuses, on trouve que, chez ce dernier, les côtes se succèdent d'un tour à l'autre, de sorte que le galbe de la spire a un aspect pyramidal, ou plutôt prismatique, car elle est beaucoup plus étroite, tandis que *Paracerithium* est peu élancé ; surtout l'ouverture, quand on a la bonne fortune de pouvoir l'étudier, présente des caractères bien distincts : une entaille versante chez *Cryptaulax*, à la place du bec de *Paracerithium*.

Ce Genre présente encore quelque analogie, par son ornementation et par son ouverture anguleuse en avant, avec le Genre triasique *Trachoecus* Kittl ; mais ce dernier possède un ombilic bordé par un gros bourrelet et ces deux caractères font complètement défaut chez *Paracerithium*.

Répart. stratigr.

TYROLIEN. — Deux espèces douteuses, dans les couches de Saint-Cassian et de Marmolata : *Fusus nodosocarinatus* Munst., *Purpuroidea subcerithiformis* Kittl., d'après les figures publiées par ce dernier auteur (Gastr., Saint-Cassian, III, p. 259, pl. XX, fig. 20 21 ; Triad. Gastr. Marm. p. 175, pl. VI, fig. 35-36).

HETTANGIEN. — Outre l'espèce géno-type, trois autres espèces dans la Vendée : *P. Moorei, Chartroni, loxocolpum* Cossm., ma coll. et coll. Chartron ; une espèce voisine du géno-type, à angle presque médian sur chaque tour, dans les calcaires d'Hettange : *Cerithium aculicostatum* Terq., d'après la fig. (*loc. cit.*). Une autre espèce très trapue, dans le Lias inférieur de Brocastle, en Angleterre : *Cerith. pentacostæ* Moore, d'après la figure (Quart. Journ. Geol. Soc. 1867, p. 542, pl. XIV, fig. 13).

SINEMURIEN. — Trois espèces dans les calcaires cristallins des environs de Palerme : *Cerithium Strueveri, muriciforme, Todaroi* Gemmellaro, d'après les figures publiées par cet auteur (*loc cit.*, pl. XXV, fig. 29-30).

CHARMOUTHIEN. — Plusieurs espèces dans les environs de Caen : *Cerithium spinuliferum, macrogoniatum, polygonatum* Eud. Desl., ma coll. et d'après les figures publiées par l'auteur (1842, Mém. Soc. linn. Norm. p. 211-213, pl. XI, fig. 50-55).

TOARCIEN. — Une espèce dans le Lias supérieur du Calvados : *Cerith. variculosum* Eud. Desl., coll. de l'Ecole des Mines.

BAJOCIEN. — Une espèce probable, dans la « zone à *Lioc. concavum* » du Mont-d'Or Lyonnais : *P. Cossmanni* Riche (= *Cer. lugdunense* Riche, *non* Dum.) d'après la Monographie de l'auteur (*loc. cit.*, et Revue crit. Paléoz., 1905, p. 20).

BATHONIEN. — Une espèce bien caractérisée, dans la « Grande Oolite » du Boulonnais et de l'Aisne : *Cerith. costigerum* Piette, coll. Rigaux et Legay. Deux autres espèces probables, dans le Bradfordien de l'Aisne : *Cerith. Chapuiseum* Piette, d'après la figure publiée par cet auteur (B. S. G. F. 2ᵉ Sér., T. XIV, pl. V, fig. 40), *Cer. Dumonti* Piette, ma coll.

NEOCOMIEN. — Une espèce très trapue, à labre bordé, dans les calcaires ferrugineux de l'Yonne : *Cerih. Gauthieri* Peron, d'après le type figuré (Gastr. néoc. Yonne, pl. IV, fig. 7.)

TEREBRELLA, Andreæ [1].

Coquille térébriforme, à sutures crénelées, à côtes courbes ; ouverture rhomboïdale à bec anguleux et à columelle tordue.

TEREBRELLA, *sensu stricto*. G-T. : *Cerithium Guerrei*, Héb. et Desl.Call.

Taille moyenne ; forme turriculée, assez étroite ; spire longue, aiguë au sommet, à galbe conique ; tours nombreux (15 à 20 au moins), croissant régulièrement, plans ou peu convexes, couronnés à la suture d'une rangée inférieure de crénelures auxquelles aboutissent des côtes axiales, droites ou à peine courbées et antécurrentes à leur extrémité inférieure, souvent fasciculées au nombre de deux ou trois pour une crénelure ; pas d'ornementation spirale. Dernier tour inférieur au tiers de la hauteur totale, à base déclive ou faiblement convexe, simplement striée par des accroissements sinueux. Ouverture rhomboïdale, rétrécie en avant où elle se termine par un bec anguleux ; labre incurvé, mince ; columelle étroite, un peu tordue à sa jonction avec la sinuosité du contour supérieur, bord columellaire indistinct.

Diagnose refaite d'après des échantillons de l'espèce géno-type, communiqués par M. Greppin, et d'après un géno-plésiotype du Bajocien de Sully (Calvados) : *Cerithium Opis* d'Orb. (= *comma* ? Munst.), ma coll. (pl. V, fig. 27-28).

Rapp. et diff. — Ainsi que l'a fait remarquer M. de Loriol (Et. Moll. Oxford. supér. Jura bern. 1" Suppl. 1901, p. 40) *Terebrella* s'applique à un groupe de coquilles jurassiques assez homogène par son ornementation, mais dont l'ouverture n'était pas connue, ni de celui qui a créé le Genre, ni des auteurs qui l'ont ensuite adopté. Grâce à la communication d'un spécimen bajocien presque intact, que m'a faite M. Bigot, j'ai pu constater que *Terebrella* se rapproche de *Paracerithium*, et qu'il s'en écarte seulement par son galbe, par son ornementation, par son labre incurvé et par sa columelle tordue : mais l'ouverture ne se termine pas par un canal cérithial, comme celui qu'ont figuré Hébert et Deslong-

[1] Die Glossophoren des « Terrains à Chailles ». Abhandl. z. geol. Special-Karte von Elsass-Lothringen, Vol. IV., p. 32, pl. 1, 20-22, C, 9 et 10.

champs (Foss. Montreuil-Bellay, pl. VI, fig. 3) pour *Cer. unitorquatum*, la restauration qu'en a faite le dessinateur est complètement inexacte.

A première vue, en se basant surtout sur l'ornementation, c'est-à-dire sur la bande crénelée qui accompagne les sutures, on pourrait être tenté de rapprocher *Terebrella* de *Cerithiella* Morr. et Lyc., et de le classer par suite parmi les *Entomotæniata* : mais un examen très attentif de l'inclinaison des côtes axiales ou des stries fasciculées de chaque tour de spire m'a permis de constater que ces côtes ou stries sont antécurrentes vers les tubercules suturaux, ou qu'elles y aboutissent perpendiculairement, au lieu de faire un crochet rétrocurrent, donnant naissance à une bande suturale. Ces coquilles sont donc bien des *Cerithiacca* et elles ne peuvent être confondues avec aucun *Cerithiella* ; elles ont d'ailleurs le dernier tour beaucoup plus court et moins arrondi à la base que les espèces de ce dernier Genre.

Répart. stratigr.

 Toarcien. — Une espèce confondue avec *Cerith. comma* M , mais évidemment différente, dans le bassin du Rhône, d'après Dumortier (*loc. cit.*, IV, p. 160, pl. XXXVII, fig. 9).

 Bajocien. — Le géno-plésiotype ci-dessus figuré, aux environs de Bayeux, ma coll. Une espèce bien typique, en Allemagne et en Angleterre : *Cerith. comma* Munst., d'après les figures de la Monographie précitée de M. Hudleston.

 Callovien. — Deux espèces dans le gisement de Montreuil-Bellay : *Cerith. Guerrei, unitorquatum* Héb. et Desl., d'après les figures ci-dessus signalées.

 Oxfordien. — L'espèce confondue à tort avec *Cer. Guerrei* par Andreæ, en Allemagne et dans le Jura bernois : *Cerith. Andreæi* de Loriol (*loc. cit.*, pl. III, fig. 12-14). Une autre espèce dans les mêmes gisements : *Cerith. pseudobernense* de Loriol (1897, p. 45, pl. VII, fig. 12). Une espèce de Suisse dans l'Oxfordien de la Haute-Marne : *Cerithium Moschardi* Thurm., coll. Thiéry.

 Rauracien. — Une espèce douteuse, dans les couches coralligènes du Jura bernois : *Cerith. Zetes* de Loriol (Moll. Raur. sup. 1893, 1" Suppl. p 18, pl. III, fig. 12-14).

 Portlandien. — Une espèce très douteuse, à très fines crénelures, dans les couches tithoniques de Stramberg: *Cerith. crenato-cinctum* Zittel (*loc. cit.*, pl. XLIV, fig. 12-13).

 Neocomien. — Une espèce presque lisse, sauf les crénelures suturales, dans les environs d'Auxerre : *Cerith. terebroides* d'Orb., ma coll.

 Aptien. — Un fragment simplement strié en spirale au-dessus des crénelures suturales, dans le Jura Suisse : *Cerith. Sanctæ-Crucis* Pict. et Campiche (*loc. cit.*, t. II, p. 285, pl. LXX, fig. 14).

RYNCHOCERITHIUM, *nov. gen.*

Coquille ventrue, à spire courte et muriquée, à bec antérieur bien formé, avec un bourrelet basal et une fente ombilicale.

RHYNCHOCERITHIUM, *s. str.* G-T. : *Cer. fusiforme*, Héb. et Desl. Call.

Taille petite ; forme buccinoïde, ventrue, ovoïdo-conique ; spire courte, à galbe conoïdal quand la coquille est adulte ; tours peu nombreux, assez étroits, étagés et couronnés au-dessus des sutures, treillissés par des côtes axiales, droites, serrées, et par des cordons spiraux qui produisent, à leur intersection avec les côtes, de petites aspérités muriquées, presque subépineuses sur la rangée suprasuturale. Dernier tour au moins égal à la moitié de la hauteur totale, ovale à la base, sur laquelle se prolonge en s'atténuant l'ornementation de la spire, et qui n'est excavée que vers le cou gonflé par un bourrelet peu saillant. Ouverture ovale, subrhomboïdale, à péristome un peu détaché en arrière, avec une gouttière dans l'angle inférieur, terminée en avant par un bec bien formé, court, obtus ou légèrement tronqué à son extrémité à laquelle aboutit le bourrelet basal ; labre droit, mince, largement incurvé en arrière, un peu proéminent en avant, faisant sa jonction au niveau de la troncature du bec ; columelle lisse, excavée au milieu, infléchie en avant vers le bec ; bord columellaire mince, bien limité et appliqué sur la base, mais séparé du bourrelet par une fente ombilicale.

Diagnose établie d'après les échantillons intacts de l'espèce géno-type, de l'Oxfordien inférieur de Montreuil-Bellay (pl. VI, fig. 18-21), coll. de l'Ecole des Mines ; et d'après un géno-plésiotype du Néocomien inférieur de l'Yonne ; *Cerith. subnassoides* d'Orb. (pl. VI, fig. 15-17), coll. Peron.

Rapp. et diff. — Ce n'est pas seulement par son ornementation que *Rhynchocerithium* se distingue de *Paracerithium*, mais surtout : par la disposition de son ouverture qui est moins ovale et qui comporte en avant un bec beaucoup plus entaillé, mieux formé ; par son labre plus proéminent en avant ; par son bourrelet basal et par son ombilic légèrement entr'ouvert entre le bourrelet et le bord columellaire. Quant à l'ornementation, elle se compose de côtes plus nombreuses et plus muriquées que celles de *Paracerithium*, avec des saillies suprasuturales moins saillantes et plus serrées. Le galbe général de *Rhynchocerithium* est buccinoïde, comme l'est quelquefois celui de *Paracerithium*, quoique ce dernier Genre ait aussi des représentants assez élancés.

D'autre part, *Procerithium* est toujours plus étroit et véritablement cérithial par la galbe de sa spire ; l'ornementation de *Rhynchocerithium* a cependant quelque analogie avec celle de *Xystrella*, mais son bec le place dans une autre Sous-Famille, et même quand on n'a pas l'ouverture, on peut du moins le distinguer par son bourrelet basal ; il en est de même si on le compare à *Exelissa* qui a quelquefois le galbe assez ventru mais moins muriqué, ou à *Teliochilus* qui est encore plus globuleux. Je ne crois pas nécessaire de rappeler les caractères qui écartent *Rhynchocerithium* de *Brachytrema*, car on s'aperçoit de suite qu'il s'agit d'une Famille différente.

D'ailleurs, malgré tous ces critériums distinctifs je ne me suis décidé à proposer le nouveau Genre que quand j'ai pu en étudier des spécimens intacts, et parce que la présence d'un bourrelet basal confirme l'existence d'un bec tronqué ; on sait en effet que, dans la plupart des Gastropodes, le bourrelet basal, lorsqu'il existe, est formé par l'accroissement successif des échancrures existant à la base de l'ouverture, on en observe même chez des Gastropodes holostomes qui ont un bec, tels que *Lacuna* par exemple.

Répart. stratigr.

BATHONIEN. — Une espèce très douteuse, dans la « Grande Oolite » des environs de Bâle : *Cerith. contractum* (¹) Greppin (Foss. Gr. Ool. 1888, p. 31, pl. I, fig. 4-5).

CALLOVIEN. — L'espèce géno-type dans l'Anjou, ma coll.

SÉQUANIEN. — Une espèce probable, dans l'Aslartien de la Meuse : *Cerith. pygmæum* Buvignier (*loc. cit.*, pl. XXVII, fig. 5-6). Une espèce peu muriquée dans les couches coralligènes d'Oberbuchsiten : *Cerith. Lorioli* Greppin (*loc. cit.*, p. 35, pl. II, fig. 1).

PORTLANDIEN. — Deux espèces dans les « Sables à Pernes » des environs de Boulogne : *Cerith. Rozeti, Gemmellaroi* de Loriol (Monogr. form. jur. Boul., p. 65-67, pl. VII, fig. 6-10).

NEOCOMIEN. — Une espèce dans l'Aube, figurée ci-dessus comme géno-plésiotype, coll. Peron.

CIRSOCERITHIUM (²), *nov. gen.*

Coquille conique, trapue, à labre variqueux, non sinueux, à bec cérithial incomplètement formé.

(¹) Dénomination préemployée par Bellardi pour une coquille nummulitique ; je propose de remplacer par **Rhynchocerithium ? basilense** Cossm.

(²) Etymologie : κιρσος, varice.

CIRSOCERITHIUM, *s. stricto.*   G-T. : *Cerithium subspinosum*, d'Orb. Alb.

Taille assez petite ; forme conique, trapue ; spire un peu turriculée, subétagée, à sutures bordées par un bourrelet souvent granuleux ; tours convexes, ornés de côtes pustuleuses sur la convexité, croisées par des cordons spiraux et serrés ; dernier tour relativement grand, atteignant les deux cinquièmes de la hauteur totale, anguleux à la périphérie de la base qui forme un disque peu convexe et concentriquement sillonné jusque sur le cou à peu près nul. Ouverture arrondie, à peine anguleuse en arrière, munie, en avant et à droite, d'un bec court et superficiel qui ne fait aucune saillie sur le contour supérieur ; labre droit, à peine incliné à gauche de l'axe, épaissi et bordé par une forte varice externe, paraissant dépourvu de dents internes ; columelle presque verticale ou à peine incurvée, ne présentant qu'une légère inflexion à droite, à sa jonction avec le bec ; bord columellaire peu épais et très étroit.

Diagnose établie d'après un excellent échantillon de l'espèce géno-type, provenant du Gault de Saint-Florentin (pl. VII, fig. 1-3 ; et pl. XIII, fig. 6-7, 11), coll. Peron.

Rapp. et diff. — Au premier abord, j'ai été tenté de rapprocher cette coquille du Genre tertiaire *Hemicerithium* qui a presque le même aspect ; mais, en examinant de plus près ses caractères essentiels, j'ai pu me convaincre que l'ouverture présente en avant des différences capitales ; tandis qu'*Hemicerithium* possède un véritable canal court et tronqué, contre lequel la columelle forme une torsion bien visible, il n'existe chez *Cirsocerithium* qu'un simple bec semblable à celui de *Paracerithium*, et la columelle, non tordue à son extrémité antérieure, s'infléchit à peine avant de se raccorder avec ce bec : en outre, *Cirsocerithium* ne possède jamais qu'une seule varice bordant le labre, et l'on n'en voit aucune trace sur la spire comme il en existe sur les tours d'*Hemicerithium* ; enfin le contour supérieur se raccorde en ligne droite avec le bec, sans se relever au-dessus du niveau du plafond, comme chez *Hemicerithium*.

On trouvera aussi plus loin, à propos du Genre crétacique *Atresius*, de la Famille *Trichotropididæ*, les différences qui ne permettent pas de le confondre avec *Cirsocerithium*, bien qu'ils aient quelques points de ressemblance.

Cirsocerithium

Répart. stratigr.

> APTIEN. — Une espèce probable, dans le Comtat Venaissin : *Cerith. aptiense* d'Orb., d'après la Paléontologie française des terrains crétacés.
>
> ALBIEN. — L'espèce géno-type dans le Gault de l'Yonne et des Ardennes, coll. Péron, coll. de l'École des Mines.
>
> CENOMANIEN. — Une espèce inédite, dans les couches marneuses des environs de Boghar, en Algérie : *Cirsocerithium Peroni* Coss., coll. Peron [V. l'annexe ci-après].

*

BATHRASPIRA (¹), *nov. gen.*

Coquille peu allongée, à spire étagée, simplement striée, à sutures excavées ; bec cérithial court, un peu infléchi comme un canal.

BATHRASPIRA, *s. stricto.*   G-T. : *Cerithium tectum*, d'Orb. Alb.

Taille moyenne ; forme souvent trapue, quoique turriculée ; spire étagée en gradins, à galbe conique dans son ensemble ; tours carénés, excavés ou presque plans et striés au-dessus de la carène spirale, fortement évidés au-dessous de cette carène, complètement dépourvus d'ornementation axiale, sutures linéaires et peu distinctes sur la rampe infracarinale ; un second angle antérieur apparaît sur les derniers tours près de la suture antérieure, et il persiste à la phériphérie de la base qui est peu convexe, sillonnée par des stries d'accroissement très sineuses, jusque sur le cou excavé et court. Ouverture subpentagonale, anguleuse en arrière, terminée en avant par un bec qui ressemble à un canal cérithial quand le contour supérieur est mutilé, mais qui se réduit à un bec faiblement infléchi quand ce contour est intact et qu'il se relie par une courbe sinueuse avec le labre assez proéminent en avant ; columelle droite, non calleuse, faisant un angle de 100° avec la base, tordue en avant et légèrement fléchie avec le bec ; bord columellaire assez calleux, appliqué sur la base.

(¹) Etymologie : βαθρα, gradins ; σπειρα, spire.

Bathraspira

Diagnose établie d'après d'excellents spécimens de l'espèce géno-type, du Gault de Saint-Florentin (pl. VI, fig. 25-27), coll. Peron ; et d'après un géno-plésiotype du Néocomien inférieur de l'Aube : *Cerith. neocomiense* d'Orb. (pl. VI, fig. 22-24), coll. de l'Ecole des Mines.

Rapp. et diff. — Même si l'on ne connaissait pas l'ouverture intacte de ce singulier groupe de coquilles crétaciques, leur aspect présente un faciès tellement particulier qu'il ne peut y avoir d'hésitation sur la nécessité de les séparer des vrais Cérites ; mais cette constatation n'est pas suffisante au point de vue de la classification que je m'efforce de dresser dans cet ouvrage ; heureusement, la communication —qui m'a été faite par M. Peron — d'individus ayant leur ouverture beaucoup mieux conservée que celle des types étudiés jusqu'ici, m'a permis de vérifier que le canal attribué à ces coquilles se réduit à un bec et que le contour du plafond s'y raccorde par une courbe sinueuse et un peu proéminente. C'est donc dans la Sous-Famille *Metacerithinæ* qu'il y a lieu de placer notre nouveau Genre qui établit graduellement la transition entre les *Paracerithinæ* à bec rudimentaire et *Metacerithium* à bec subcanaliculé, mais *Bathraspira* est plus près de ce dernier à cause du contour sinueux du labre sur la région antérieure.

Il existe aussi, dans le Système jurassique, des formes à tours étagés dont le galbe est moins trapu et chez lesquelles les gradins ne commencent pas à se former dès les premiers tours, ainsi que cela a lieu chez *Bathraspira* ; il me paraît donc très douteux que ces coquilles jurassiques (en particulier : *Cerith. spirale* Rig. et Sauv.) soient les ancêtres de *Bathraspira* ; d'ailleurs on n'en connaît pas l'ouverture, et il n'est pas prouvé qu'elles ne possèdent pas de bande suturale, c'est-à-dire qu'elle ne soient pas des *Entomotæniata*. C'est pourquoi je m'abstiens de les énumérer dans la répartition stratigraphique ci-dessous.

Répart. stratigr.

Néocomien. — Le géno-plésiotype ci-dessus figuré, dans les calcaires ferrugineaux de l'Aube ; une espèce un peu plus étroite, dans l'Yonne : *Cerith. Baudouini* (1) (= *C. subpyramidale* d'Orb.) coll. Peron. Le géno-plésiotype dans l'Allemagne du Nord, d'après M. Wollemann (Abhandl. k. pr. geol. Landesanstalt, 1900).

Aptien. — Une espèce plus élancée et moins excavée, dans les calcaires d'Utrillas, en Espagne : *Cerith. Vilanovæ* de Vern., coll. de l'Ecole des Mines.

Albien. — L'espèce géno-type assez répandue, dans le Gault de l'Aube, de l'Yonne et du Jura suisse : *Cerith. tectum* d'Orb. ; une autre espèce voisine, dans l'Aube : *Cerith. Ervynum* d'Orb. (Pal. fr. terr. crét.) ; une autre, à l'état de moule, dans le Gault de Bellegarde : *Cerith. gurgitis* Pictet et Roux, d'après la figure publiée par ces auteurs.

(1) Ne pas confondre avec *Cerithium Beaudouini* Cossm., du Bathonien, dont le parrain n'a pas la même orthographe ; le véritable nom *Baudouini* a été rétabli par M. Peron (Et. Néoc. Yonne, 1899).

TURONIEN. — Une espèce bien caractérisée dans le Santonien inférieur de l'Aude : *Cerith. climacophorum* Cossm., coll. de Grossouvre (Observ. coq. crét. 1902, p. 12, pl. IV, fig. 13).

SENONIEN. — Une espèce très douteuse et de grande taille, dans le Comtat venaissin : *Cerith. Renauxianum* d'Orb. (Pal. fr. terr. crét.).

METACERITHIUM, *nov. gen.*

Coquille conique, turriculée, à spire ornée de cordons granuleux ; ouverture mince, brièvement canaliculée à la base ; labre très sineux et proéminent sur le contour supérieur ; columelle lisse et tordue en avant.

METACERITHIUM, *s. stricto.* G.-T. : *Cerithium trimonile*, Michelin. Alb.

Taille moyenne ou assez petite ; forme turriculée, conique, élargie à la base ; spire aiguë au sommet, à galbe parfois extraconique ; tours nombreux, étroits, subimbriqués en avant, généralement ornés de trois cordons spiraux et finement granuleux, celui du milieu plus faible ou quelquefois disparu. Dernier tour peu élevé, souvent inférieur au quart de la hauteur totale, anguleux à la périphérie de la base déclive et peu convexe, qui n'est ornée, jusqu'au cou excavé et court, que de stries concentriques, très fines, onduleuses, décussées par des accroissements très sinueux. Ouverture subrectangulaire, à péristome mince, avec une très faible gouttière pariétale dans l'angle inférieur, terminée en avant par un bec subcanaliculé, dont la troncature s'élève un peu au-dessus du niveau du plafond ; labre très peu épais, lisse à l'intérieur, largement excavé sur le flanc dans la partie correspondant à la hauteur du dernier tour, mais fortement proéminent en avant sur le plafond de l'ouverture, et s'élevant un peu pour atteindre la troncature du bec cérithial ; columelle peu incurvée, presque orthogonale sur la base de l'avant-dernier tour, tordue en avant par un pli oblique qui contourne le bec sans former la moindre échancrure ; bord columellaire peu calleux et peu distinct, non étalé sur la base.

Metacerithium

Diagnose établie d'après des échantillons de l'espèce géno-type, de Dienville
(pl. VI, fig. 29-31), coll. de l'Ecole des Mines ; et d'après une autre espèce,
de l'Albien de St-Forentin : *Cerith. ornatissimum* d'Orb. (pl. VI, fig. 28),
coll. Peron.

Rapp. et diff. — Ce Genre représente la forme typique de la Sous-Famille
Metacerithinæ, dans laquelle le canal cérithial commence à se former à l'état
rudimentaire, avec l'aspect d'un bec s'élevant au-dessus du plafond de l'ouverture, ce qui n'a pas encore lieu chez les *Paracerithinæ*. Si l'on ne s'attachait
qu'à l'ornementation de la spire, on rapprocherait le Genre de *Procerithium*
dont il s'écarte cependant par son bec subcanaliculé et par le contour proéminent de son labre ; mais on n'y distingue pas encore les varices qui apparaissent plus tard chez les formes granuleuses de la partie supérieure du Système
crétacique : on retrouvera celles-ci dans le Genre *Exechocirsus*, parmi les vrais
Cerithidæ, et *Metacerithium* en est probablement l'ancêtre.

Répart. stratigr.
NÉOCOMIEN. — Une espèce bien caractérisée dans les calcaires ferrugineux
   des environs d'Auxerre : *Cerith. Gaudryi* d'Orb., coll. Peron ; une autre
   espèce probable, dans la Meuse : *Cerith. disparile* Buvignier, d'après la
   figure publiée par cet auteur.
APTIEN. — Deux espèces dans le Jura suisse : *Cerith. Coquandi* (1), *C. Nico-
   leti* Pictet et Campiche (*loc. cit.*, pl. LXXI, fig. 4-7).
ALBIEN. — L'espèce géno-type et le géno-plésiotype ci-dessus figurés, dans le
   Gault de l'Aube et de l'Yonne, ainsi que dans le Jura suisse, coll. Peron,
   coll. de l'Ecole des Mines, et d'après Pictet et Campiche (*loc. cit.*).
CÉNOMANIEN. — Une espèce probable, à Montblainville, dans la Meuse : *Cerith.
   mosense* Buvignier (*loc. cit.*). Une autre espèce, voisine de *Cerith. ornatissimum*, dans « l'Ootatoor group » de l'Inde méridionale : *Cerith. fertile*
   Stoliczka (Cret. Gastr. of South. India, p. 200. pl. XV, fig. 11-12, et
   pl. XIX, fig. 5).
SÉNONIEN. — Une espèce voisine de l'espèce géno-type, mais manifestement
   différente, dans « l'Arrialoor group » de l'Inde méridionale, d'après Sto-
   liczka (*loc. cit.*, pl. XV, fig. 9 ; et pl. XIX, fig. 2-3).
EMSSCHERIEN. — Une espèce douteuse, dans la « craie blanche » de Lybie :
   Cerith. abietiforme Wanner, d'après la figure publiée par cet auteur (*Pa-
   læontogr.* XXX, p. 133, pl. XVIII, fig. 37-38).
DANIEN. — La même espèce dans le Danien supérieur de Lybie, d'après
   M. Quaas (*ibid.*, p. 259, pl. XXXII, fig. 30-31).

(1) Cette espèce ne peut conserver son nom, préemployé par Matheron ; je propose : **Metacerithium Campichei**, *nobis*.

UCHAUXIA, *nov. gen.*

Coquille turriculée ; spire longue, ornée de costules granuleuses, souvent variqueuses ; ouverture petite, canaliculée à la base, sans plis à la columelle.

UCHAUXIA, *s. stricto.*   G.-T. : *Cerith. peregrinorsum*, d'Orb. Tur.

Taille moyenne ; forme turriculée, assez étroite ; spire longue, pointue au sommet, à galbe conique ; tours nombreux, étroits, con-vexes, ornés de costules axiales, granuleuses à l'intersection de quatre cordons spiraux entre lesquels on distingue d'autres filets plus fins ; quelques varices irrégulières sont disséminées, principa-lement sur les derniers tours dont l'ornementation semble formée de rangées spirales de granulations, à la place des côtes axiales qu'on observe sur les premiers. Dernier tour peu élevé, arrondi à la périphérie de la base qui est excavée vers le cou et à peu près lisse ; ouverture arrondie, terminée en avant par un canal très court et tordu, formant une légère saillie au-dessus du plafond ; columelle un peu incurvée, lisse, non calleuse, simplement tordue en avant contre le canal.

Diagnose établie d'après des échantillons de l'espèce géno-type, du Turonien d'Uchaux (pl. VI, fig. 37-40), ma coll., coll. du Musée de Dijon, coll. Peron.

Rapp. et diff. — Par son ornementation, *Uchauxia* a une certaine analogie avec *Procerithium*, et l'on pourrait être tenté de conclure que les coquilles classées dans ce nouveau Genre sont tout simplement des *Procerithium* créta-ciques ; mais j'ai été contraint de renoncer à cette opinion quand j'ai constaté, outre la présence de varices sur la spire, l'apparence canaliculée de l'extrémité antérieure de l'ouverture ; à défaut du contour intact du labre, généralement mutilé, on peut suivre la direction des stries d'accroissement qui sont beau-coup plus sinueuses que chez *Procerithium*.

D'autre part, le galbe d'*Uchauxia* ne ressemble pas à celui de *Metacerithium* qui a la forme d'un cône plus trapu, avec une base aplatie, et dont l'ornementa-tion est plus régulièrement granuleuse, avec trois rangées spirales au lieu de quatre, avec des tours plans au lieu que ceux d'*Uchauxia* sont convexes ; d'ailleurs l'ouverture de ce dernier est arrondie, tandis que celle de *Metacerithium* est subrectangulaire et la columelle est tout à fait différente : on peut donc affirmer que ce sont deux Genres bien distincts.

Parmi les descendants des *Metacerithinæ* crétaciques, c'est surtout *Potamides s. s.* qui ressemble à *Uchauxia* par sa spire ; mais *Uchauxia* ne paraît avoir été recueilli que dans des gisements franchement marins.

Répart. stratigr.

NEOCOMIEN. — Une espèce étroite, dans l'Yonne : *Cerith. Phillipsi* Leym., coll. Peron.

APTIEN. — Une espèce voisine de la précédente : *Cerith. Forbesianum* d'Orb., d'après Pictet.

CENOMANIEN. — Une espèce très voisine de l'espèce géno type, dans les couches marneuses d'Algérie, coll. Peron.

TURONIEN. — L'espèce géno-type dans les grès rouges d'Uchaux, ma coll.

EMSSCHERIEN. — Une espèce douteuse dans la « craie de Maëstricht » : *Cerith. Kaunhoveni* Cossm. (= *Cer. distinctum* Kaunh. *non* Zekeli, v. Revue crit. Pal., p. 161) d'après la figure de la Monographie de M. Kaunhoven (1898, p. 67, pl. VII, fig. 1).

CIMOLITHIUM (¹), *nov. gen.*

Coquille assez grande, turriculée, à tours plans ou excavés, avec une rangée de nodosités subépineuses au-dessus de la suture ; ouverture quadrangulaire ; canal ?

CIMOLITHIUM, *s. stricto.*   G.-T. : *Cerithium belgicum*, d'Arch. Cén.

Taille assez grande ; forme conique, turriculée ; spire assez longue, généralement étagée ; tours excavés ou plans, croissant lentement, garnis à la partie inférieure d'un bourrelet noduleux, ou même d'une rangée d'aspérités subépineuses qui surplombe la suture ; le reste de la surface est à peu près lisse ou orné de cordonnets portant des granulations plus ou moins saillantes. Dernier tour inférieur au tiers de la hauteur totale, subanguleux à la périphérie de

(¹) Etymologie : Κιμολια, craie.

la base qui est peu convexe et à peu près lisse, avec un cou très court et légèrement excavé. Ouverture quadrangulaire, probalement terminée en avant par un canal à peine formé.

Diagnose établie d'après des spécimens de l'espèce-type (pl. XIV, fig. 2 *bis*, 3 *bis*), de la Tourtia de Tournay, coll. de l'Ecole des Mines.

Rapp. et diff. — J'ai beaucoup hésité avant de proposer un nom nouveau pour cette espèce, que j'avais d'abord rapprochée de *Ditretus* : il est, en effet, visible que *Cerith. belgicum* et ses congénères ont une ornementation analogue à celle des *Eustomidæ* ; mais, quoique leur ouverture soit invariablement mutilée, on peut se rendre compte néanmoins qu'elle n'a aucun rapport avec celle des coquilles de la Famille précitée : il n'y a pas de trace d'expansion du labre sur la spire, et d'autre part, l'extrémité antérieure de l'ouverture devait vraisemblablement se terminer par un bec semblable à celui des *Metacerithinæ*, au lieu d'être rostrée comme celui de *Diatinostoma*, et la forme rectangulaire de cette ouverture ne peut, en aucune façon, dériver du pavillon arrondi et clos de *Ditretus*.

Il n'y a d'ailleurs aucun rapprochement a établir entre *Cimolithium* et les autres Genres de *Metacerithinæ* du Système crétacique qui, à part le suivant, ont une moindre taille et une ornementation tout à fait différente. Si l'on cherche, parmi les *Cerithidæ* tertiaires, les formes dont il se rapproche par son galbe et par son aspect général, on trouve *Serraticerithium*, *Campanile* et *Tympanotonus* ; mais l'analogie s'arrête à l'ornementation de la spire noduleuse ou épineuse et étagée, car *Cimolithium* n'a ni le labre proéminent, ni la columelle excavée et calleuse de ces Genres tertiaires.

Répart. stratigr.

BARREMIEN. — Une espèce très douteuse, décrite comme lisse, dans les Calcaires d'Orgon : *Trochus Astierianus* d'Orb. (Pal. franç. terr. crét.). Une espèce probable, d'après un moule de contre-empreinte, dans le Jura Suisse : *Cerith. Chavannesi* Pictet et Camp. (*loc. cit.*, pl. LXXI, fig. 9).

APTIEN. — Une grande espèce à nodules suturaux, dans les couches lignitifères d'Utrillas : *Cerith. Tourneforti* Coquand, d'après la figure (*loc. cit.*, pl. V, fig. 6).

CENOMANIEN. — L'espèce géno-type dans la « Tourtia » de Tournai, ma coll. Une espèce voisine, dans les grès du Mans : *Cerith. gallicum* d'Orb. (Pal. fr. terr. crét.).

TURONIEN. — Une espèce dans la craie de Gosau : *Cerith. hispidum* Zekeli, et une autre dans le « Trichinopoly group » de l'Inde méridionale : *Cerith. hispidulum* Stoliczka, d'après cet auteur (*loc. cit.*, pl. XV, fig. 16-18).

SENONIEN. — Une espèce typique dans l'Arrialoor group » de l'Inde méridionale : *Cerithium inauguratum* Stoliczka, d'après cet auteur (*loc. cit.*, pl. XV, fi. 15 et 19-20).

ROSTROCERITHIUM *nov. gen. (incertæ sedis)*.

Forme d'*Hippocrene*, pas d'ornementation spirale, labre sinueux, columelle excavée, peu infléchie en avant.

ROSTROCERITHIUM, *s. stricto.*   G.-T.: *Rostellaria plicata*, Sow. Tur.

Taille grande; forme ventrue, rostelloïde; spire turriculée, à galbe conique; tours nombreux, étroits, parfois subanguleux en arrière, avec une rampe étroite au-dessus de la suture. Dernier tour presque égal aux deux cinquièmes de la hauteur totale, ovale et pupoïde à la la base qui n'est excavée que sur le cou assez long. Ouverture fusoïde, anguleuse en arrière, probablement terminée en avant par un rostre caniculé et à peine infléchi; labre mince, sinueux, incurvé en arrière, proéminent en avant; columelle lisse, très excavée en arrière, à peine infléchie en avant le long du rostre; bord columellaire mince, bien appliqué sur la base.

Diagnose faite d'après des individus de l'espèce géno-type, provenant de Weissenbach et de Gilgen. en Allemagne et dans le Tyrol (pl. VII, fig. 11-13), communiqués par le Musée d'Etat de Munich.

Rapp. et diff. — La taille et la forme de cette coquille ont la plus grande analogie avec celles de *Rostellaria*; il n'est donc pas surprenant qu'on l'ait primitivement classée dans ce Genre, quoiqu'on n'ait jamais recueilli d'échantillons ayant le labre et le rostre d'une véritable coquille ailée. Si je propose de la placer plutôt parmi les *Cerithiacea*, c'est que les stries d'accroissement présentent une inflexion sinueuse qui rappelle celle de la plupart des coquilles de ce Cénacle, et principalement à dater de l'époque crétacique. Mais il m'est quant à présent, impossible de préciser davantage dans laquelle des familles de ce Cénacle on doit la classer; il faut attendre que la découverte d'individus munis de leur ouverture intacte nous permette d'éclaircir ce point encore obscur.

En tous cas, il est tout à fait improbable que *Rostrocerithium* puisse jamais être rapproché d'*Hypocrene* ou d'*Amplogladius* quoiqu'elle en ait l'aspect général; car, outre la sinuosité des stries d'accroissement, si l'on observe le mode de formation des tours de spire, on remarque qu'au lieu de se recouvrir le long des sutures, ils s'y superposent avec une petite rampe qui n'existe pas chez les *Strombidæ*, même chez *Perairæa* qui a le labre sinueux et dont *Rostrocerthium* paraît être l'ancêtre.

Répart. stratigr.

TURONIEN. — L'espèce géno-type dans les couches inférieures de Gosau, coll. du Musée de Munich ; une variété de la même, avec un seul rang de crénelures : *Rostellaria depressa* Zekeli, (Gastr. Gosau, p. 68, pl. XIII, fig. 2).

SENONIEN. — Une forme très voisine du type, dans le Coniacien de l'Aude : *Rostellaria depressa* d'Orb. Coll. de Grossouvre (V. Cossmann, Observ. coq. crét. 1902, pl. IV. fig. 7).

CERITHIDÆ, Fleming, 1828.

Coquille ordinairement turriculée, parfois ventrue, d'une taille souvent grande ou même géante, généralement ornée de rangées spirales de tubercules quelquefois alignés sur des côtes axiales. Ouverture siphonostome, parfois très dilatée, invariablement terminée en avant par un canal « cérithial » plus ou moins long, plus ou moins recourbé, toujours tronqué chez les formes saumâtres ; labre incurvé, souvent très proéminent sur le plafond de l'ouverture ; columelle excavée, tordue en avant, souvent plissée sur la région pariétale et rarement au milieu. Opercule corné.

Observ. — Cette importante Famille, de laquelle j'ai déjà démembré les *Procerithidæ* et qui en descend en ligne directe, sera encore restreinte par l'élimination des Familles *Cerithiopsidæ*, *Triforidæ*, *Diastomidæ*, ainsi qu'on le verra ci-après. Malgré ces démembrements successifs, elle demeure encore très touffue, de sorte que les Genres qu'elle comprend peuvent se grouper en plusieurs Sous-Familles, séparées d'après des critériums très sérieux.

Le caractère primordial des *Cerithidæ* est l'existence constante d'un véritable canal cérithial, c'est-à-dire d'un prolongement antérieur de l'ouverture, par où sort le siphon servant à amener à l'intérieur de la coquille l'eau nécessaire aux fonctions des principaux organes de l'animal. Ce canal, auquel nous attachons une importance capitale, puisque c'est le seul moyen de distinger les *Cerithidæ* des *Procerithidæ*, est variable dans sa forme et dans sa longueur, et nous verrons que ces variations constituent le meilleur critérium générique qu'on puisse trouver. Néanmoins, quelque court que soit ce canal chez quelques *Cerithidæ*, il existe invariablement dans tous les Genres qui composent cette Famille ; quoiqu'il ne paraisse y avoir qu'une ligne de démarcation bien fragile entre le bec subcanaliculé de quelques *Metacerithinæ* crétaciques et le canal rudimenlaire de certains *Potamidinæ* ou *Bitiinæ*, on arrive encore à délimiter les deux Familles : car le bec d'un *Procerithidæ* ne s'élève jamais au-dessus du plafond, tandis que, chez les *Cerithidæ* les plus tronqués, le canal forme toujours une légère saillie au-dessus du niveau de ce plafond.

Ce critérium familial étant bien défini, il nous paraît indispensable de subdiviser la Famille *Cerithidæ* en trois Sous-Familles :

Cerithinæ, H. et A. Adams, 1854 ; comprenant les Genres qui possèdent un canal un peu long, un opercule ovale, à nucléus marginal, paucispiré.

Potamidinæ, H. et A. Adams, 1854 ; groupe de coquilles exclusivement saumâtres ou vivant à l'embouchure des cours d'eau ; on ne le distingue du précédent que par la troncature du canal, car on y retrouve a peu près la même série de formes, exactement comme si l'on s'était borné à en resciner le canal, à l'aide de ciseaux, un peu au-dessus du plafond de l'ouverture ; opercule orbiculaire et polygyré, à nucléus central.

Bittiinæ, *nov.* S.-F. que je propose pour le classement des Genres chez lesquels le labre s'élève un peu plus haut que la troncature de la columelle, et dont le canal à bords légèrement réfléchis se réduit presque à une échancrure sublatérale, bien différente de la sinuosité basale ou du bec des *Procerithidæ* ; opercule semblabe à celui des *Cerithinæ*, mais à tours plus nombreux.

J'ai déjà indiqué ci-dessus que le critérium générique réside dans la forme, les dimensions et l'inclination du canal cérithial ; quant au critérium sous générique, j'ai adopté la disposition du labre qui — toujours plus ou moins incurvé sur son contour latéral — prend, sur le contour supérieur c'est-à-dire, au plafond de l'ouverture, un développement très variable selon les groupes ; enfin les plis pariétaux et columellaires, accessoirement les varices sur la spire, permettent de distinguer entre elles les Sections d'un même Sous-Genre.

L'origine des *Cerithidæ* est facile à suivre dans les *Procerithidæ* ; déjà, dans le Système crétacique, les coquilles de la Sous-Famille *Metacerithinæ* présentent une analogie si frappante avec les vrais Cérites que je n'ai pu les en séparer que quand j'ai eu sous les yeux des échantillons très fraîchement conservés, présentant authentiquement un bec au lieu d'un canal relevé au-dessus du plafond de l'ouverture. Même, il est possible que quelques *Vulgocerithium* crétaciques soient ultérieurement rattachés aux *Metacerithinæ*, quand on en connaîtra bien l'ouverture ; de même, en ce qui concerne le Genre *Echinobathra*, toujours mutilé. Cependant, il paraît à peu près certain que de vrais *Potamidinæ* ont vécu dès l'époque turonienne, de sorte que cette Sous-Famille serait probablement plus ancienne que les *Cerithinæ*, et surtout que les *Bittiinæ* qui n'ont commencé à apparaître que dans les couches paléocéniques.

D'autre part, quelques formes se sont éteintes dans le Tertiaire, sans atteindre l'époque actuelle ; il y en a même qui sont exclusivement éocéniques (*Bellardia*, *Serratocerithium*, *Bezançonia*, *Exechestoma*, *Tylochilus*, *Semibittium*, etc.) ; mais il n'y en a pour ainsi dire pas qui ne soient pas connues à l'état fossile.

Tableau des Genres, Sous-Genres et Sections

CERITHINÆ (Canal bien formé ; opercule ovale, paucispiré, à nucléus marginal).

CERITHIUM (Canal un peu oblique)	CERITHIUM (Labre replié en travers du canal)	*Cerithium* (Pli pariétal et varice antilabrale)
		Gourmyia (Pli pariétal et pli servant d'appui au labre)
	BELLARDIA (Labre replié en avant, rétrocurrent à la suture)	*Bellardia* (Pli pariétal, gibbosité antilabrale)
	CAMPANILE (Labre très sinueux, développé en pavillon)	*Campanile* (Pas de pli pariétal, pli columellaire)
	SERRATOCERITHIUM (Labre en pavillon peu replié en avant)	*Serratocerithium* (Pas de pli pariétal ni de varices, faible pli columellaire)
		Tiaracerithium (Faible pli pariétal et columell., varice antilabrale)
	VULGOCERITHIUM (Labre peu épanoui, non replié en avant)	*Vulgocerithium* (Pli pariétal, varice obsolète)
		Ptychocerithium (Canal resserré, forte varice)
		Chondrocerithium (Pli columell.. forte varice dentée à l'intérieur)
RHINOCLAVIS (Canal obliquement recourbé en dehors)	RHINOCLAVIS (Labre presque droit, peu développé, péristome subdétaché)	*Rhinoclavis* (Côte pariétale. pli columell. médian)
		Pseudovertagus (Faible côte pariétale, pas de pli columellaire)
		Semivertagus (Pas de pli columellaire ni de côte pariétale)
BEZANÇONIA (Canal peu infléchi, tronqué, cou cylindrique)	BEZANÇONIA (Labre peu dilaté, péristome détaché)	*Bezançonia* (Plis pariét. et colum., pas de varices, sutures rainurées)
		Colinia (Pas de pli pariétal, columelle biplissée)
		Ataxocerithium (Plis dentiformes)

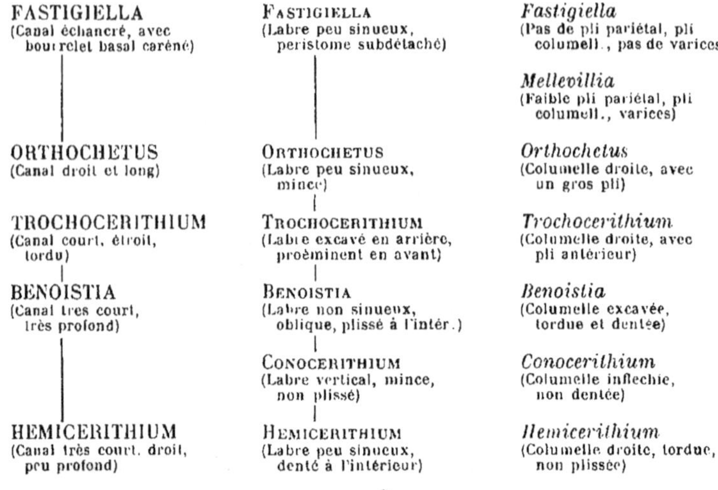

*

POTAMIDINÆ (Canal brièvement tronqué ; opercule orbiculaire, polygyré,
à nucléus central)

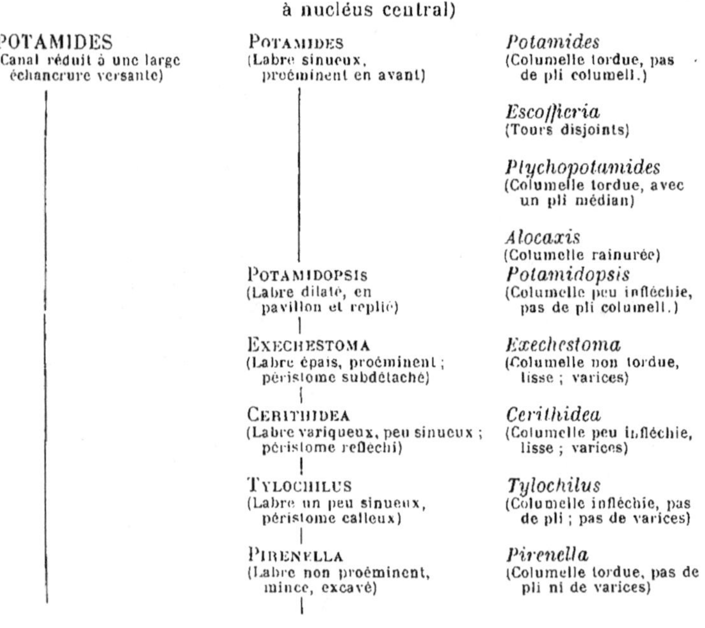

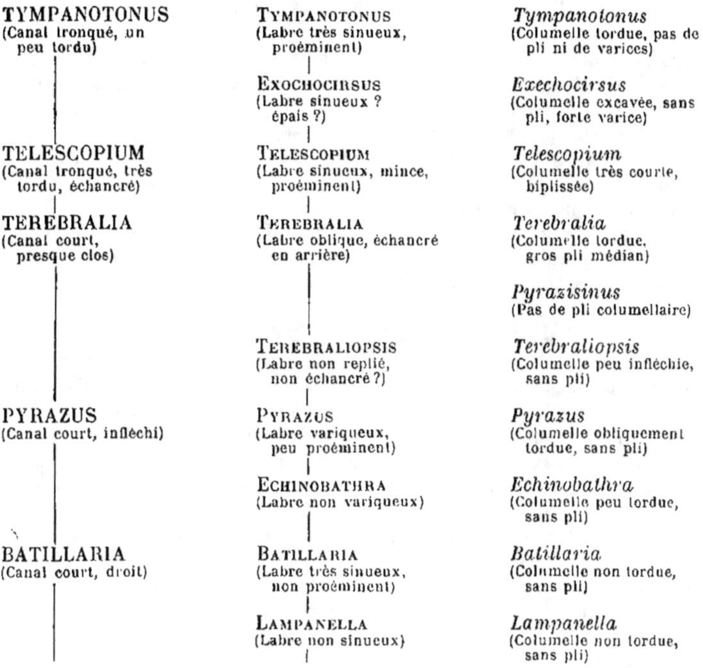

TYMPANOTONUS (Canal tronqué, un peu tordu)	Tympanotonus (Labre très sinueux, proéminent)	*Tympanotonus* (Columelle tordue, pas de pli ni de varices)
	Exochocirsus (Labre sinueux ? épais ?)	*Exechocirsus* (Columelle excavée, sans pli, forte varice)
TELESCOPIUM (Canal tronqué, très tordu, échancré)	Telescopium (Labre sinueux, mince, proéminent)	*Telescopium* (Columelle très courte, biplissée)
TEREBRALIA (Canal court, presque clos)	Terebralia (Labre oblique, échancré en arrière)	*Terebralia* (Columelle tordue, gros pli médian)
		Pyrazisinus (Pas de pli columellaire)
	Terebraliopsis (Labre non replié, non échancré ?)	*Terebraliopsis* (Columelle peu infléchie, sans pli)
PYRAZUS (Canal court, infléchi)	Pyrazus (Labre variqueux, peu proéminent)	*Pyrazus* (Columelle obliquement tordue, sans pli)
	Echinobathra (Labre non variqueux)	*Echinobathra* (Columelle peu tordue, sans pli)
BATILLARIA (Canal court, droit)	Batillaria (Labre très sinueux, non proéminent)	*Batillaria* (Columelle non tordue, sans pli)
	Lampanella (Labre non sinueux)	*Lampanella* (Columelle non tordue, sans pli)

BITTIINÆ (Canal moins élevé que le plafond ; opercule subcirculaire,
paucispiré, à nucléus central).

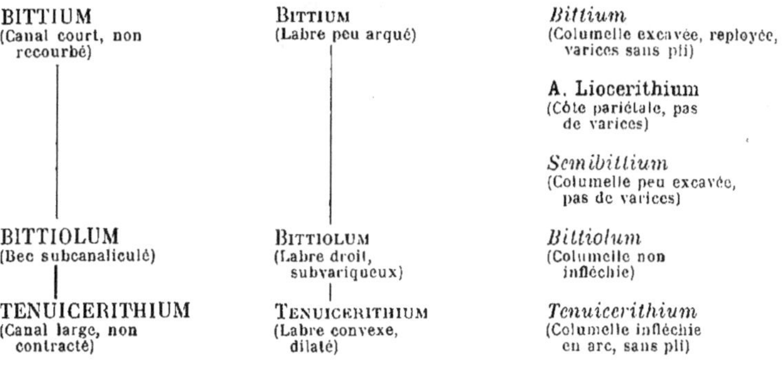

BITTIUM (Canal court, non recourbé)	Bittium (Labre peu arqué)	*Bittium* (Columelle excavée, reployée, varices sans pli)
		A. Liocerithium (Côte pariétale, pas de varices)
		Semibittium (Columelle peu excavée, pas de varices)
BITTIOLUM (Bec subcanaliculé)	Bittiolum (Labre droit, subvariqueux)	*Bittiolum* (Columelle non infléchie)
TENUICERITHIUM (Canal large, non contracté)	Tenuicerithium (Labre convexe, dilaté)	*Tenuicerithium* (Columelle infléchie en arc, sans pli)

Genre non signalé à l'état fossile

A. — Liocerithium, Tryon, 1887. — G.-T. : *Cerith. incisum* Sow. Forme pupoïdale ou subcylindrique, à tours convexes, non variqueux, subétagés, ornés de sillons spiraux, dépourvus de côtes ou de nodules ; ouverture arrondie, brièvement canaliculée en avant, avec une gouttière postérieure : labre arrondi, s'élevant plus haut que l'extrémité de la columelle, lacinié ou crénelé à l'intérieur ; columelle arquée, infléchie contre le canal ; côte pariétale limitant la gouttière ; bord columellaire étroit, calleux.

Tryon a placé cette Section près de *Cerithium* et de *Colina* ; mais la brièveté du canal et l'élévation du contour supérieur de l'ouverture la rapprochent bien davantage des *Bitiinæ* où je propose de la classer.

Genre à éliminer de la Famille

Vicarya, d'Archiac, 1854. — G.-T. : *V. Verneuili* d'Arch. (Chaîne d'Hala, dans l'Inde. — Eocène ?). Cette coquille de grande taille n'a pas été trouvée intacte : elle a l'ornementation épineuse d'un *Tympanotonus* ou d'un *Cimolithium*, mais son labre est entaillé par une profonde échancrure pleurotomoïde, qui est à une certaine distance au-dessus de la suture, et qui ne ressemble guère à l'entaille anguleuse et brièvement ouverte de *Batillaria*. Comme la partie de l'ouverture contiguë au canal est mutilée, il est impossible de savoir si c'est un *Cerithiacea* ou un *Melaniacea*. Je crois cependant — et M. Douvillé, qui a étudié la question à propos de la création de son Genre *Irania*, est de cet avis — que *Vicarya* est plus à sa place auprès de *Faunus* que dans le voisinage de *Tympanotonus* ; la question ne pourra être définitivement résolue que quand on en aura recueilli de meilleurs spécimens.

CERITHIUM, Bruguière, 1789 (¹).
(*non* Cérite, Adanson = 1757, *quod est forsan Potamides* ; ? = *Camillus*, Montfort 1810)

Coquille turriculée, très souvent polygyrée, ornée de nodules plus ou moins épineux ; dernier tour assez court ; ouverture grande et arrondie, avec une gouttière postérieure et un canal antérieur recourbé sur le cou ; labre plus ou moins sinueux, parfois très dilaté ; columelle concave, tordue à la naissance du canal. Opercule corné, ovale, à nucléus marginal, à tours peu nombreux.

(¹) Encycl. méth. I, p. 477. — Etymologie : κεράτιον, petite corne (*sec.* Agassiz) ; mais il est probable que Bruguière a plutôt latinisé le « Cérite » d'Adanson qui francisait les mots sénégalais.

CERITHIUM, *s. stricto.*   G-T. : *Cerith. nodulosum*, Brug. Viv.

Test épais. Taille assez grande ; forme dite « cérithiale », c'est-à-dire turrito-conique et siphonostome ; tours nombreux, ornés de nodules sur des côtes axiales, parfois variqueuses et notamment sur le dernier tour, du côté opposé au labre ; dernier tour inférieur au tiers de la hauteur totale, à base cerclée. Ouverture courte, ovale arrondie, munie dans l'angle inférieur d'une gouttière spirale et limitée par une côte pariétale ; canal antérieur un peu oblique et brièvement tronqué, mais bien visible cependant du côté du cou ; labre épais, formant un pavillon dilaté sur le plafond où il s'avance perpendiculairement au canal, lacinié à l'intérieur, descendant en arrière sur la moitié environ de l'avant-dernier tour, ainsi que l'embouchure de la gouttière pariétale ; columelle concave, faiblement tordue à l'origine du canal siphonal par un pli très saillant ; bord columellaire calleux, bien détaché de la base et du cou,

Diagnose refaite d'après un échantillon de l'espèce-type (pl. III, fig. 10), ma collection.

Observ. — Le choix du type de *Cerithium* a été contesté : d'après MM. Dautzenberg et Dollfus (Moll. Roussillon, I, p. 198), ce vocable de Fabius Colonna aurait été repris par Adanson pour le « Cérite » du Sénégal, qui ne serait autre que *Cerit. Adansoni* Brug. Au contraire, la plupart des auteurs — et particulièrement ceux qui ont publié des Manuels de Conchyliologie — ont admis comme type : *Cerith. nodulosum* Brug., conformément à l'opinion de Swainson, — et non pas *Murex aluco* Lin. comme l'ont indiqué MM. Dautzenberg et Dollfus.

Or, ainsi que je l'ai déjà fait observer (Catal. ill. App. III. 1902, p. 41), si l'on se reporte à l'ouvrage d'Adanson sur les coquilles du Sénégal (p. 155, pl. X, fig. 2), on constate que le « Cérite » est une coquille pyraziforme, provenant de « la vase de la Gambie » et qui ne ressemble à aucune forme marine connue. Il est donc inadmissible d'en faire le type d'un Genre marin, tel que *Cerithium*, et surtout de l'identifier avec le groupe de *Cerithium vulgatum*. La plupart des échantillons étiquetés *Cer. Adansoni* dans les collections et notamment dans la coll. Deshayes à l'Ecole des Mines, ne ressemblent aucunement à la figure du Cérite d'Adanson ; ils ont plutôt l'aspect du « Goumier »(*ibid.* fig. 3) qui est une coquille marine, provenant de Ténériffe. On pourra apprécier ces différences en se reportant à la reproduction de la figure originale du Cérite d'Adanson

que j'ai fait phototyper [pl. I, fig. 3-4]. En résumé, si l'on tenait à ressusciter le
Cérite, il faudrait alors appliquer le vocable *Cerithium* (contrairement à la définition de Bruguière) aux *Pyrazus* qui paraissent se rapprocher de la figure
sommaire d'Adanson, et créer un nouveau nom générique pour *Cerith. nodulosum* Brug. Or cette solution radicale aurait l'inconvénient de bouleverser toutes
les idées admises depuis un siècle, dans le simple but de respecter le mot Cérite
qui n'est pas établi d'après les règles de la nomenclature binominale, et qui
s'applique à une coquille mal figurée, non retrouvée. Il est donc plus raisonna-
ble de consolider définitivement l'interprétation de Swainson et d'admettre le
type que la plupart des auteurs ont désigné avant nous.

En ce qui concerne *Camillus* Montf., cité avec un point de doute comme synonyme de *Cerithium*, Hermannssen prétend que c'est un Genre fondé sur une
figure méconnaissable de Soldani : le plus simple est donc de laisser tomber
cette dénomination dans l'oubli, comme étant insuffisamment caractérisée. Elle
ne fait d'ailleurs pas double emploi avec *Camilla*, employé en Entomologie par
Desvoidy, en 1863.

Répart. stratigr.

    Époque actuelle. — Outre l'espèce-type à Malacca et aux Philippines, une
    autre espèce bien caractérisée, dans la Mer Rouge : *C. erythræense* Lamk.
    Mais la plupart des espèces qui ont été indiquées par Tryon comme se rap-
    portant au Genre *Cerithium s. s.*, appartiennent à d'autres groupes : elles
    n'ont pas le labre replié en travers du canal. Je ne connais pas de véri-
    tables *Cerithium* fossiles, pas même dans le Pliocène.

Gourmyia, Bayle, 1884 (¹).   G-T. : *Cerithium Gourmyi*, Crosse. Viv.

Test épais. Taille parfois assez grande ; forme trapue, pupoïdale ;
spire peu allongée, à galbe conoïdal ; tours striés chez l'espèce-type,
souvent ornés de tubercules noduleux ou épineux chez les plésiotypes récents ou fossiles ; dernier tour toujours supérieur au reste
de la spire, ovale, muni — à l'opposé du labre — d'une gibbosité
obsolète qui est située à 150° du labre sur la face ventrale ; base atténuée et excavée sous le cou qui est court et légèrement incliné. Ouverture arrondie, peu élevée, munie — dans l'angle inférieur —

(¹) Fischer. Man. de Conch., p. 680. De même que beaucoup d'autres noms manuscrits,
créés par Bayle dans l'arrangement de la collection de l'Ecole des Mines, celui-ci a été
adopté par Fischer au cours de la rédaction de son Manuel, et il prend en conséquence
la date de la livraison dans laquelle il a été publié.

d'une étroite gouttière spirale que limite une côte pariétale très saillante ; extrémité antérieure presque complètement fermée en avant par le repli transversal du labre qui vient en contact avec la columelle ; canal court, tronqué, à peine oblique ; labre assez épais, faiblement lacinié à l'intérieur, légèrement incliné à droite de l'axe, du côté antérieur où il se recourbe en travers du canal, dépassant même le canal par une petite languette saillante, appliqué en arrière contre l'avant-dernier tour qu'il recouvre un peu en formant une gouttière pariétale ; columelle concave, portant en avant un pli calleux, formant une sorte de siège sur lequel semble reposer la languette de l'extrémité du labre ; bord columellaire mince et peu calleux, mal limité à l'extérieur.

Diagnose complétée d'après l'espèce géno-type, ma coll. ; et d'après les spécimens cotypes d'une espèce désignée par Bayle lui-même comme géno-plésiotype : *Cerithium Romeo* Bayan (pl. I, fig. 8-9), de l'Eocène de Santa-Trinita, dans le Vicentin, coll. de l'Ecole des Mines ; autre géno-plésiotype, de l'Oligocène de Gaas : *Cerithium Ocirrhoe* d'Orb. (pl. III, fig. 3), ma collection.

Rapp. et différ. — Bien que l'aspect général de ce groupe de coquilles soit très différent de celui de *C. nodulosum*, je ne puis cependant admettre *Gourmyia* que comme une Section de *Cerithium*, parce que les caractères de leur ouverture sont presque identiques : il n'y a d'autre différence que le pli columellaire qui sert de point d'appui à la languette du labre, de sorte que l'ouverture apparaît complètement close en travers du canal. La gibbosité antilabrale est moins variqueuse que chez *C. nodulosum*, et l'emplacement n'en est pas exactement le même.

Dans la XVII° partie (Juin 1895) de sa Monographie « I Moll. dei. terr. terz. del Piemonte », M. Sacco a proposé un Genre *Conocerithium* qui a pour type *Cer. tauroconicum* Sacco, espèce représentée par des fragments de spire dont aucun n'a même le dernier tour intact ; d'après l'aspect de l'ornementation de ces fragments, on pourrait penser que ce sont peut-être des *Gourmyia* mutilés ; mais, ainsi qu'on le verra ci-après, cette espèce doit être plutôt rapprochée de *Benoistia* qui n'a pas de languette repliée.

Répart. stratigr.
Eocène. — Le premier des géno-plésiotypes ci-dessus figurés, dans les calcaires du Vicentin, ma coll.

OLIGOCÈNE. — Le second géno-plésiotype figuré, dans les marnes de Gaas, ma
coll. [Un échantillon de la coll. Vignal montre encore mieux que cette figure,
la disposition du labre complètement appuyé sur le cran de la columelle,
et fermant presque complètement le canal : mais il était trop tard, quand
je l'ai eu entre les mains, pour le substituer à l'autre spécimen].

MIOCÈNE. — Une espèce subépineuse dans le Burdigalien des environs de
Dax : *Cerithium geminatum* Grat., coll. de l'Ecole des Mines. Une autre
espèce probable, mais dont l'ouverture est inconnue, dans l'Helvétien du
Piémont : *Cerith. Klipsteini* Mich", communiquée par M. Sacco.

PLIOCÈNE. — Une espèce probable dans les couches néogéniques de Java :
Cerith. parungpontengense Martin, d'après la Monographie de cet auteur.

ÉPOQUE ACTUELLE. — Outre le type, quelques autres espèces : *C. adustum*
Kiener, *C. echinatum* Lamk., dans l'Océan Pacifique, d'après les figures du
Manuel de Tryon.

BELLARDIA, Mayer-Eymar, 1870 (¹).　　G.-T. *Cerith. Janus*. May. Eoc.

$$(= C.\ pal\ae ochroma\ \text{Bay.})$$

Test épais. Taille grande ; forme ovoïdo-conique, assez allongée, spire subulée, à galbe régulièrement conique, à sutures linéaires ; tours plans et lisses jusqu'à l'avant-dernier, à partir duquel apparaissent, sous la suture antérieure, des tubercules comprimés et
tranchants, partagés par une fissure transverse, étroite et mal fermée,
qui s'écartent graduellement de la suture, qui s'atténuent ou cessent
sur la face ventrale du dernier tour, et qui reparaissent pour la dernière fois sur la gibbosité diamétralement opposée au labre ; la face
dorsale du dernier tour et sa base arrondie ne montrent que quelques cordons obsolètes et écartés, jusqu'au cou qui est court et
excavé. Ouverture obliquement ovale, munie en arrière d'une très
étroite gouttière ou fissure rétrocurrente sur la suture et limitée par
une côte pariétale ; canal court et légèrement recourbé en dehors :
labre médiocrement épais, proéminent en avant et reployé en travers

(¹) Journ. Conch., p. 329, pl. XI, fig. 6. Toutefois la dénomination *palæochroma* a été
antérieurement livrée à la publicité dans le B. S. G. F. (2), T. IX, p. 478, et l'espèce a
été figurée par Bayan, sous ce nom dans ses « Etudes coll. Ec. Mines » p. 35, pl. I,
fig. 1-3 avant l'apparition du n° du Journal de Conchyliologie qui ne contient d'ailleurs
qu'une description sans figure de la même espèce, sous le nom *B. Janus: palæochroma*
a donc la priorité.

du canal, mais rétrocurrent en arrière où il aboutit obliquement à la
suture ; columelle excavée, faiblement tordue à l'origine du canal ;
bord columellaire peu distinct.

Diagnose refaite d'après un échantillon presque intact de l'espèce géno-type,
de l'Eocène de Monte Postale (pl. 11, fig. 6-8), coll. de Givenchy.

Rapp. et différ. — Quand l'ouverture de cette coquille n'est pas complète,
on ne peut être tenté de la rapprocher de certains *Pirena* ou *Faunus* qui présentent le même dimorphisme sur les tours de spire ; mais, outre que la pointe n'est
pas décollée, comme cela se produit très souvent chez les coquilles saumâtres, le
canal siphonal est bien formé et bien échancré, ainsi qu'on peut le vérifier sur
l'excellent spécimen que j'ai fait figurer. Enfin — quoique cette observation ne
soit pas absolument péremptoire — il faut tenir compte qu'il s'agit d'une espèce
très abondante dans un gisement franchement marin. Par conséquent, je partage
complètement l'opinion de M. Oppenheim (Eoc. fauna M^te Postale 1896, *Palæontogr*. T. XLIII, p. 182) qui conserve *Bellardia* comme Sous-Genre de *Cerithium*,
contrairement à l'avis de Munier-Chalmas (1891-Et. du Tithon., du Crét. et du
Tert. du Vicentin) : ce dernier auteur croyait à tort que la coquille en question
est un *Pirena*, mais il n'en avait pas étudié l'ouverture intacte.
    La séparation de ce Sous-Genre est d'ailleurs justifiée — quoique ce labre
ait une disposition analogue en avant à celle de *Cerithium s. s.* — par ce fait
qu'il fait en arrière une sinuosité bien différente de la direction qu'on observe
chez *Cerith. nodulosum* : la gouttière est rétrocurrente sur la suture, ce qui n'a
pas lieu chez les vrais Cérites. Il semble aussi que le canal est un peu plus court
et plus échancré : je n'indique que pour mémoire les différences capitales qui
résultent de l'aspect général de la spire, et surtout du dimorphisme produit
par l'apparition de tubercules fissurés dont les fonctions biologiques sont incon-
nues : ce sont là des caractères empiriques, fort importants, mais qui ne concor-
dent pas avec les critériums sous-génériques et sectionnels que j'ai choisis
pour la Sous-Famille *Cerithinæ*.

Répart. stratìgr.
    EOCÈNE. — Outre l'espèce géno-type, une autre espèce dont les tubercules
    apparaissent plus tôt, à la Palarea, près de Nice, et dans l'Herzégovine :
    Cerithium vellicatum Bellardi, d'après les figures de la Monographie de
    cet auteur et d'après M. Oppenheim ; et une espèce qui paraît au contraire
    dépourvue de tubercules, dans le Nummulitique de l'Inde : *Rostellaria
    angystoma* d'Archiac, d'après la Monographie de cet auteur (*non Crypto-
    ptyxis angistoma* Héb. et Desl.). Une autre espèce à bourrelet sutural
    déformant le dernier tour, dans l'Herzégovine : *Cerith. coracinum* Oppen-
    heim (1901-Faunen Oester. hung., p. 262, pl. IX, fig. 1-3) ; une espèce plus
    étroite dans la Bosnie : *Cerith. delphinus* Opp. (*ibid.*, p. 269, pl. V, fig. 13).

Peut-être doit-on rapporter au même Sous-Genre *Cerith. gomphoceras* Bayan, qui a exactement le même galbe que *B. palæochroma*, sauf que le spire ne porte aucune trace de tubercules, mais dont l'ouverture paraît bien semblable sur les figures qu'en a données M. Oppenheim (*loc. cit.*, pl. XIX, fig. 4-5) ; quant à la ressemblance de cette espèce avec *Cerithium læve* Quoy, vivant en Australie, elle est absolument nulle, et je ne conçois pas que Bayan ait pu indiquer un tel rapprochement dans sa description de *C. gomphoceras*, puisque *C. læve* est assimilé aux *Campanile* dans la collection même de l'Ecole des Mines.

CAMPANILE, Bayle, 1884 (¹).   G. Type : *Cerith. giganteum*. Lam. Eoc.
(= *Ceratoptilus*, Bouvier 1887 ?)

Test épais. Taille géante ; forme cérithiale par excellence, c'est-à-dire semblable à la flèche d'une cathédrale gothique ; spire très longue, essentiellement dimorphe, munie d'une ornementation spirale sur les vingt premiers tours environ ; ensuite des tubercules, plus saillants que les autres rangées de perles, apparaissent au-dessus de la suture, ils se transforment peu à peu en nodosités plus écartées et plus saillantes qui forment une couronne étagée au-dessus des sutures, et celles-ci se creusent même chez les très vieux individus ; dernier tour presque égal au quart de la longueur totale, quand l'animal atteint l'âge adulte, dépourvu de varice antilabrale, excavé à la base qui est lisse, et sous le cou qui est assez long, plus ou moins recourbé en dehors. Ouverture très grande, relativement à la hauteur du dernier tour, subdétachée en arrière ou à la gouttière, large et mal limitée, forme un bec saillant au-dessus de la suture ; canal siphonal assez long, peu recourbé, transversalement tronqué à son extrémité ; labre épais et dilaté en pavillon, évasé, replié en avant et en travers du canal ; columelle peu excavée, tordue par un pli très oblique le long du canal et portant un autre pli submédian ou parfois presque pariétal, qui est atténué ou effacé chez les adultes, surtout chez certaines espèces ; bord columellaire très calleux, presque détaché en arrière, un peu étalé sur la base.

(¹) Même observation que ci-dessus, date prise dans le Manuel de Fischer.

Diagnose refaite d'après un échantillon intact de l'espèce géno-type, du calcaire grossier de Parnes (pl. 1, fig. 1-2), ma coll. — en raison des dimensions de ce spécimen (48 cent. de longueur, 18 cent. de diamètre à la base),
je me borne à donner une figure très réduite du profil de l'ouverture ; — et
d'après un fragment de la spire d'un autre individu de *C. giganteum*, provenant du Lutécien de Précy (pl. 11, fig. 1), pour montrer le dimorphisme
des tours.

Rapp. et différ. — Pour apprécier le rapprochement a faire entre l'ouverture de *Campanile* et celle de *Cerithium s. s.*, il faut étudier des individus très
adultes et très intacts de *C. giganteum* : on voit alors que le labre, quoique
évasé en pavillon retroussé sur toute sa région médiane, se replie en avant et
forme un bec qui croise transversalement le canal, quoique avec un peu moins
de saillie que chez *C. nodulosum*, et surtout que chez *Gourmyia*. Le dimorphisme de la spire, l'existence d'un pli columellaire (parfois effacé) outre la torsion antérieure, contribuent encore à justifier l'adoption de ce Sous-Genre distinct de *Cerithium* : il représente à la fois l'ancêtre et le plus grand des *Cerithidæ*, on pourrait même ajouter le géant des Gastropodes.

Campanile a évidemment commencé à apparaître à la fin de la période crétacique : d'Orbigny en a cité deux espèces à l'époque danienne, M. Douvillé en a
déterminé plusieurs dans les couches supracrétaciques de la Perse, et Leymerie
en a figuré une espèce dans la Haute-Garonne. Mais, entre ces représentants à
peu près authentiques du groupe des géants dont il s'agit, et les gros *Gymnocerithium* du Jurassique, les gros *Loxonematidæ* du Trias, ou les petits *Terebrella*
jurassiques qui ont une couronne suprasuturale de crénelures, il n'y a aucun
point commun qui puisse justifier un rapprochement quelconque, ni même une
filiation phylogénétique ; je n'aperçois d'ailleurs, dans le Système crétacique,
que les formes du groupe de *Cer. Haidingeri* Zekeli, du Turonien de Gosau, qui,
par leur taille et par leur galbe, puissent être rapprochées de *Campanile* et
être désignées comme des précurseurs probables de ce dernier, sans qu'on
puisse, avant le Turonien, en retrouver l'origine d'une manière précise. Toutefois, je n'ai pas osé faire un Genre spécial pour *C. Haidingeri* qui n'est représenté que par des fragments de spire sans ouverture, et qui parait orné de costules rétrocurrentes vers la suture ; peut-être est-ce un *Entomotæniata*, quoique
sa section paraisse dénuée de plis internes au labre et à la columelle ? M. Pellat
m'a tout récemment communiqué des individus d'une nouvelle espèce barré-
mienne qui appartient évidemment au même groupe que *C. Haidingeri*, et dont
quelques-uns possèdent la partie inférieure de l'ouverture, c'est à-dire une extension du labre qui descendait jusque sur l'avant-dernier tour, comme chez
Diatinostoma ; malheureusement, la partie antérieure de l'ouverture manque
chez tous ces spécimens, de sorte qu'il y a encore incertitude.

En ce qui concerne la descendance de *Campanile*, elle semble s'être atrophiée
complètement dans les couches néogéniques : en effet, il est encore douteux que
l'espèce actuelle (*C. læve*) et son analogue du Pliocène de Java (*C. gigas*), qui

sont dépourvues de pli columellaire et de nodosités supra suturales, appartiennent réellement au même groupe, d'autant moins qu'on n'en connaît pas de représentants à l'époque miocénique.

Répart. stratigr.

MAESTRICHTIEN. — Plusieurs espèces bien caractérisées, dans les couches à Cérites du Louristan, en Perse : *Campanile Morgani, breve, robustum, curtum* Douvillé, d'après cet auteur (Miss. Scient. en Perse — Pal., p. 312, pl. XLIII).

DANIEN. — Deux espèces dans les couches silicifiées de Vigny : *Cerithium uniplicatum, Hebertianum* d'Orb. (Prod. II, p. 294) : la seconde espèce fait un double emploi de nomenclature avec celle du Portlandien, décrite et figurée par Buvignier, en 1852 ; mais avant d'en changer le nom, il faudrait s'assurer de son authenticité. Une autre espèce dans le Garumnien de la Haute-Garonne : *Cerithium garumnicum* Leymerie (1878 — Desc. géol., pl. V, fig. 1-2).

PALÉOCÈNE. — Une espèce peu ornée, dans le Montien de la Belgique : *Cerith. Camansi* Briart et Cornet (Foss. calc. gr. de Mons, III, p. 51, pl. XVII, fig. 1). Une espèce probable dans le « Midway Stage » des États-Unis : *Cerith. claytonense* Aldr., d'après la Monographie de M. Gilb. Harris (1896, Bull. Amer. Pal. IV, p. 105, pl. X, fig. 10-11).

EOCÈNE. — Outre l'espèce géno-type, qui se trouve aussi dans le Bassin de la Loire-Inférieure et dans le Vicentin, cinq autres espèces dans le Lutécien et le Bartonien des environs de Paris : *Cerith. incomptum* Dixon, *Cer. auversiense* d'Orb. em., *C. parisiense* Desh., *C. Benechi* Bayan, *C. paratum* Desh., ma coll. Une autre espèce en Angleterre : *C. cornucopiæ* Sow. Une espèce bien distincte dans le Vicentin : *Cer. vicetinum* Bayan (= *subalpinum* Mayer), d'après la Monographie précitée de M. Oppenheim ; deux espèces probablement différentes, en Hongrie : *C. urkutense* Mun. Ch., *Cer. Lachesis* Bayan, d'après M. Oppenheim (1901 — Faunen Oester. Ung., p. 271, pl. V, fig. 34).

OLIGOCÈNE. — Des traces d'une espèce très incertaine, dans le Tongrien de la Ligurie : *C. oligocænicum* Sacco, d'après la Monographie de cet auteur.

PLIOCÈNE. — Une espèce encore douteuse à cause de son état de conservation, dans les couches néogéniques de Java : *C. gigas* Martin, d'après la Monographie précitée.

EPOQUE ACTUELLE. — Une espèce à opercule normal, dans les mers d'Australie : *C. læve* Quoy, coll. de l'Ecole des Mines : assimilation douteuse?

SERRATOCERITHIUM, Vignal, 1897 ([1]). G.-T. *Cer. serratum*, Brug. Eoc.

Test peu épais. Taille parfois assez grande ; forme cérithiale, conique, étroite ; spire très aiguë, régulière, étagée, dimorphe, à galbe

---

[1] Feuille des Jeunes naturalistes, IIIe série, 27e année, n° 323.

parfois légèrement extraconique ; protoconque lisse, paucispirée, à
nucléus en goutte de suif, obliquement implanté sur un tour embryonnaire et subglobuleux ; tours nombreux, d'abord ornés de cordonnets spiraux et granuleux, dont l'un, au-dessus de la suture, se
transforme graduellement en une rangée d'épines ou de nodules subépineux, beaucoup plus saillants que les funicules antérieurs et
granuleux de chaque tour ; dernier tour à peine égal au quart de
la hauteur totale chez les adultes, non variqueux, avec une base
aplatie ou déclive, séparée par deux ou trois rangées de nodules, et
lisse dans la région excavée sous le cou qui est court et un peu recourbé en dehors. Ouverture peu élevée, subquadrangulaire, subdétachée chez les adultes, avec une gouttière peu profonde dans l'angle
inférieur de gauche, limitée par un faible pli pariétal ; canal siphonal court, assez large, un peu recourbé, obliquement tronqué à son
extrémité ; labre peu épais, légèrement évasé en pavillon, très sinueux, excavé en arrière quoique antécurrent vers la suture, replié
vers le canal chez les individus très intacts ; columelle droite, munie
d'un pli oblique et peu saillant, au-dessous de la torsion qui forme le
canal ; bord columellaire calleux, vernissé, subdétaché en arrière et
même sur la base des spécimens adultes.

Diagnose complétée d'après des échantillons de l'espèce géno-
type, du Calcaire grossier de la tranchée de Villiers (pl. 1,
fig. 6-7), ma coll. ; et du gisement de Bois-Gouët, dans la
Loire-Inférieure (pl. 1, fig. 5), ma coll. Protoconque grossie
d'un individu de Vaudancourt (**Fig. 7**), ma coll.

Fig. 7. — *Cer.
serratum*

Rap. et diff. — A première vue, *Serratocerithium* ne paraît être que la
miniature de *Campanile* ; toutefois l'atténuation des caractères de l'ouverture
justifie la séparation d'un Sous-Genre plutôt que d'une Section ; même chez les
adultes — et il est rare d'en trouver qui soient intacts, à cause de la minceur
du labre dans sa partie antérieure, — le bec antérieur ou languette transversale
du labre est moins saillant encore que chez *Campanile* où il est déjà moins replié que chez *Cerithium* et chez *Bellardia*. Cependant le péristome a aussi la
même tendance à se réfléchir en pavillon évasé, quand on observe des individus gérontiques, très rares dans les collections. Le labre, quoique très échan-

cré en arrière, n'a pas la direction rétrocurrente à la suture comme celui de *Bellardia* ; il est au contraire antécurrent et il contourne la gouttière avant de se raccorder avec le bord opposé.

Répart. stratigr.

    Eocène. — Outre l'espèce géno-type, de nombreuses espèces, soit dans le Bassin de Paris et dans le Cotentin : *Cerith. denticulatum* Lamk., *C. Brocchii* Desh., *C. tuberculosum, mutabile* Lamk., ma coll. ; soit dans le Bassin de Nantes : *Cerith. Claræ, Renati* Vasseur, ma coll.

TIARACERITHIUM, Sacca, 1895 (¹) G.-T. : *Cer. pseudotiarella*, d'Orb. Mioc.

Taille généralement au-dessous de la moyenne ; forme turriculée, médiocrement allongée, à galbe un peu conoïdal ; tours étagés à la suture qui est presque toujours couronnée de tubercules tranchants, parfois obsolètes ou écrasés ; dernier tour relativement court, portant une varice diamétralement opposée au labre, à base plus ou moins convexe et funiculée comme les tours de spire ; cou très court et peu excavé. Ouverture petite, subquadrangulàire, quelquefois un peu détachée quand l'individu est très adulte, presque sans gouttière postérieure, faiblement contractée en avant où elle se termine par un canal large et très brièvement tronqué ; labre épanoui et réfléchi extérieurement, sinueux en arrière, proéminent mais peu replié en avant ; pli pariétal réduit à une faible callosité spirale dans l'angle inférieur : columelle régulièrement excavée, avec une torsion antérieure à peine visible à l'origine du canal ; bord columellaire assez épais, calleux, quelquefois séparé du cou par une fente bien visible.

    Diagnose refaite d'après les figures de l'espèce géno-type, et d'après deux géno-plésiotypes : *Cerithium tiara* Lamk. (pl. II. fig. 3), du Lutécien de la tranchée de Villiers, ma coll. ; et *C. tiarella* Desh. (pl. II, fig. 4), du Bartonien du Guépelle, ma coll.

Rapp. et diff. — Cette Section peut être distinguée de *Serratocerithium*, non seulement par son galbe plus conoïdal, moins aigu, et par la présence d'une

    (¹) I Moll. dei terr. terz. del Piemonte e della Liguria, Part. XVII, p. 35.

varice antilabrale, mais encore par son ouverture moins contractée, dont le labre, quoique réfléchi et sinueux, ne se replie plus en travers du canal ; on voit que la transition se fait ainsi graduellement depuis le labre de *Cerithium* jusqu'à celui de *Vulgocerithium* qui n'est plus du tout sinueux ; la disparition de cette sinuosité à laquelle M. Douvillé attache, comme on l'a vu ci dessus, une importance familiale, se fait donc d'une manière si peu sensible qu'il est impos-sible de délimiter exactement où finissent les *Campanididæ* et où commencent les *Cerithidæ* (sec Douvillé). Cette remarque est la meilleure justification qu'on puisse donner du choix que j'ai préféré faire en adoptant le canal comme critérium pour la séparation des Familles ou Sous-Familles, et même comme critérium générique.

Il est regrettable que le géno-type de cette Section bien caractérisée soit pré-cisément une espèce incomplète ou mal conservée, sans couronne suturale de tubercules : c'est *C. tiara* qu'il eût fallu choisir.

Répart. stratigr.

Eocène. — Outre les deux géno-plésiotypes ci-dessus figurés, nombreuses espè-ces de ma collection dans le Bassin de Paris : *Cerith. Gravesi* Desh., *C. valdau-curtense* Cossm., *C. labiatum, Blainvillei, Picteti* Desh., du Lutécien ; *Cerith. æquistriatum, obliquatum, crenalulatum* Desh., du Bartonien, et *C. mitreola* Desh., du Cuisien ; dans le Bassin de Nantes : *Cerith. gouetense* Vass. *em.*, *C. Monthiersi* Vass., *Potamides dyscritus* Cossm.; dans le Coten-tin : *C. Blainvillei* Desh. Deux espèces dans le Nummulitique de l'Aude : *Tia-racerithium Cossmanni*, *T. Yseultæ* Doncieux, ma coll. Une espèce de grande taille, mais douteuse, dans la Hongrie : *Cerith. Hantkeni* Mun. Chalm., ma coll. ; une espèce typique, dans la Bosnie ; *Cerith. subtiara* (¹). Op-penheim, d'après cet auteur (F. OE-ter. Ung., p. 265, pl. V. fig. 23). Une autre espèce dans le Nummulitique supérieur de Puigcercòs : *Cerith. pseudotiara* (²) Cossmann (Est. mol. Pirin Catalan, p. 16, pl. VIII, fig. 12-14.

Miocène. — L'espèce géno-type dans l'Helvétien du Piémont, d'après la Mono-graphie précitée de M. Sacco. Deux espèces voisines, dans le Burdigalien de l'Aquitaine et dans le Sarmatien de la Podolie : *Cerith. pseudotiara* et *subtiara* d'Orb., d'après le Prodrome et d'après l'Atlas du Bassin de l'Adour pour la première.

Epoque actuelle. — Une espèce voisine du géno-plésiotype, dans la Polyné-sie : *Cerith. torulosum* Brug., coll. de l'Ecole des Mines.

(¹) Dénomination déjà appliquée par d'Orbigny à *C. tiara* de Podolie ; je propose: **Cer. (Tiaracer.) tiarulinum** *nobis*, pour l'espèce bosniaque.

(²) Dénomination antérieurement attribuée par d'Orbigny à *Cer. tiara* Grat. (non Lamk.) ; je propose, pour l'espèce pyrénéenne: **Cer. (Tiaracer.) Almeræ** *nobis*.

V ULGOCERITHIUM, Cossmann, 1895. G.-T. : *Cer. vulgatum*, Brug. Viv.
(= *Thericium cf.* Monts. *in* Sacco 1895, *nec vere* Monts. 1890 ;
= *Pithocerithium*, Sacco, 1895 ; = ? *Anas*, Klein, 1753).

Taille moyenne ; forme turriculée, plus ou moins ventrue, presque
toujours pupoïde dans son ensemble, tours subanguleux, épineux ou
noduleux sur l'angle médian, crénelés par des nodosités plus serrées
ou par de petites perles au-dessus de la suture ; dernier tour au plus
égal à la moitié de la hauteur totale et généralement inférieur à
cette dimension, portant une varice plus ou moins saillante à l'opposé
du labre, arrondi et orné de cordons perlés sur la base qui n'est
excavée que sous le cou court et à peine oblique. Ouverture petite,
non dilatée, ovoïde, munie dans l'angle inférieur d'une étroite
gouttière spirale que limite une côte pariétale plus ou moins saillante ;
canal court, étroit, obliquement tronqué à son extrémité qui est
faiblement recourbée en dehors ; labre à peine incliné à droite de
l'axe, du côté antérieur, simplement replié sans bec transversal à
l'origine du canal, aboutissant orthogonalement sans aucune sinuosité
à la suture ; columelle excavée, tordue sans pli saillant le long du
canal ; bord columellaire un peu calleux, bien limité, mais non
détaché à l'extérieur.

Diagnose faite d'après l'espèce géno-type (spécimen de la Méditerranée, ma
coll.), d'après des échantillons pléistocéniques, provenant de Sfax (pl. III,
fig. 14). ma coll. ; et d'après une variété moins épineuse, plus élancée, du
Miocène supérieur de Ciurana, en Catalogne (pl. III, fig. 13), ma coll.

Observ. — La dénomination *Vulgocerithium* a été proposée par moi dans une
lettre que j'écrivais à M. Sacco, au début de l'année 1895, avant la publication
de la XVIIe partie de la Monographie des « Mollusques tertiaires du Piémont »,
parce qu'il m'avait demandé mon avis sur l'arrangement des *Cerithidæ* ; cette
dénomination était, à ce moment, déjà établie par moi dans le manuscrit de
l'appendice II (Catal. illustré coq. Eoc. env. de Paris) qui a été publié en juin
1896. Toutefois, au cours de l'impression de cette XVIIe partie, M. Sacco ayant
trouvé, dans une publication de M. de Monterosato datée de 1890, le nom
Thericium (simple anagramme de *Cerithium*) Rocheb. *mss.*, a cru devoir l'appliquer à *Cer. vulgatum*, de sorte qu'il a conclu que, dans le cas ou *C. vulgatum* ne

serait pas considéré comme la forme typique de *Cerithium*, *Vulgocerithium* serait synonyme postérieur de *Thericium*. A défaut de renseignements plus précis, j'ai moi-même indiqué cette solution dans le n° 1 du T. VII (1903) de la « Revue critique de Paléozoologie », p. 37 ([1]).

Or, depuis cette époque, j'ai eu l'occasion de m'entretenir verbalement de la question avec M. de Monterosato qui m'a lui-même déclaré (et confirmé ensuite dans une lettre du 30 oct. 1904) que la coquille du Muséum à laquelle était atta-chée une étiquette manuscrite *Thericium* Mabille (*non* Rochebrune) était en effet un *Cerith. vulgatum*, mais qu'en publiant ce nom (Natur. Sicil. 1890) il l'avait appliqué sans diagnose à *C.alucastrum*, de sorte qu'il ne considérait nullement *Thericium* comme une dénomination sérieusement établie et capable de remplacer *Vulgocerithium*. Dans ces conditions, il y a lieu de laisser tomber dans l'oubli *Thericium*, qui n'a pas été défini d'une manière bien certaine, qui est un nom de liste dont le type a varié, et qui a été attribué à un autre auteur qu'à celui de l'étiquette manuscrite, de sorte qu'il en résulterait une confusion presque inextricable sans les explications prolixes qui précèdent.

En ce qui concerne *Anas* Klein (Tent. p. 32, pl. VII, fig. 120), la figure ren-versée représente une coquille ventrue qui a quelque analogie avec certains *Vulgocerithium*, de sorte que les frères Adams qui admettaient *C. vulgatum* comme type de *Cerithium*, ont indiqué *Anas* comme synonyme de *Cerithium s. s.* là encore, il n'y a aucune base pour reprendre ce nom.

Rapp. et diff.. — Le Sous-Genre *Vulgocerithium* se distingue de *Cerithium s. s.*, non seulement par le galbe et l'ornementation de la spire — caractères que je considère comme empiriques, — mais surtout par la disposition du labre qui ne se replie pas en avant et en travers du canal, comme on le constate chez *Cerithium*, ou encore chez *Bellardia* et chez *Gournuyia* dont *Vulgocerithium* se rapproche un peu par son galbe général : en outre, la gibbosité antilabrale est moins saillante que la dernière varice de *C. nodulosum*, le canal siphonal est un peu plus brièvement tronqué à son extrémité, la gouttière spirale de l'angle inférieur de l'ouverture est plus superficielle, moins profondément rainurée ; toutes ces différences cumulées contribuent à donner à l'ouverture un aspect très différent de celui de l'ouverture des trois premiers groupes, comme aussi de celle de *Campanile* et de *Serratocerithium* ou de *Taracerithium*, quoique ce dernier s'en rapproche davantage à cause de sa varice et de son labre moins sinueux que celui de *Campanile* ; mais, outre que l'ornementation de la spire, chez *Tiaracerithium*, n'a aucun rapport avec celle de *V. vulgatum*, le labre est encore sinueux et plus replié en avant.

J'y réunis *Pithocerithium* Sacco, dont le géno-type est *Cer. doliolum* Br. ; l'auteur n'a pas figuré de bons spécimens de cette espèce, mais il a reproduit l'ouverture intacte de quelques autres espèces qu'il place dans le même groupe

([1]) Dans la table des matières de l'année 1903, le nom *Thericium* est indiqué comme ayant Mabille pour auteur, attendu que M. de Rochebrune m'avait écrit qu'il ne connais-sait même pas le nom qu'on lui attribuait !

C. italicum Mayer, *C. rubiginosum* Eichw.), et l'on n'y constate aucune différence, même sectionnelle, avec l'ouverture de *C. vulgatum* ; les seuls caractères
distinctifs sont, d'une part, le galbe tout à fait ventru de ces formes, et d'autre
part, leur ornementatio plus granuleuse. Je ne puis, en conséquence, admettre *Pithocerithium* qui a les même critériums que *Vulgocerithium* dans mon
tableau de classification ; d'ailleurs, même au point de vue des différences
empiriques précitées, il y a des formes de transition graduelle entre les deux
groupes ; par exemple, si l'on rapproche la figure 45 (pl. I) de *V. europæum* et
la figure 65 (pl. II) de *Pithocerithium italicum*, on constate qu'il n'y a tout au
plus entre les deux coquilles que des différences spécifiques ; plusieurs de ces
espèces sont tellement variables dans leurs divers gisements, qu'on n'arrive
qu'avec difficulté à les séparer les unes des autres ! Alors, comment y distin-
guerait-on deux Sections?

Répart. stratigr.

TURONIEN. — Une espèce à forte varice antilabrale, dans les Corbières :
Cerith. provinciale d'Orb., coll. Peron.

EMSSCHERIEN. — Une espèce probable, dans la craie blanche de Lybie : *Cerith.
dachelense* Wanner (*Palæontogr.* XXX, p. 130, pl. XVIII, fig. 25-28).

PALEOCÈNE. — Deux espèces dans le Thanétien des environs de Paris : *Cer.
semicostatum, obesum* Desh., ma coll. ; une autre espèce plus allongée,
dans les mêmes gisements : *C. Defrancei* Desh.. d'après la figure.

EOCÈNE. — Une espèce dont l'ouverture est bien caractérisée, quoique son
ornementation soit plutôt funiculée, dans le Lutécien des environs de
Paris : *Cerith. filiferum* Desh., ma coll. Une espèce voisine du géno-type,
dans le Bartonien : *C. globulosum* Desh., et une autre dans le Londinien :
C. Guilielmi de Rainc., ma coll. ; une espèce plus étroite, dans le Lutécien :
C. echinulatum Desh., ma coll. Dans le Cotentin, *C. piriforme* Defr., ma
coll.; dans le Vicentin, *C. Roncanum* d'Orb., ma coll.; dans la Vénétie,
C. Rauffi Oppenheim (Coll. Berici, p. 65, pl. III, fig. 9).

Il est probable que c'est encore à ce Sous-Genre — et non pas au G. *Vertagus*, comme le pense M. Oppenheim (Mre Postale, p. 181) — qu'il faut rapporter *C. Chaperi* Bayan, espèce variqueuse dont le canal ne paraît pas
rejeté en dehors, d'après la figure qu'en a donnée l'auteur (*loc. cit.*, pl. I,
fig. 4-5) ; les spécimens intacts sont d'ailleurs rarissimes jusqu'à présent.

OLIGOCÈNE. — Une espèce très variqueuse sur toute la spire, dans les marnes
grises de Gaas : *Cerith. nassoides* (') Grat , ma coll. Une espèce dans le
Tongrien de l'Allemagne du Nord : *C. filigrana* von Kœnen, d'après la
Monographie de cet auteur.

MIOCÈNE. — L'espèce géno-type et ses nombreuses variétés, dans le Tortonien

---

(') Il existe aussi, dans le Tongrien de l'Allemagne du Nord, une toute autre coquille
que M. von Kœnen a dénommée *C. nassoides*; je propose d'y substituer le nom **C. unse-
burgense**, *nobis*, en attendant que son classement générique soit défini d'une manière
certaine.

et l'Helvétien d'Italie, ma coll. et d'après la Monographie précitée de M Sacco ; plus : *C. apeninnicum* Mayer, *C. dertonense* Mayer, *C. europæum* Mayer, *C. obsoletum* Rover., *C. taurinium* Bell. et Mich[il], *C. crenatum* Br., *C. procrenatum, taurocrenatum* Sacco, etc.; plus, les espèces dénommées *Pithocerithium* : *C. turonicum, italicum* Mayer, *C. dertocostatum,* Sacco, *C. obliquistoma* Seguenza. Dans le Bassin de Vienne : *C. Zelebori* Hœrn., *C. Michelottii* Harnes, d'après la Monographie de cet auteur. Une espèce dans l'Helvétien de Kertsch (Crimée) : *C. Castleyæ* Baily, ma coll. (don de M. Oppenheim). Une autre espèce dans le Bassin de Vienne et dans la Toscane : *C. minutum* Sow., ma coll. Deux espèces très voisines du géno-type, dans le Burdigalien de la Gironde ; *C. galliculum* Meyer, *C. salmo* Bast., ma coll.

PLIOCÈNE. — Outre l'espèce géno-type dans l'Astien des Alpes-Maritimes et en Italie, ma coll., nombreuses variétés ou formes distinctes : *C. nodulosum* (²) Phil., *C. varicosum* Br., *C. cathedrale, Isseli, neogenicum* Mayer, *C. crenatum* Br., *C. doliolum* Br. (géno-type de *Pithocerithium*), *C.costatum* Borson. Dans le Sarmatien : *C. rubiginosum* Eichw., ma coll. ; dans le Messinien de Vaucluse : *C. europæum* Mayer, ma coll. Deux espèces dans la Floride : *C. floridanum* Mörch, *C. glaphyrea* Dall, d'après les figures de la Monographie de cet auteur. Plusieurs espèces dans les couches néogéniques de Java : *C. tjilonganense, sucaradjanum, preangerense, Verbeeki. Fennemai, talahabense* Martin, d'après la Monographie de cet auteur.

PLEISTOCÈNE. — L'espèce géno-type dans les plages soulevées de Tunisie, ma coll. Une variété du géno-type dans le Sicilien d'Altavilla : *C. crassilabrum* Monterosato, ma coll.

EPOQUE ACTUELLE. — L'espèce géno-type et de nombreuses variétés, dans la Méditerranée.

PTYCHOCERITHIUM, Sacco, 1895 (¹). G.-T. : *Cer. granulinum*, Bon. Mioc.

Taille et forme de *Vulgocerithium* ; spire allongée, à galbe presque conique ; tours ornés de côtes axiales, droites, croisées par des cordonnets qui y forment des granulations ; dernier tour généralement inférieur au tiers de la hauteur totale, portant une assez forte varice diamétralement opposée au labre ; base cerclée par des lamelles spirales, souvent très saillantes, excavée sous le cou qui est court et

---

(¹) Il est surprenant que cette dénomination préemployée n'ait pas encore été corrigée: pour le cas où il en serait réellement ainsi, je propose, pour l'espèce pléocénique : **Vulgocerithium ozodophorum**, *nobis.*

(²) I Moll. dei terr. terz. del Piem. Part. XVII, p. 23.

mince. Ouverture petite, ovale-arrondie, munie en arrière d'une étroite gouttière spirale que limite une côte pariétale et peu proéminente ; canal court, très rétréci à son origine par le rapprochement des bords opposés, peu recourbé et brièvement tronqué à son extrémité ; labre à profil vertical, non proéminent en avant, généralement variqueux à l'extérieur, profondément lacinié à l'intérieur par les lamelles externes ; columelle excavée, recourbée en *S* le long du canal, sans torsion pliciforme ; bord columellaire assez mince, étroit, bien limité sur son contour basal.

Diagnose complétée d'après l'espèce géno-type, ma coll., et d'après un plésiotype éocénique de Mouchy : *Cerith. lamellosum* Lamk. (pl. IV, fig. 1), ma coll. ; autre plésiotype du Miocène inférieur de Šaucats (Gironde): *Cer. Bronni* Partsch (pl. IV, fig. 2), ma coll.

Rapp. et diff. — Ce n'est pas sans hésitation que je conserve cette Section distincte de *Vulgocerithium* : la forme et l'ornementation sont presque pareilles, sauf que le galbe est en général moins ventru chez *Ptychocerithium*, et que la base porte des lamelles plus saillantes. Le seul caractère différentiel qui cadre avec mes critériums et qui ne soit pas empirique, c'est que le canal est plus resserré et plus petit, de même longeur que celui de *Vulgocerithium* ; en outre, la varice antilabrale est plus proéminente chez *Ptychocerithium*.

Répart. stratigr.

MAESTRICHTIEN. — Une espèce douteuse, dans les couches à Cérites du Louristan, en Perse : *Procerithium duplex* Douvillé, d'après la Monographie de cet auteur (Miss. Scient. Pal. p. 300, pl. XII, fig. 24-26).

PALEOCÈNE. — Une espèce bien caractérisée, dans le Montien d'Obourg : *C. Dejaeri* Br. et Corn., ma coll.

EOCÈNE. — Le plésiotype ci-dessus figuré, dans le Lutécien et le Bartonien des environs de Paris, ma coll. ; plusieurs autres espèces lutéciennes, à ornementation graduellement atténuée ou même effacée : *C. inabsolutum* Desh., *C. Chevallieri*, *edulcoratum*, *Petitclerci*, *Goossensi* Cossm., ma coll. Une espèce voisine des précédentes, dans le Cotentin : *C. Morgani* [1] Cossm. et Piss., ma coll. Une espèce voisine du géno-type, dans le Nummulitique des Corbières : *Cerith. Deshayesianum* Leymerie, communiqué par M. Doncieux. Une grande espèce dans le Nummulitique de l'Inde : *Cer. pseudocorrugatum* d'Orb., d'après les figures de la Monographie de d'Archiac et Haime.

[1] Ne pas confondre avec *Campanile Morgani* Douvillé, publié presque à la même date. Il n'y a pas de double emploi, d'ailleurs.

OLIGOCÈNE. — Une espèce bien caractérisée, dans le Tongrien de la Ligurie :
Cer. Ighinai Michelotti, ma coll.

MIOCÈNE. — Outre l'espèce géno-type dans le Tortonien du Piémont, plusieurs
espèces helvétiennes : *Ptychocer, taurobronnoides, turritoplicatum, plicato-
varicosum* Sacco, *Cerith. pseudoelongatum* d'Orb. ; enfin, le second plésiotype ci-dessus figuré, dans le Tortonien du Piémont et le Burdigalien de
la Gironde, dans le Bassin de Vienne, ma coll. Une autre espèce dans le
Tortonien des environs de Modène : *Cer. variolatum* Doderl., ma coll. Une
espèce dans la Floride : *Cerith. Burnsi* Dall, d'après la figure publiée par
cet auteur.

PLIOCÈNE. — L'espèce géno-type, très rare dans le Plaisancien du Piémont,
d'après M. Sacco ; une autre espèce dans l'Astien du Piémont : *Cerith. tuber-
culatum* Borson, d'après M. Sacco (*loc. cit.*).

ÉPOQUE ACTUELLE. — Deux espèces probables, dans la Polynésie : *Cer. sale-
brosum* Sow. et *C. planum*, coll. Vignal.

CHONDROCERITHIUM, Monterosato, 1905 (*in litt.*).

G.-T. : *Cerith. calculosum*, Bast. Mioc.

Taille moyenne ou assez grande ; forme généralement ventrue,
quoique conique ; spire médiocrement allongée, pointue au sommet,
à galbe légèrement conoïdal ; protoconque lisse, paucispirée, subglobuleuse, à nucléus en goutte de suif ; tours peu convexes, variqueux,
ornés de rangées spirales de granulations ou de nodosités un peu
aiguës, qui sont entremêlées de filets lisses. Dernier tour égal aux
deux cinquièmes de la hauteur totale, portant une très forte varice
diamétralement opposée au labre ; base ovale, non limitée à la périphérie, ornée de cordons granuleux et de filets, jusque sous le bourrelet du cou qui est obliquement recourbé, funiculé et sous lequel
la varice latérale forme un emboîtement plus ou moins visible. Ouverture ovale-arrondie, à péristome continu et épaissi, portant dans
l'angle inférieur une profonde gouttière limitée par une côte pariétale et assez saillante ; canal rétréci à la naissance, assez court, tronqué et un peu rejeté en dehors ; labre à peine incliné en profil, variqueux sur le bord externe, portant deux ou trois fortes dents internes, surtout visibles vis-à-vis de l'avant-dernière varice latérale ; colu-

melle excavée entre la côte pariétale et le pli tordu et antérieur qui la recourbe le long du canal ; bord columellaire calleux, lisse, sub-détaché de la base et du bourrelet du cou.

> Diagnose faite d'après des spécimens de l'espèce géno-type, du Burdigalien de Saucats (pl. XIII, fig. 8-9), ma coll,

Rapp. et diff. — M. de Monterosato a appelé mon attention sur l'utilité de distinguer de *Vulgocerithium* les espèces qui — telles que *Cer. calculosum* — ont des dents internes : s'il n'existait que ce seul caractère distinctif, j'aurais hésité à admettre la séparation d'une Section uniquement fondée sur un caractère aussi empirique (') ; mais, en examinant de près l'ouverture de cette coquille, je me suis convaincu qu'elle diffère suffisamment de celle de *Cerith. vulgatum* pour qu'on puisse accepter *Chondrocerithium*, s'écartant au moins autant de *Vulgocerithium* que *Ptychocerithium* : en effet, non seulement le labre est un peu plus incliné en avant, mais la columelle porte un pli tordu antérieur qui est toujours absent chez *Vulgocerithium* ; en outre, l'échancrure profonde qu'on aperçoit sur la troncature du canal, quand on regarde la coquille en plan, est presque à angle droit avec le contour du plafond de l'ouverture. D'autre part, la varice latérale se prolonge sur la base jusqu'au bourrelet du cou, et elle s'y emboîte en laissant une trace de l'arrêt de la croissance du canal. L'ornementation de la spire diffère complètement de celle de *Ptychocerithium* qui n'a pas de bourrelet emboîté sur le cou, dont le labre est plus vertical, et dont la columelle ne porte aucun pli.

Répart. stratigr.

PALÉOCÈNE. — Deux espèces probables, dans le Montien de la Belgique : *Cer. Pauli, triangulum* Briart et Cornet (*loc. cit.*, III, pp. 36-37, pl. IX, fig. 1, et pl. VIII, fig. 7).

OLIGOCÈNE. — Une espèce très répandue dans le Stampien des environs de Paris : *Cer. intradentatum* Desh., ma coll.

MIOCÈNE. — L'espèce géno-type dans le Burdigalien de la Gironde, ma coll.

RHINOCLAVIS, Swainson, 1840.

(= *Clava*, Martyn 1789, *non* Gmelin 1789, Pol. ;

= *Vertagus*, Schum. 1817, *non* Link, 1807)

Coquille subulée, plus ou moins ornée ; canal obliquement recourbé en dehors ; labre presque rectiligne, non replié en avant ; columelle calleuse, quelquefois plissée.   G-Type : *Murex vertagus*, Lin. Viv.

(') On sait que, dans la plupart des Gastropodes turriculés, à une varice externe correspond habituellement un bourrelet interne, continu ou denticulé.

Rhinoclavis

PSEUDOVERTAGUS, Vignal, 1904 (1). G.-Type : *Murex aluco*, Lin. Viv.

Taille parfois assez grande ; forme clavulée ou subulée, à galbe légèrement conoïdal ; spire aiguë, assez longue, plus ou moins ornée, quelquefois simplement striée, à tours nombreux et peu convexes, se recouvrant un peu aux sutures qui sont souvent bordées ; dernier tour assez élevé, ovoïde à la base dont la courbure convexe aboutit presque sous le canal en supprimant à peu près totalement l'excava-tion du cou réduit à une rainure. Ouverture obliquement ovale ou semilunaire, à péristome calleux et subdétaché, munie en arrière d'une étroite gouttière spirale, contractée en avant à l'origine du canal qui est étroit, plus ou moins allongé, invariablement rejeté en dehors et à droite de l'axe, à tel point qu'il semble échancré quand on le voit du côté de la face dorsale, quoiqu'il soit simplement tron-qué dans un plan perpendiculaire à son extrémité recourbée ; labre épais, légèrement réfléchi sur son contour externe, lisse à l'intérieur, à peu près vertical en profil, sans sinuosité ni proéminence anté-rieure, muni seulement d'une petite callosité obsolète à l'origine du canal ; pli pariétal peu saillant, limitant la gouttière inférieure ; colu-melle excavée, portant au milieu un pli très visible chez les *Rhino-clavis* typiques, très effacé ou totalement absent chez *Pseudovertagus* ; une torsion pliciforme existe en outre vis-à-vis de la saillie calleuse du labre, à l'entrée du canal ; bord columellaire épais, vernissé, souvent détaché, portant quelquefois un petit cran sur son contour, à la hauteur du pli columellaire quand ce dernier existe.

Diagnose complétée d'après les deux espèces géno-types ci-dessus désignées, et d'après des plésiotypes de *Pseudovertagus*, du Lutécien des environs de Paris : *Cerithium striatum* Lamk. (pl. III, fig. 6-7), et *C. Jussieui* Mayer-Eymar (pl. III. fig. 1-2), ma coll.

Observ. — Le choix du nom générique de ce groupe de coquilles a donné lieu à quelques controverses : tous les naturalistes sont habitués à la dénomination *Vertagus* que Klein (1753 ; *Tent.*, pl. VII, fig. 118) a appliquée à l'espèce désignée

(¹) **Liste des coquilles des environs de Djibouti, p. 5.**

par Linné précisément sous le nom spécifique *Vertagus* ; mais Linné l'avait lais-
sée dans le genre *Murex*, de sorte qu'en réalité le nom générique *Vertagus* ne
peut être pris en considération qu'à dater de 1817, époque à laquelle Schumacher
l'a authentiquement publié comme Genre. Or, à cette époque, Link avait déjà,
depuis 1807, donné le nom générique *Vertagus* à une forme de *Terebra*.

Pour remplacer *Vertagus* Schum., puisqu'il est manifestement préemployé,
M. Dall a proposé (Tert. Flor, 1892, II, p. 290) de reprendre *Clava*, Martyn (1789) ;
mais cette solution ne peut être admise, parce que, la même année, Gmelin avait
appliqué le nom *Clava* à un Genre de Polypiers, ce qui relègue également en
synonymie *Clavus* Montf. 1810, puisque l'étymologie latine de clou est *Clavus*
et non *Clava*. D'ailleurs l'interprétation de *Clava* Martyn, par M. Dall, me paraît
peu correcte : il est convenu, en effet, d'après les règles admises aux congrès
zoologiques, que quand un auteur ancien a, sans désigner le type, proposé un
nom générique qui comprend la liste d'un certain nombre de formes appartenant
à des groupes bien distincts, on doit en éliminer d'abord les Genres successivement créés par les auteurs postérieurs. Or, en particulier pour *Clava*, Martyn
ayant fait figurer sept espèces appartenant à cinq Genres différents (*Cerithium,
Vertagus, Pyrazus, Faunus* et *Clava tessellata*), c'est à cette dernière que M. Jousseaume (1884, Bull. Soc. Zool. France, p. 23) a d'autre part — et avant l'intervention de M. Dall — proposé d'appliquer le nom *Clava* : c'est une coquille flu-
viale du groupe de *C. palustre*, et l'on verra plus loin que cette substitution
n'est pas davantage admissible et que *Clava* ne répond à rien de bien précis.
Dans ces conditions, en égard à ce que *Clava* Gmelin, est probablement antérieur, et à ce que Thomas Martyn, était un peintre de talent, mais nullement un
naturaliste soucieux de caractériser des Mollusques avec exactitude, j'estime que
Clava doit être laissé dans l'oubli.

La conclusion de cette longue discussion est qu'il y a lieu d'adopter la dénomination *Rhinoclavis* Swainson, puisqu'elle s'applique au même type et que
Swainson — qui n'ignorait pas les travaux de Schumacher — n'a probablement
proposé ce nom que parce qu'il savait qu'on ne pouvait appliquer *Vertagus*.

Rapp. et diff. — M. Vignal a tout récemment proposé de séparer la Section
Pseudovertagus d'après un critérium qui n'est pas absolument constant : l'absence du pli columellaire qui caractérise *Murex vertagus*, tandis que ce pli manque chez *M. aluco* : or on peut composer tout une série de formes actuelles chez
lesquelles le pli disparaît graduellement de la columelle, ou se réduit à un léger
renflement pariétal ; cela ne suffirait donc pas pour justifier la proposition de
M. Vignal, si cet auteur n'avait eu la patience de faire de nombreuses coupes
axiales des coquilles en question, pour démontrer que, chez *Rhinoclavis s. s.*,
l'existence du pli columellaire sur toute la hauteur de la coquille est un caractère très constant, tandisque chez *Pseudovertagus*, y eût-il même un simple renflement columellaire visible à l'ouverture, le reste de la columelle est complètement lisse. Comme d'ailleurs, toutes les formes fossiles rentrent dans cette
dernière catégorie, je n'ai aucune objection à admettre *Pseudovertagus* comme

Section de *Rhinoclavis* dont il serait l'ancêtre, le pli columellaire n'ayant apparu avec sa saillie persistante que chez les coquilles actuelles.

Vis-à-vis des autres Genres, la séparation de *Rhinoclavis* et de *Pseudovertagus* est amplement justifiée par le recourbement du canal qui supprime complète- ment le cou sur la face dorsale de la coquille ; en outre, le labre est dépourvu de la sinuosité caractéristique des vrais *Cerithium*, et la columelle porte un pli médian qu'on n'observe jamais chez *Vulgocerithium* dont le labre n'est pas sinueux ; à ce pli correspond souvent, comme chez l'espèce géno-type, un cran sur le contour du bord columellaire, mais ce caractère n'est pas constant. Cer- taines espèces sont subvariqueuses, cependant on constate rarement l'existence d'une varice antilabrale. Enfin, les tours se recouvrent aux sutures sur une certaine hauteur, ils ne sont pas superposés comme chez les espèces campanili- formes : il en résulte que la gouttière inférieure de l'ouverture est profonde et étroitement anguleuse, quoique le pli pariétal soit plutôt calleux en largeur que saillant en hauteur.

Répart. stratigr.

PALEOCÈNE. — Une espèce douteuse, dans le Modunien de Meudon : *Cerith. modunense* Desh., d'après la figure publiée par l'auteur. Une espèce voisine du plésiotype ci-dessus figuré, dans le Montien de la Belgique : *Cer. Duponti* Briart et Cornet, d'après la Monographie de ces auteurs (pl. VI, fig. 15).

EOCÈNE. — Outre les deux géno-plésiotypes ci-dessus figurés, dans les envi- rons de Paris et dans le Cotentin (le premier existe aussi dans le Vicentin, m.a coll.), une espèce très voisine dans l'Eocène supérieur de Mlle Pulli. *C. corviniforme* Oppenheim, d'après les spécimens donnés par l'auteur.

OLIGOCÈNE. — Plusieurs espèces dans le Tongrien de la Ligurie : *Cerith. Voglinoi* Mich., *Vertagus oligasper* Sacco, *Cer. orditum* Mich., d'après la Monographie précitée de M. Sacco (Part. XVII).

MIOCÈNE. — Une espèce à St-Domingue et à la Jamaïque : *Cerith. plebeium* Sow., d'après la figure publiée par Guppy. Une espèce dans les sondages de Batavia : *Vertagus erectus* Martin, (Ergebn. tiefbohr. von Java, p. 182, pl. VIII, fig. 47).

PLIOCÈNE. — Une espèce dans les marnes de Caloosahatchie : *Clava caloosaen sis* (¹) Dall. Une espèce bien certaine dans les couches néogéniques de Java . *Vertagus gendiganensis* Martin, d'après la figure (les autres espèces citées comme *Vertagus* sont plus douteuses : *V. javanus, karangensis* etc.) ; l'autre cite aussi des espèces suivantes : *V. aluco* Lin, *V. obeliscus* Brug.

EPOQUE ACTUELLE. — Nombreuses espèces dans les mers chaudes.

(¹) L'auteur cite aussi dans le même gisement un *Cerithium* à ouverture de *Vertagus*, mais sans pli columellaire, l'une d'elles doit nécessairement changer de nom si ces deux espèces appartiennent réellement au Genre *Rhinoclavis* : *C. caloosaense* Dall (= *orna- tissimum* Heilp. *non* Desh.).

Rhinoclavis

SEMIVERTAGUS, Cossmann, 1889.   G.-T. : *Cerith. unisulcatum*, Lk. Eoc.

Taille petite ; forme miniature de *Rhinoclavis* (= *Vertagus*) ; spire peu ornée, subulée, à galbe un peu subconoïdal, à tours non convexes, se recouvrant contre les sutures ; dernier tour relativement court, arrondi à la base qui est complètement dépourvue de cou. Ouverture petite, ovale, à péristome détaché, munie d'une petite gouttière dans l'angle inférieur, terminée en avant par un canal court et recourbé à droite de l'axe, souvent réduit chez les individus jeunes ou incomplets à une large dépression du contour supérieur, paraissant échancré à cause de son recourbement chez les adultes ; labre un peu épaissi, lisse à l'intérieur, rectiligne et presque vertical, légèrement incliné à droite de l'axe en avant, recouvrant en arrière un tiers de l'avant-dernier tour en formant une gouttière avec le bord opposé ; pas de pli pariétal ; columelle excavée, lisse, non plissée ni tordue, seulement infléchie contre la dépression du canal ; bord columellaire complètement détaché de la base, depuis la gouttière jusqu'au canal.

Diagnose complétée d'après des individus de l'espèce géno-type, du Lutécien de Chaussy (pl. III, fig. 4-5, et pl. IV, fig. 3), ma coll.

Rapp. et diff. — Non seulement les coquilles de cette Section n'atteignent jamais la taille de *Rhinoclavis s. s.*, mais on les distingue encore par la disparition complète — et à tout âge — du pli pariétal et du pli médian de la columelle, ainsi que par la brièveté de leur canal siphonal, qui se réduit même parfois (si la coquille n'est pas très adulte) à un bec échancré sur le cou ; même, comme le péristome est subdétaché, on peut être tenté de rapprocher ces *Semivertagus* incomplets de quelques *Diastoma* non costellés ; mais, en examinant de près l'ouverture, on s'aperçoit immédiatement que les premiers ont un canal, tandis que les seconds n'ont à la place qu'une dépression versante.

Répart. stratigr.
MAESTRICHTIEN. — Une espèce confondue avec le géno-type, mais probablement bien distincte, dans les couches à Cérites du Louristan, en Perse, d'après M. Douvillé (*loc. cit.*, p. 310, pl. XIV, fig. 23-28).

PALÉOCÈNE. — Une espèce assez ornée, dans le Montien de la Belgique et dans le Thanétien des environs de Reims : *Cerith. Queteleti* Briart et Cornet, ma coll. ; une autre espèce perlée, à ce dernier niveau : *Cer. consobrinum* Desh., ma coll. Une espèce très voisine du génotype, dans le Montien d'Obourg : *Cer. abnorme* Br. et Corn., ma coll., avec une autre espèce plus douteuse : *Cer. turritellosum* Briart et Cornet (*loc. cit.*, T. III, pl. XVII, fig. 9). Une espèce probable, dans le « Midway Stage » des Etats-Unis : *Cer. globolæve* Harris, d'après la Monographie de cet auteur (Bull. Amer. Pal., 1896, vol. IV, p. 106, pl. XI, fig. 2).

EOCÈNE. — Outre l'espèce géno-type, dans les trois niveaux du Bassin de Paris, ainsi que dans le Bassin de Nantes et dans le Cotentin, une espèce plus ornée spiralement, dans le Lutécien et le Bartonien : *Cer. melanoides* Lamk., ma coll. ; puis une autre à peine échancrée, dans le Lutécien : *Cerith. diastoma* Desh. d'après la figure publiée par cet auteur, et une espèce variqueuse dans le Cuisien : *C. diastomoides* Desh. Une espèce voisine du géno-type, dans le gisement de Coislin (Loire-Infér.) : *Semivert. dissimilis* Cossm., ma coll. Deux autres espèces dans le Cotentin : *S. anacolus, corpulens* Cossm. et Piss., ma coll.

OLIGOCÈNE. — Une espèce et quelques variétés dans le Tongrien de la Ligurie : *Cer. submelanoides* Michelotti, d'après la Monographie précitée de M. Sacco ; une autre espèce bien peu probable, à ouverture inconnue d'ailleurs dans le Priabonien de la Vénétie : *Cer. semen* Oppenheim (Priab., p. 205, *in Palæontogr.*, 1901).

MIOCÈNE. — Une espèce bien caractérisée, dans les grès calcifères d'Adélaïde : *Sem. subcalvatus* Tate. ma coll., détermination générique confirmée d'après la figure publiée par cet auteur (Unrecorded gen. Roy. Soc. N. S. W., 1893, p. 178.)

PLIOCÈNE. — Une espèce treillissée, dans le Pliocène ancien des environs d'Adélaïde : *Sem. capillatus* Tate (*ibid.*), ma coll.

EPOQUE ACTUELLE. — Une espèce absolument typique, à la Nouvelle Calédonie : *Cerith. lacteum* Kiener, ma coll. ; trois autres espèces à Djibouti et à Obock, d'après M. Vignal.

BEZANÇONIA, Bayle, 1884 ([1]).

Coquille grande, pupoïde, non variqueuse, à ouverture détachée, à sutures rainurées ; cou long et droit ; canal peu infléchi, tronqué ; labre un peu excavé, non proéminent ; plis columellaire et pariétal.

[1] *In* Fischer (Man. Conchyl., p. 680) ; même observ. que pour *Gourmyia*.

BEZANÇONIA, *s. stricto.*   G. Type : *Cerithium spiratum*, Lank. Eoc.

Test épais. Taille grande ; forme pupoïdale, étagée quoique ventrue ; spire assez longue, dimorphe, à galbe conoïde ; tours peu convexes, assez étroits, d'abord sillonnés, puis lisses, séparés par
des sutures profondément rainurées ; pas de varices, ni de trace de
côtes axiales. Dernier tour un peu supérieur au tiers de la hauteur
totale, obtusément caréné à la périphérie de la base qui est excavée
et même rainurée ; cou droit, long et élevé, un peu gonflé par un
bourrelet obliquement enroulé, avec trois ou quatre gros cordons
lisses. Ouverture médiocre, subquadrangulaire, non dilatée, à péristome complètement détaché, surtout vers la gouttière inférieure qui
est limité par un pli pariétal et très distant de la base ; canal relativement court, contracté à son origine, à peine infléchi par rapport à
l'axe vertical, un peu plus élargi à son extrémité qui est tronquée
sans aucune échancrure sur le cou ; labre assez mince, à profil excavé, bordé et épaissi à l'extérieur un peu en deçà de son contour
replié en avant et contractant le canal au point où aboutit la rainure
basale ; columelle verticale, munie d'un pli très oblique, mais distinct de la torsion antérieure ; bord columellaire formant une lame
mince qui n'est en contact qu'en un seul point avec le gonflement
du bourrelet du cou, dont il est séparé en avant par une fente ombilicale ; deux plis pariétaux, peu saillants et inégaux, sont en outre
visibles sur les spécimens incomplets, dont l'ouverture est cassée.

Diagnose refaite d'après des échantillons de l'espèce-géno-type, du Lutécien de
Parnes (pl. III, fig. 8-9), ma coll.

Rapp. et diff. — Cette singulière coquille, qu'il est facile de reconnaître au
premier coup d'œil, n'a de commun avec *Cerithium* que son canal, et encore ce
dernier est-il à peine infléchi, de sorte que, même au point de vue de mes critériums, c'est un Genre absolument à part, né à l'époque éocénique, et probablement prolongé jusqu'à l'époque actuelle par un rameau latéral qui serait le
Sous-Genre ci-après décrit (*Colinia*). Peut-être l'origine de *Bezançonia* doit-
elle être recherchée dans le Genre crétacique *Bathraspira* qui s'est éteint

dans le Sénonien, dont l'ouverture complète n'est pas encore connue, et dont les sutures sont canaliculées comme celles des premiers tours de *Bezançonia* ? Quant à *Cerithium spirale* Rigaux et Sauvage, du Bathonien supérieur du Pas-de-Calais, dont l'ouverture et aussi inconnue et dont on n'a pu sectionner les tours de spire, c'est vraisemblablement un *Nerinella* du même groupe que *N. caniculata* ou que *N. retrogressa* qui ont les tours profondément excavés en pas de vis.

Répart. stratigr.

Eocène. — Outre l'espèce géno-type dans le Lutécien, une espèce sillonnée, connue par un seul échantillon non adulte, dans le Bartonien des environs de Paris : *Cerithium synarthrotum* Cossm., coll. Bernay (M. Bourdot). Une autre espèce plus étroite et à ouverture tout à fait disjointe, dans les calcaires du Vicentin *Bezançonia Cossmanni* Oppenbein, d'après les spécimens donné par l'auteur. Une espèce connue par deux jeunes individus seulement, dans le Nummulitique moyen de la province de Lérida : B. *pyrenaica* Cossm., coll. Vidal (Est. alc. mol. pir. Catalan, 1898, p. 17, pl. VIII, fig. 15-16).

COLINIA, H. et A. Adams (¹), 1858 [*em.*]

G. Type : *Cerith. macrostoma*, Hinds. Viv.

(= *Colina* H. et A. Adams, *non Colinus* Cuv. *Aves*, 1817).

Test mince. Taille petite; forme turriculée, parfois un peu ventrue; spire longue, à galbe légèrement pupoïde; protoconque lisse, polygyrée, composée de quatre tours étroits et convexes, à nucléus un peu dévié; tours généralement treillissés, mais l'ornementation tend à s'atténuer sur le dernier tour qui est arrondi, quelquefois subanguleux à la périphérie de la base; cou relativement long, un infléchi; mais non recourbé. Ouverture dilatée, subquadrangulaire, à péristome subdétaché, sans gouttière postérieure ni pli pariétal, terminée par un canal faiblement recourbé et brièvement tronqué sans échancrure à son extrémité; labre épanoui, presque vertical, épaissi à l'intérieur, à quelque distance de son contour, contracté en avant à l'origine du canal; columellaire droite, portant deux faibles plis obliques qu'on n'aperçoit que quand l'ouverture est brisée; bord columelle mince, disjoint de la base et du cou, subitement replié à l'origine du canal.

(¹) **The genera of recent Moll.** 1858, I, p. 286. pl. XXX, fig. 2.

Diagnose complétée d'après des géno-plésiotypes fossiles de l'Eocène *Cerithium difficile* Desh. (pl. IV, fig. 12), du Bartonien du Fayel, ma coll. ; *Cer. perelegans* Desh. (pl. III, fig. 11-12), du Lutécien de Mouchy, ma coll.

Observ. — *Colina*. H. et A. Adams, a probablement été dédié par ces auteurs à un sieur Colin ; en l'amendant *Colinia*, conformément aux règles de Nomenclature qui prescrivant d'ajouter *ia* au nom du parrain, j'ai évité (Catal. ill. Eoc. IV, 1889) toute chance de confusion avec *Colinus* préemployé par Cuvier pour un Oiseau.

Rapp. et diff. — L'ouverture de *Colinia* est, en quelque sorte, la miniature de celle de *Bezançonia* : même canal à cou droit et à peine infléchi, même labre un peu épaissi à l'intérieur et subvariqueux à l'extérieur, même columelle droite et plissée, même détachement du péristome chez les adultes ; il n'y a cependant pas de pli pariétal ni de gouttière chez *Colinia* ; aussi, quoique la taille, l'épaisseur du test, et surtout l'ornementation de la spire soient bien différentes, je ne puis classer *Colinia* que comme Section de *Bezançonia* dont il ne s'écarte que par des critériums sectionnels ou par des caractères empiriques.

Répart. stratigr.

ÉOCÈNE. — Outre les deux géno-plésiotypes ci-dessus figurés, plusieurs autres espèces dans le bassin de Paris : *Cerith. tenue, fayellense, Laberhei, Munieri, Cuisense, indecoratum* Desh., ma coll. Deux espèces différentes, dans la Loire-Inférieure et le Cotentin : *Colinia Bourdoti*, Cossm. *C. asperrima* Cossm. et Piss., coll. Pissarro. Deux espèces dans les couches de Gellibrand River (Australie) : *Colinia apicilirata, fenestralis* Tate (*loc. cit.*, p. 180, pl. XII, fig. 7 ; et pl. XI, fig. 11).

OLIGOCÈNE. — Deux espèces douteuses, à columelle biplissée cependant, dans le Priabonien de la Vénétie : *Cerithium hortense, rectum* Vinassa de Regny, d'après les figures publiées par M. Oppenheim (Priab. p. 206 ; *Palæontogr.* 1901).

ÉPOQUE ACTUELLE. — Deux espèces dans la mer de Chine et aux Philippines (*fide* Adams).

ATAXOCERITHIUM, Tate, 1893 ([1]). G-T. : *Cerith. serotinum*, Adams. Viv.

Test épais. Taille petite ; forme pupoïdale, ovoïdo-pointue ; spire peu allongée, à galbe conique vers le sommet, conoïdal sur les derniers tours ; « protoconque apiculée, d'environ trois tours arrondis, » ornés de filets transverses et arqués, à nucléus un peu dévié » ; tours élevés, peu convexes, subimbriqués en avant, ornés d'un treillis à mailles carrées ; dernier tour contracté, arrondi à la base,

[1] Royal Soc. of N. S. W., p. 179, pl. XI, fig. 6.

sur laquelle l'ornementation s'oblitère ; cou très court, un peu arqué et formant une sorte de bourrelet lisse. Ouverture subquadrangu·laire, à péristome entier, avec un gouttière et un pli pariétal dans l'angle inférieur, terminée en avant par « un canal tubulaire, modé- » rément long, brièvement et abruptement courbé à gauche et en » dehors à son extrémité » ; labre dilaté, contracté en avant, un peu oblique, parfois crénelé à l'intérieur ; columelle droite, portant à la base deux plis transverses, souvent même dentiformes ; bord columel-laire épais et lamelleux, subdétaché du cou.

> Diagnose refaite [et en partie reproduite d'après la diagnose originale du Genre] d'après un spécimen de l'espèce géno·type, ma coll : géno-plésiotype de l'Oligocène de Pierrefitte : *Nassa Pellati* Cossm. et Lamb. (pl. IV, fig. 10 11), ma coll.

> **Rapp. et diff.** Cette Section, que l'auteur a séparée comme un Genre distinct, se rapproche beaucoup de *Colinia*, et un peu de *Bezançonia*, par la forme de son péristome et par son cou presque droit ; toutefois, outre que la spire diffère complètement de celle de *Colinia*, on distingue *Ataxocerithium* par ses plis columellaires qui, au lieu d'êtres obliques et peu visibles, sont denti-formes et saillants à l'ouverture, du moins chez le génoplésiotype que j'ai rapporté à la même Section ; car le génoplésiotype fossile d'Australie, que Tate a décrit et figuré, ne montre pas ces plis sur la figure, et quant au type vivant, j'ai constaté qu'il porte bien un pli très net, mais un seul. J'aurais donc hésité à y assimiler *Nassa Pellati*, si, dans ces observations à l'appui de la création proposée, Tate n'avait expressément mentionné l'existence de « plis inopinés, simulant des plis à la base », c'est-à-dire précisément le caractère de l'ouver-ture de *Nassa Pellati* : je me borne donc à signaler cette petite différence entre les formes éogéniques et le type actuel d'*Ataxocerithium*.

> **Répart. stratigr.**
> Éocène. — Une espèce aux environs d'Adélaïde ; *A. concatenatum*. Tate (*loc. cit.*).
> Oligocène. — Le génoplésiotype ci-dessus figuré, dans le Stampien, ma coll.
> Pliocène. — Une espèce probable dans les couches néogéniques de la Nou-velle-Zélande : *Cerithium cancellatum* Hutton (*non* Lamk. = *C. Huttoni* Cossm. *in* Revue crit. Pal.), d'après la figure publiée par l'auteur (1894. — Plioc. Moll. N. Z., p. 59, pl. VII, fig. 55).
> Époque actuelle. — L'espèce géno-type et quelques formes voisines, dans les mers d'Australie, ma coll. M. Hedley (Sc. Res. Thetis, 1903) a cité comme exemple : *Cerith. abbreviatum* Brazier, qui ne peut conserver ce nom plu-sieurs fois préemployé ; je propose en conséquence : **Ataxocerithium Brazieri,** *nobis*.

FASTIGIELLA, Reeve, 1848 ([1]).

Coquille turritelliforme, à canal très court, échancré sur le cou qui porte un bourrelet caréné ; columelle plissée par l'enfoncement spiral de cette carène ; labre non dilaté, un peu incurvé.

FASTIGIELLA, *s. stricto.*   G-Type : *F. carinata*, Reeve. Viv.

Test peu épais. Taille variable, parfois assez grande ; forme de *Mesalia*, conique et peu élancée ; spire médiocrement allongée, aiguë au sommet ; tours nombreux, étroits, d'abord treillissés, puis seulement ornés de rubans ou de carènes parfois obsolètes, avec quelques traces d'accroissements variqueux ; dernier tour supérieur au tiers de la hauteur totale, ventru, arrondi à la base qui est ornée comme la spire ; cou très court, presque rainuré sous le bourrelet qui est saillant, tordu, guilloché par les accroissements de l'échancrure du canal, et caréné extérieurement par la soudure de ces accroissements lamelleux. Ouverture assez grande, ovoïde ou semilunaire, avec une petite gouttière dans l'angle postérieur non limitée par un pli pariétal ; canal contracté et très court, rejeté en dehors à droite et échancré sur le cou ; labre un peu épaissi, non dilaté, légèrement excavé et lacinié sur son contour, lisse à l'intérieur ; columelle concave, munie d'un pli obsolète et médian, correspondant à la trace de la carène du bourrelet qui s'enfonce en spirale sous le bord columellaire ; celui-ci est étroit, peu calleux, appliqué sur la base, et quelquefois détaché du bourrelet en avant, au point où la columelle est tordue et s'infléchit avec le canal.

Diagnose refaite d'après la figure de l'espèce géno-type, et d'après un géno-plésiotype éocénique de Chaussy : *Cerithium rugosum* Lamk. (pl. IV, fig. 8-9), ma coll.

[1] Zool. Proceed., t. XIV.

Rapp. et diff. — La séparation de ce Genre est tout à fait justifiée, non pas tant à cause de l'ornementation très caractéristique de la spire, comme l'ont écrit la plupart des autres, que par la forme de son canal qui est réellement échancré sur le cou, et en outre très court. L'existence d'un bourrelet basal rapproche d'ailleurs *Fastigiella* de *Bezançonia* ; mais ce dernier Genre a le canal droit, et on n'y remarque pas d'accroissements lamelleux comme il en existe chez *Fastigiella*, parce que son canal n'est pas échancré ; d'autre part, le pli columellaire médian de *Bezançonia* n'est pas, comme celui de *Fastigiella*, produit, par la saillie d'une carène formée par la soudure des accroissements lamelleux de l'échancrure.

Répart. stratigr.

PALÉOCÈNE. — Une espèce douteuse, dans le « Midway stage » de la Géorgie : *Cerith. gainesense* Harris (Bull. Amer. Pal., T. IV, 1896, p. 106, pl. XI, fig. 1).

EOCÈNE. — Le géno-plésiotype ci-dessus figuré, dans le Lutécien des environs de Paris et du Cotentin, ma coll. ; une espèce voisine, dans le Cotentin : *F. Morgani* Cossm. et Pissarro, coll. de Morgan. Une espèce probable, dans le Jacksonien des Etats-Unis : *Cerithium vinctum* Whitfield, d'après la figure publiée par M. Dall (Tert. Flor., p. 285).

OLIGOCÈNE. — Une espèce très incertaine, dans le Tongrien de l'Allemagne du Nord ; *Cerithium trisulcatum* von Kœnen (*loc. cit.*, T. III, p. 650, pl. XLIV, fig. 16).

MIOCÈNE. — Une espèce peu ornée, dans le Tortonien de l'Hérault : *F. Cannati* Cossm., ma coll.

EPOQUE ACTUELLE. — L'espèce géno-type aux Antilles, d'après le Manuel de Tryon.

MELLEVILLIA, Cossmann, 1889([1]). G-T. : *Cerithium gibbosulum*, Mell. Eoc.

Test fragile. Taille peu grande ; forme cérithiale, étroite, élancée ; spire longue, aiguë au sommet, à galbe conique, un peu conoïdal à l'âge adulte ; tours peu convexes, à sutures rainurées, élégamment ornés et granuleux, avec quelques traces de varices peu régulièrement disséminées. Dernier tour à peu près égal au tiers de la hauteur totale, arrondi à la base qui est ornée comme la spire, et qui est excavée sous le cou ; ce dernier porte un bourrelet caréné à l'extérieur, correspondant aux accroissements de l'échancrure du canal, et orné de filets qui croisent ces accroissements sublamelleux. Ou-

[1] Catal. ill. coq. éoc. env. de Paris, T. IV, p. 40.

verture petite, ovale, à péristome détaché sur les individus gérontiques, avec une gouttière postérieure qui est limitée par un faible pli
pariétal ; canal extrêmement court, non contracté, profondément
échancré sur le cou ; labre mince, vertical, lisse à l'intérieur ; columelle excavée, munie d'un faible renflement spiral vis-à-vis de l'enroulement de la carène basale, brièvement tordue et subitement
infléchie à droite vis-à-vis de l'origine du canal ; bord columellaire
mince, détaché chez les adultes.

> Diagnose complétée d'après des individus de l'espèce géno-type, du Cuisien
> inférieur d'Aizy (pl. II, fig. 9-11), ma coll.

> **Rapp. et diff.** — Bien que l'aspect général de cette coquille paraisse radica-
> lement différent de celui de *Fastigiella rugosa* qui ressemble à un *Mesalia*,
> tandis que *Mellevillia* a le galbe d'un *Cerithium* ou plutôt d'un *Diastoma*, —
> je suis amené par l'examen des critériums à la rapprocher de *Fastigiella*, à
> cause de la disposition absolument analogue de son ouverture qui n'en diffère
> que par des caractères peu importants, ayant tout au plus une valeur section-
> nelle : l'échancrure est un peu plus profonde, et le canal encore plus court ; le
> labre n'est même pas légèrement incurvé, et il ne contracte pas l'entrée du
> canal siphonal ; le pli pariétal qui limite la gouttière est mieux indiqué, tandis
> que le pli columellaire et médian se réduit à un renflement très peu visible.

Repart. stratigr.
> Eocène. — L'espèce géno-type, seule jusqu'à présent, dans deux ou trois
> gisements du Cuisien du Bassin parisien, abondante surtout à Aizy, où
> elle est cependant rarement intacte à cause de sa fragilité.

ORTHOCHETUS, Cossmann, 1889 ([1]).

Coquille élancée, conique, turriculée, élégamment treillissée ;
péristome mince et détachée ; canal long, étroit, presque droit ; columelle munie d'un pli oblique et obtus.

ORTHOCHETUS, *s. stricto.*   G-T. : *Cerithium Leufroyi*, Michelin. Eoc.

Taille moyenne ; forme turriculée, conique ; spire longue, aiguë
au sommet, assez élancée, étagée au-dessous des sutures ; tours nom-

[1] Catal. ill. coq. éoc. Paris, T. IV, p. 63.

breux, assez étroits, anguleux en avant, obliquement déclives au-dessous de l'angle, de sorte qu'ils ont l'aspect subimbriqué ; ornementation formée d'un élégant treillis, à mailles carrées, de costules axiales droites et de cordons spiraux dont le plus épais est celui qui est posé sur l'angle antérieur. Dernier tour presque égal au tiers de la hauteur totale, portant deux cordons lisses à la périphérie de la base qui est lisse et excavée jusqu'au cou droit et obliquement funiculé, avec des stries d'accroissement sinueuses. Ouverture subquadrangulaire, à péristome mince et détaché, avec une petite gouttière dans l'angle inférieur de gauche, rétrécie en avant à l'embouchure du canal qui est à peine oblique, long, tronqué sans échancrure à son extrémité où il s'élargit seulement un peu ; labre mince, à peine incurvé en arrière, très peu proéminent à la base, replié le long du canal ; columelle droite, tordue en avant par un gros pli oblique qui ne s'infléchit pas contre le canal ; bord columellaire mince, lamelleux et séparé du cou par une étroite fente ombilicale.

Diagnose refaite d'après un individu à peu près intact de l'espèce géno-type (pl. IV, fig. 15-16, du Lutécien inférieur de Chaumont, ma coll.

Rapp. et diff. — Par l'ornementation de sa spire, cette remarquable coquille a la plus grande analogie avec les *Cerithiopsidæ* du groupe *Newtoniella*, par exemple *Cerithium pulcherrimum* Desh. qu'on trouve presque au même niveau ; mais son ouverture, à canal droit et non tordu, n'a pas la moindre ressemblance avec celle de *Newtoniella*, ni même avec celle d'aucun membre de la Famille *Cerithiopsidæ*. Je suis d'ailleurs très embarrassé sur la position systématique que doit occuper *Orthochetus* dans la S.-Fam. *Cerithinæ* ; car, si son canal est droit, comme celui de *Bezançonia*, outre que son galbe est absolument différent, on ne trouve sur sa base aucune trace du bourrelet qui gonfle le cou de cette dernière coquille Au point de vue phylogénétique, l'isolement d'*Orthochetus*, même dans l'Eocène où l'on n'en a découvert qu'une seule espèce, semblait déconcertant jusqu'à la récente découverte, à la partie supérieure du Système crétacique, de formes encore mal connues, qu'on a rapprochés de *Cerithiopsis* à cause de leur ornementation, mais dont l'ouverture — qu'on n'a malheureusement pas pu étudier à l'état intact — semblerait plutôt affiner à celle d'*O. Leufroyi*.

Orthochetus

Répart. stratigr.

MAESTRICHTIEN. — Deux espèces à peu près certaines : l'une dans les couches
mêmes de Maëstricht (*Cerith. tectiforme* Binkhorst), l'autre dans les couches à Cérites du Louristan en Perse (*Orthochetus mapeulensis* Douvillé,
loc. cit., p. 303, pl. XLI, fig. 12).

EOCÈNE. — L'espèce géno-type dans le Lutécien inférieur du Nord-Ouest de
Paris, ma coll.

TROCHOCERITHIUM, Cossmann et Sacco, 1896 ([1]).

Coquille trochiforme, à base aplatie, à ouverture quadrangulaire ;
canal court, étroit et tordu ; labre incurvé.

TROCHOCERITHIUM, *s. stricto.*   G.-T. : *Trochus turritus*, Bon. Mioc.

Taille un peu supérieure à la moyenne ; forme trochoïde, régulièrement conique, trapue et turriculée ; spire peu allongée, à galbe
conique ; tours étroits, subimbriqués en avant par un angle crénelé,
excavés et sillonnés au-dessous de cet angle ; pas de costules axiales.
Dernier tour égal aux deux cinquièmes de la hauteur totale, muni
d'une carène saillante à la périphérie de la base qui est plane et lisse,
sauf quelques accroissements sinueux, avec un cou très court et
dépourvu de bourrelet. Ouverture quadrangulaire, à péristome mince
terminée en avant par un canal court, étroit et tordu ; labre peu
épais, excavé en arrière, très proéminent en avant, se relevant à
l'extrémité du canal ; columelle droite, peu élevée, tordue en avant
par un pli qui s'infléchit à droite avec le canal ; bord columellaire
indistinct.

Diagnose refaite d'après des échantillons de l'espèce géno-type, du Tortonien
des environs de Turin (pl. IV, fig. 20-21 et 28-29), ma coll.

Rapp et diff. — Sauf la partie antérieure de l'ouverture, d'ailleurs généralement mutilée, cette singulière coquille a complètement l'aspect d'un *Zizi-
phinus* ou d'un *Elenchus* ; mais son canal manifestement tordu la place dans la
Famille *Cerithidæ* où elle occupe une position tout à fait particulière, intermé-

[1] I Moll. dei terr. terz. del Piemonte, Part. XVII.

7

diaire entre *Vulgocerithium* et les formes courtes qu'on trouvera ci-après, se distinguant de l'un et des autres par sa spire régulièrement conique et par l'ornementation purement spirale de ses tours excavés.

Quoique son galbe soit plus trapu, *Trochocerithium* rappelle bien plus certaines formes du Genre crétacique *Metacerithium*, auprès duquel je l'avais d'abord classé; mais, comme on n'a jamais recueilli aucune forme semblable ni intermédiaire dans l'Eocène ni dans l'Oligocène, les relations phylogénétiques entre ces deux Genres seraient difficiles à établir. D'autre part, *Trochocerithium* possède un véritable canal, manifestement tordu, tandis que chez *Metacerithium* l'ouverture ne se termine encore que par un bec échancré contre lequel la columelle ne subit aucune torsion : ces deux Genres n'appartiennent donc pas à la même Famille, et j'ai dû, par conséquent, renoncer à les rapprocher l'un de l'autre.

BENOISTIA, Cossmann, 1899 (¹).

(= *Brachytrema* Cossm. 1889, *nec vere Brachytrema* M. et L.)

Coquille bucciniforme, trapue et conique, souvent variqueuse ; ouverture grande, brièvement canaliculée et entaillée à la base ; labre oblique, parfois avec des plis internes ; columelle excavée, quelquefois dentée.

Benoistia, *s. stricto*   G.-T. *Cerithium muricoides*, Lamk, Eoc.

Taille au-dessous de la moyenne; forme buccinoïde, trapue, conique, spire courte, variqueuse, subpyramidale ; tours d'abord étroits, convexes et multicarénés, puis ornés de rangées spirales de crénelures tranchantes et de quelques côtes variqueuses, atténuées ou absentes chez tout un groupe d'espèces où les carènes persistent seules ; dans les intervalles, on distingue en outre des filets granuleux. Dernier tour atteignant à peu près les deux tiers de la hauteur totale, subanguleux ou arqué à la périphérie de la base qui est peu convexe et munie de gros cordons noduleux, jusqu'au bourrelet du cou qui est court, peu saillant et orné de rangées obliques de granules. Ouverture non dilatée, arrondie au fond, munie en arrière d'une

(¹) B. S. G. F. (3), T. XXVIII, p. 556.

gouttière étroite et limitée par une côte pariétale, échancrée à la base par un canal très court, très profond, mais tronqué au niveau du contour supérieur ; labre non sinueux, assez oblique, taillé en biseau et lacinié sur son contour, plissé à l'intérieur à partir de la dernière varice externe ; columelle très excavée en arrière, tordue en avant par un pli saillant qui limite le canal, et au-dessous duquel il y a une dent oblique et obsolète ; bord columellaire peu épais, appliqué sur la base et recouvrant la fente ombilicale, avec une seconde costule pariétale voisine de celle qui limite la gouttière postérieure.

Diagnose refaite d'après des spécimens de l'espèce géno-type, du Calcaire grossier de Vaudancourt et de Chambors (pl. IV, fig. 24-27), coll. Bourdot.

Rapp. et diff. — L'erreur que j'avais autrefois commise — en rapprochant cette coquille d'un Genre qui n'a pas de véritable canal et qui a une ouverture dilatée comme celle des *Alatacea* — a été rectifiée par moi dans une publication plus récente sur le Bathonien de l'Indre : *Benoistia* est un *Cerithidæ* évident, et non pas un *Brachytremidæ* ; mais on le distingue essentiellement des *Vulgoce-rithium* les plus courts, non seulement par sa forme encore plus conique, mais surtout par son canal beaucoup plus tronqué et plus profondément échancré que celui des *Potamidinæ* ; en outre, son labre incliné, non proéminent en avant, sa columelle dentée, etc..., lui assignent une place tout à fait à part dans la série des formes si variables que comprend cette Famille.

Répart. stratigr.
PALÉOCÈNE. — Une espèce douteuse, dans le Montien de la Belgique : *Cerithium Larteti* Briart et Cornet (*loc. cit.*, pl. VIII, fig. 9).
EOCÈNE. — Outre le géno-type, plusieurs autres espèces dans le Lutécien des environs de Paris : *Cer. breviculum, acutidens, carinulatum* Desh., *Cer. Couloni* Chédeville, ma coll. Dans la Loire-Inférieure, le géno-type et une espèce voisine : *Brachytrema Dumasi* Cosm., coll. Dumas. Dans le Cotentin : *Benoistia millegranum* Cossm. et *Cer. carinulatum* Desh., ma coll. Une espèce trochiforme, dans le Nummulitique des Pyrénées : *Benoistia pyramidata* Cossm. (pl. VII, fig. 18), ma coll. Une espèce douteuse, dans les calcaires du Vicentin : *Cerith. turbiforme* Oppenheim (M^le Postale, p. 189).
OLIGOCÈNE. — Deux espèces dans le Stampien d'Etampes et dans le Bassin de Mayence : *Cerithium Boblayi, abbreviatum* Desh., ma coll.

   ESSAIS DE

Benoistia

CONOCERITHIUM, Sacco, 1895 ([1]).

G.-T. Cerith. tauroconicum, Sacco. Mioc.

Taille moyenne ; forme trapue, trochoïde ; spire courte, à galbe conique ou un peu conoïdal, aiguë au sommet ; tours peu nombreux, généralement peu convexes, munis d'un bourrelet sutural, ornés de rangées de crénelures ou de costules ondulées par des stries spirales. Dernier tour presque égal à la moitié de la hauteur totale, anguleux à la périphérie de la base qui est déclive ou excavée vers le cou. Ouverture ovale, sans gouttière pariétale, terminée en avant par un canal court, non recourbé ; labre mince, droit ; columelle peu incurvée, tordue et infléchie en avant, bord columellaire mince, peu distinct.

> Diagnose complétée d'après un spécimen de l'espèce géno-type, de l'Helvétien de Colli torinesi (pl. XII, fig. 50-51), Musée géologique de l'Université de Turin, prêté par M. Sacco.

Rapp. et diff. — Les exemplaires qui ont servi de type à ce Sous-Genre ont tous l'ouverture mutilée, de sorte que c'est seulement par leur forme et leur ornementation que l'auteur a été conduit à les rapprocher de *Cerith. Boblayi* Desh., qui est un *Benoistia* typique. Toutefois, dans sa diagnose, il indique bien que le labre de ces spécimens est mince ; d'autre part, il ne fait aucune mention de l'existence d'une torsion dentiforme sur la partie antérieure de la columelle, comme on en observe sur celle de *Benoistia*. J'étais donc d'abord d'avis qu'on ne pouvait classer que provisoirement *Conocerithium* comme Sous-Genre de *Benoistia*, en attendant que la récolte d'échantillons mieux conservés permette de confirmer ces différences, ou oblige à réunir *Conocerithium* avec *C. muricoides* ; dans ce dernier cas, c'eût été évidemment la dénomination antérieure de M. Sacco qu'il eût fallu adopter à la place de celle que j'ai proposée pour les coquilles improprement rapportées au Genre *Brachytrema*. Cependant, sur les cotypes qui, depuis, m'ont été obligeamment communiqués par l'auteur, j'ai remarqué que les stries d'accroissement indiquent un labre vertical, non oblique comme celui de *Benoistia* ; en outre, l'ornementation est radicalement différente ; enfin, dans l'angle inférieur de l'ouverture, on ne distingue ni la gouttière ni la costule pariétale qui caractérisent *Benoistia*. Par tous ces derniers caractères, *Conocerithium* se rapprocherait plutôt de *Vulgocerithium* si son canal

---

([1]) *Loc. cit.*, Part. XVII, p. 22, pl. II, fig. 18.

court ne le plaçait pas dans un Genre très différent. Je l'ai aussi comparé à *Gourmyia* dont le galbe est presque semblable, mais dont l'ouverture n'a aucune analogie avec celle de *Conocerithium*. En résumé, ce Sous-Genre est le descendant direct de *Benoistia*.

Répart stratigr.

Miocène. — L'espèce géno-type dans l'Helvétien du Piémont, avec plusieurs variétés : *inflatocrassa, elatomagna, subtorquata, plicatella, acutispira* Sacco, d'après la Monographie précitée de cet auteur.

Epoque actuelle. — Plusieurs espèces très probables, aux îles Philippines et dans la mer des Antilles : *Cerithium repletulum* Bayle, *Cer. obesulum* Sow., *Cer. trochiforme* Sow., d'après les figures du Manuel de Tryon.

HEMICERITHIUM, Cossmann, 1893 ([1]).

Coquille épaisse et variqueuse, généralement petite et trapue, à canal rudimentaire, court et tronqué ; labre épais, à peine sinueux, denté à l'intérieur, vis-à-vis des varices ; columelle droite, sans pli médian.

HEMICERITHIUM, *s. stricto*.　　G-T. : *Cerithium imperfectum*, Desh. Eoc.

Test assez épais. Taille petite ; forme trapue, conique ; spire peu allongée, aiguë au sommet ; protoconque paucispirée, à nucléus obtus et dévié ; tours subanguleux et variqueux, ornés de costules généralement noduleuses, parfois treillissées. Dernier tour court, souvent muni d'une varice opposée au labre, diamétrale ou non, anguleux à la périphérie du disque basal qui est toujours aplati ou déclive, peu orné, les côtes cessant à sa périphérie ; cou élevé, à peine excavé, sans bourrelet. Ouverture petite, arrondie en segment de cercle, sans gouttière pariétale, terminée en avant par un bec — plutôt qu'un canal — non infléchi ni échancré ; labre presque vertical, à peine sinueux en arrière, non proéminent en avant, épaissi en deçà de son contour par une varice externe, et à l'intérieur, par une varice correspondante qui forme parfois une ligne brisée, de sorte

([1]) Revis. somm. faune olig. Etampes, fasc. III, p. 16.

qu'elle présente l'apparence crénelée, sans que ce soient cependant de vrais tubercules; columelle droite et lisse, faisant un angle de 100° avec la base, légèrement infléchie et tordue avec le canal; bord columellaire mince et peu distinct.

Diagnose complétée d'après des échantillons de l'espèce géno-
type, du Lutécien de Mouchy (pl. IV, fig. 22-23), ma coll. ;
et d'après des génoplésiotypes : *Cerithium dissitum* Desh.,
de l'Oligocène moyen de Pierrefitte (pl. IV, fig. 6); ma coll. ;
et *C. incommodum* Desh., du Bathonien de Jaignes (pl. IV,
fig. 7), ma coll. Protoconque grossie de *C. imperfectum*
(Fig. 8).

Fig. 8. — Protoconque d'*Hemicerithium imperfectum*.

Rapp. et diff. — Ce groupe de coquilles s'écarte complètement, même des jeunes individus de *Vulgocerithium* qui sont également trapus, coniques et variqueux ; l'apparence incomplète de l'ouverture pourrait faire croire que ce ne sont pas des individus adultes, mais elle conserve cette apparence même à l'état gérontique où le canal reste semblable à un bec non recourbé, différent cependant de celui qui caractérise les *Paracerithinæ* ou les *Metacerithinæ*, attendu que la columelle est réellement tordue en avant ; d'ailleurs l'existence de varices, le labre droit et bordé, le galbe de la spire, ne permettent pas de pousser plus loin cette comparaison. En résumé, *Hemicerithium* est un Genre qu'il faut classer à l'extrême limite des *Cerithinæ*, dans le voisinage des *Potamidinæ* dont il se rapproche par son canal tronqué, mais dont il s'écarte par son labre non sinueux ni proéminent en avant, ou encore près des *Bittiinæ* vers lesquels il manifeste aussi quelque tendance, à cause de son contour supérieur aussi élevé que la troncature de son canal).

Répart. stratigr.
EMSSCHÉRIEN. — Une espèce très probable dans les sables de Vaals : *Cerithium binodosum*, d'après les figures de la Monographie de M. Holzapfel sur les fossiles d'Aix-la-Chapelle (p. 124, pl. XXI, fig. 10).

PALÉOCÈNE. — Une petite espèce dans le Thanétien (et le Cuisien) du Bassin de Paris : *Cerith. intermissum* Desh., ma coll. Une espèce probable, dans le Montien de la Belgique : *C. tritonoides* Briart et Cornet (*loc. cit.*, pl. XVII fig. 7).

EOCÈNE. — Outre l'espèce géno-type, du Lutécien, et le génoplésiotype bartonien, ci-dessus figurés, une autre variété lutécienne, dans les environs de Paris : *Cerith. apocosmetum* Cossm., ma coll. ; une espèce treillissée dans le Bartonien d'Angleterre et du Ruel : *Cerithium Gardneri* Cossm., ma coll. ; enfin une petite espèce qu'on trouve à tous les niveaux du Bassin parisien: *Cerith. terebrale* Lamk., ma coll. ; la même, dans le Cotentin, avec le génotype, coll. Bourdot et coll. Dumas. Deux espèces un peu douteuses, dans le Bassin de Nantes : *Cerith. Dumasi, Bureaui* Cossm., coll. Dumas.

OLIGOCÈNE. — Le génoplésiotype ci-dessus figuré dans le Stampien des environs d'Etampes et de Mayence, ma coll. Une autre espèce dans les marnes de Gaas (Landes) : *Cerith. subtrochleare* d'Orb. (= *trochleare* Grat. *non* Lamk.) ma coll. Une espèce probable, dans le Tongrien de l'Allemagne du Nord : *Cerith. rarinodum* v. Kœnen, d'après la figure de la Monographie de cet auteur. Une espèce absolument typique, dans l'Aquitanien de la Floride : *Bittium Cossmanni* Dall, ma coll.

ÉPOQUE ACTUELLE. — Une espèce bien caractérisée, dans les mers d'Australie : *Cer. monachus*, Crosse et Fischer, coll. Vignal.

*

POTAMIDES, Bronguiart, 1810.

Coquille épidermée, imperforée, turriculée, à ouverture arrondie ou subquadrangulaire, à canal tronqué dès sa naissance, quoique nettement formé ; labre sinueux ; columelle tordue. Opercule corné, orbiculaire, à nucléus central et à tours nombreux.

POTAMIDES, *s. stricto.*   G-T. : *Potam. Lamarcki* ([1]), Brongn. Olig.

Taille moyenne, généralement peu élevée ; forme turriculée, assez étroite ; spire non étagée, à galbe conique ; tours nombreux, peu élevés, à sutures profondes, plans ou convexes, ornés de rangées spirales de granulations, souvent avec une crête médiane, et de costules d'accroissement sinueuses ou incurvées, dont quelques-unes, notamment sur le dernier tour, deviennent sublamelleuses, sans former cependant de varices régulières, mais indiquant des arrêts de l'accroissement de l'ouverture. Dernier tour à peine supérieur au quart de la hauteur totale, arrondi à la périphérie de la base sur laquelle persistent les cordons granuleux et les plis sinueux jusque sur le cou qui est presque nul. Ouverture petite, arrondie dans son

[1] Ne pas confondre avec *Cerith. Lamarcki* Valenc., qui est d'ailleurs un *Pyrazus.*

ensemble, avec une très faible gouttière postérieure, non limitée
par une côte pariétale; en avant et à droite, l'ouverture est échancrée, plutôt que véritablement canaliculée, par une large dénivellation versante, tronquée obliquement et presque au même niveau que
le contour supérieur, de sorte que quand on regarde la coquille du
côté du cou, on n'aperçoit pas de canal ni même de saillie au-dessus
du plafond de l'ouverture ; labre peu épais, lisse et verni à l'intérieur, excavé latéralement, fortement proéminent en arc de cercle
sur le plafond, avant qu'il se raccorde avec le contour de la troncature
du canal siphonal ; columelle très courte, oblique, calleuse, lisse et
excavée en arrière tordue et gonflée en avant par un pli peu saillant
qui limite nettement l'échancrure du canal; bord columellaire étroit,
quoique épais, bien appliqué sur la base, sans aucune fente ombilicale.

Diagnose refaite d'après des spécimens de l'espèce géno-type, de l'Oligocène
    d'Ormoy (pl. X, fig. 8-9), ma coll. ; et d'après un génoplésiotype du Luté-
    cien de Chambors : *Pot. lapidum* Lamk. (pl. X, fig. 6-7, ma coll.)

Rapp. et diff. — Le Genre *Potamides* est principalement et uniformément
caractérisé par l'absence presque complète de canal saillant au-dessus de la
base de l'ouverture : ce canal cérithial se réduit souvent même à une échancrure
assez profonde ou à une gouttière assez largement versante, dont le contour est
tronqué à peu près au niveau du plafond de l'ouverture, sans être cependant
entaillée sur le cou : il en résulte que la coquille vue du côté du dos paraît presque holostome, et que la columelle, peu infléchie à droite, se termine presque
aussitôt au delà de sa torsion. D'autre part, chez *Potamides s. s.*, le labre étant
peu développé, non réfléchi à l'extérieur, l'ouverture est petite, arrondie, et elle
n'acquiert pas la forme dilatée ni les dimensions qu'on observe chez d'autres
Sections ou Sous-Genres démembrés de *Potamides*, ainsi qu'on le verra ci-après.

Dans ces conditions, la première question qui se pose, c'est de définir exactement comment on peut distinguer *Potamides* de *Procerithium* par exemple, ou
de quelques *Metacerithinæ* qui ont presque le même aspect extérieur. Or, ce qui
distingue essentiellement *Potamides* de tous les *Procerithidæ* sans exception, et
ce qui justifie en même temps le classement de ce Genre dans la Famille *Cerithidæ*, c'est l'existence d'un canal siphonal, limité par la torsion de la columelle:
chez les *Procerithidæ*, même chez ceux qui sont pourvus d'un bec subcanaliculé, la
columelle n'est pas tordue en avant, et l'on s'en aperçoit immédiatement, aussi bien
sur les spécimens mutilés qui n'ont pas la même apparence que ceux des vrais *Po-*

tamides. Bien que ce critérium différentiel puisse paraître très subtil, il n'en est pas moins constant, et il suffit pour confirmer le classement résultant des données phylogénétiques, d'après lesquelles on peut être à peu près certain qu'il n'y a guère de *Potamides* avant la partie tout à fait supérieure du Crétacique, c'est-à-dire à une époque où les *Procerithidæ* sont déjà complètement éteints.

Les *Potamides* vivent généralement en colonies nombreuses, dénotant une grande capacité prolifique : à l'état fossile, on rencontre des plaquettes de calcaire grossier qui sont littéralement criblées de *P. lapidum* ; de même en ce qui concerne les calcaires de l'Oligocène supérieure de la Côte St-Martin, par exemple, près d'Etampes, où abondent les moules de *P. Lamarcki*, géno-type. Déjà, dans les couches néogéniques, il semble que ce Genre ait moins pullulé ; et quant à l'époque actuelle, je ne connais pas de véritables *Potamides s. s.*

Répart. stratigr.

Eocène. — Plusieurs espèces ou variétés, dans le Lutécien et le Bartonien des environs de Paris : *Cerith. lapidum* Lamk. ; *C. perditum* Bayan, *C. semicristatum, acutangulum*, Desh., *C. cristatum, confluens, tristriatum* Lamk., *C. Cloezi* Morlet, ma coll. Une espèce un peu différente de *P. lapidum*, dans la Loire-Inférieure : *Pot. erroneus* Cossm., ma coll. Une espèce voisine des précédentes, dans le Nummulitique de la Catalogne : *Pot. imbricatarius* Cossm., ma coll.

Oligocène. — Outre le géno-type ci-dessus figuré, une variété dans le Stampien des environs d'Etampes : *Cerith. microstoma* Desh., ma coll.

Miocène. — Une espèce typique, dans le Burdigalien de la Gironde : *Cerith. girondicum* Mayer, ma coll. ; une autre espèce à tours plus anguleux, dans les mêmes gisements : *Cerith. Tournoueri* Mayer, ma coll. Une espèce douteuse, à ornementation dimorphe, avec de fines stries dans les intervalles des rangs de granulations : *Cerith. Miqueli* Oppenh. ma coll.

Pliocène. — Une espèce bien typique, dans le Midi de la France : *Cerith. Basteroti* de Serres, ma coll. ; deux variétés dans l'Astien du Piémont et de la Toscane : *C. pseudo-imbricatum* d'Orb., *C. Bargellinii* de Stef., d'après M. Sacco (*loc. cit.*, p. 42, pl. III, fig. 1-2) ; une autre espèce piémontaise : *C. granosum* Borson (*non* Wood, *nec* Kiener, postérieurs) avec deux variétés *unigranosus* et *pliolapidum* Sacco (*ibid.*). Une espèce commune, dans les couches néogéniques de la Grèce : *Cerith. atticum* Gaudry et Fischer (1887).

ESCOFFIERIA, Fontannes, 1880 (').   G.-T. : *E. Fischeri*, Font. Plioc.

Taille petite ; forme étroite, baculoïde ; spire turriculée, étagée, à tours presque disjoints, subanguleux, séparées par des sutures profondément canaliculées, avec une rampe concave au-dessus de la su-

(') Les Moll. plioc. de la vallée du Rhône, T. I, p. 171, pl. IX, fig. 19.

ture ; ornementation composée de trois côtes spirales, croisées par neuf plis axiaux qui produisent des granulations à leur intersection. Dernier tour court, muni d'une quatrième côte périphérique contre la base qui est subitement déprimée, et sur laquelle les lignes d'accroissement sont particulièrement sinueuses. Ouverture obronde, à canal très obsolète ; labre simple, aigu, sinueux, probablement proéminent en avant ; columelle excavée, légèrement tordue à son extrémité antérieure.

Diagnose adaptée d'après celle de l'auteur ; reproduction de la figure originale (Fig. 9).

Fig. 9. — *Escoffieria Fischeri*

Rapp. et diff. — Dans les observations qui accompagnent la diagnose originale, Fontanues a ajouté qu'il a longtemps hésité avant de séparer génériquement cette coquille de *Potamides Basteroti*, craignant que ce ne fût qu'une monstruosité accidentellement déroulée de cette forme particulièrement abondante dans le Pliocène du Bassin du Rhône ; mais, que la découverte d'un second fragment lui a fait abandonner cette hypothèse, et que, guidé par l'analogie de l'ornementation de ces deux spécimens, il a placé *Escoffieria* près de *Potamides*. Je conserve provisoirement ce classement à titre de Section, jusqu'à ce qu'il ait été loisible d'étudier une ouverture à peu près intacte de la coquille en question ; mais en vérité, il est regrettable que l'on fonde de nouvelles divisions, surtout dans les terrains tertiaires, sur des types aussi incomplets qu'il est difficile de caractériser avec certitude, d'autant plus que *P. Basteroti* est une espèce très commune, et que par conséquent, il y a plus de chance que quelques individus, sur le grand nombre total, se soient accidentellement trouvés dans des conditions biologiques qui amènent nécessairement la déformation de l'accroissement de leur spire. Tout ce que je puis dire actuellement d'*Escoffieria*, c'est qu'il représente un *Potamides* à tours disjoints, sans indiquer à l'appui d'autre critérium sectionnel.

Répart. stratigr·

PLIOCÈNE. — L'espèce géno-type « dans les marnes à *P. Basteroti*, de Vaucluse ».

PTYCHOPOTAMIDES, Sacco, 1895 ([1]).

G.-T. : *Murex tricinctus*, Brocchi. Plioc.

Taille assez grande ; forme turriculée, régulièrement conique ; spire peu étagée, souvent subulée ; tours nombreux, généralement

([1]) *Loc. cit.*, p. 44 ; décrit comme Sous-Genre (pl. III, fig. 8).

ornés de trois rangées spirales de granulations dont l'inférieure est parfois plus saillante que les deux autres, dans d'autres cas, elles se dédoublent et il y en a alors quatre ou cinq sur chaque tour de spire. Dernier tour à peu près égal au cinquième de la hauteur totale, portant en plus que les précédents deux carènes décroissantes et subgranuleuses à la périphérie de la base qui est excavée et ornée de quelques cordonnets concentriques, jusqu'au cou qui est court et recourbé. Ouverture assez petite, subrhomboïdale, munie en arrière d'une profonde gouttière pariétale que limite une côte spirale ; canal antérieur large et très court, s'élevant cependant un peu au dessus du niveau du plafond de l'ouverture ; labre échancré par une large sinuosité latérale, outre celle de la gouttière postérieure, épaissi et lacinié à l'intérieur, assez proéminent sur le plafond ; columelle courte, peu excavée, calleuse, munie d'un pli médian et obtus qui est bien distinct de la torsion antérieure limitant le canal cérithial ; bord columellaire épais, étalé, subdétaché de la base et du cou.

Diagnose refaite d'après l'espèce géno-type, ma coll.; et d'après un génoplésiotype du Lutécien de Villiers : *Cerithium semicoronatum* Lamk. (pl. XI, fig. 3-4), ma coll.

Rapp. et diff. — La séparation de cette Section ne repose guère que sur l'existence d'un pli columellaire qui est souvent bien peu visible ; la plupart des autres caractères de l'ouverture sont exactement semblables à ceux de *Potamides s. s.* ; aussi ai-je hésité avant de me décider à ne pas réunir *Ptychopotamides* avec les formes typiques du Genre de Lamarck. Cependant l'ouverture du génoplésiotype ci-desous figuré m'a semblé plus dilatée et surtout plus sinueuse que celle de *Pot. Lamarcki*, de sorte que le canal est plus évident ; par ce caractère, *Ptychopotamides* se rapproche un peu de *Tympanotonus*, quoiqu'il s'en distingue par son pli columellaire et par l'absence d'une couronne d'épines au-dessus de la suture.

Répart. stratigr.
PALÉOCÈNE. — Une espèce douteuse, dans le Montien de la Belgique : *Cerith. Lehardyi* Br. et Cornet (*loc. cit.*, pl. IX, fig. 5).
ÉOCÈNE. — Plusieurs espèces typiques, dans le Cuisien, le Lutécien et le Bartonien des environs de Paris, du Cotentin et de la Loire-Inférieure : *Cerithium cinctum* Brug., *C. semicoronatum, conoideum, emarginatum,*

Lamk. *C. mixtum* Defr., *C. Cordieri* Desh., *P. vincularis* Cossm. et Piss. *Potam, præcintus* Cossm., ma coll. cette dernière dans le Nummulitique de l'Aude, ma coll, (spécimens recueillis par M. Doncieux). Une grande espèce dans la Loire-Inférieure : *Pot. Carezi* Vasseur, ma coll. Une espèce très étroite, dans le Nummulitique de la Catalogne : *P. solerensis* Carez ma coll.

OLIGOCÈNE. — Une espèce voisine de *Cer. cinctum*, dans le Stampien de Pierrefitte : *Pot. stampinensis* Cossm. et Lamb., ma coll. ; autre espèce dans les marnes de Gaas (Landes) : *C. subcinctum* d'Orb. ma coll. Dans le Tongrien de la Ligurie : *Pot. conjunctoturritus*, Sacco, ma coll. Dans l'île de Wight : *C. pseudocinctum* d'Orb., ma coll. Une espèce à pli très saillant, dans les couches aquitaniennes de la Floride : *Clava chipolana* Dall, ma coll.

MIOCÈNE. — Outre l'espèce géno-type, dans l'Helvétien de la Touraine et dans le Burdigalien de la Gironde, une espèce du groupe de *Cer. mixtum*, dans le Burdigalien de l'Aquitaine : *Cerith. papaveraceum* Bast., ma coll.

PLIOCÈNE. — L'espèce génotype en Italie, avec trois variétés dans le Piémont : *Pot. scalaratinus, subgranosus, conicinus* Sacco (*loc. cit.*) Une espèce voisine du géno-type, mais à tours bien plus convexes, dans le Crag d'Angleterre : *Cer. punctatum* Woodward, d'après la Monographie de S. Wood (I, p. 69, pl. VIII, fig. 1-2).

ÉPOQUE ACTUELLE. — Une espèce bien caractérisée : *P. granulosus*, d'après M. Sacco. (*loc. cit.*).

ALOCAXIS, Cossmann, 1889 ([1]). G. T. : *Cerith. cylindraceum*, Dh. Than.

Test mince et fragile. Taille assez petite ; forme étroite, cylindracée, spire très longue, polygyrée, probablement aiguë au sommet, à galbe subulé et régulièrement conique, sous un angle spiral de quelques degrés à peine ; tours très nombreux, à peine convexes, à sutures bien marquées, ornés de quatre rangées spirales de granulations qui forment des costules axiales et courbes. Dernier tour probablement court, caréné à la périphérie de la base qui est lisse et qui ne porte que des stries d'accroissement sinueuses. Ouverture subquadrangulaire, petite, terminée en avant par un canal peut-être tronqué ; labre mince, courbé au milieu, sinueux et proéminent en avant, si l'on en juge par les stries d'accroissement de la base ; columelle droite, rainurée en spirale par quatre sillons inégaux, inéquidistants

---

[1] Catal. ill. coq. foss. env. Paris, T. IV, p. 63 ; décrit comme Genre distinct.

qui y découpent de larges plis aplatis, disparaissant presque complètement de l'axe des derniers tours où l'on ne distingue plus qu'une plication très obsolète.

Diagnose refaite d'après des échantillons en fragments de l'espèce géno-type du Thanétien de la Vesle (pl. XII, fig. 5-7), ma coll.

Rapp. et diff. — Bien que je ne connaisse pas encore d'individus intacts de cette fragile espèce, je conserve *Alocaxis*, non comme un Genre, mais comme une Section de *Potamides*, dont elle paraît se rapprocher plutôt que des *Cerithiopsidæ*, à cause de son canal qui devait être vraisemblablement peu formé, autant que je puis en juger d'après les fragments de spire : en effet, à la même taille et même quand il est mutilé, *Cerithiopsis* a toujours une torsion antérieure à la columelle, au-dessus des rainures spirales d'*Alocaxis*, tandis que la coupe de ce dernier ne montre rien de semblable, à la jonction de son axe avec le plafond du tour de spire ; de plus, les côtes d'*Alocaxis* sont incurvées comme celles de la plupart des *Potamidinæ* et non pas rectilignes comme celles de *Cerithiopsis*.

D'autre part, les rainures de la colunelle de la longueur effilée de la spire de *Cerithium cylindraceum* justifient amplement la séparation d'une Section distincte de *Potamides* ; même *Ptychopotamides* — qui est souvent très étroit — n'a jamais ces rainures à l'état népionique. Comme cette coquille n'est pas très rare, il est à présumer qu'on arrivera, avec beaucoup de patience, à en recueillir des spécimens qui aient enfin l'ouverture intacte, et à vérifier si la courbure du labre et la troncature du canal sont bien les mêmes que chez *Potamides* (*sensu lato*).

Répart. stratigr.
Paléocène. — L'espèce géno-type, dans le Thanétien des environs de Reims, ma collection.

POTAMIDOPSIS, Munier Chalmas, 1900 ([1]).

G. T. : *Cerithium tricarinatum*, Lamk. Eoc.

Taille assez grande ; forme turriculée, quelquefois extraconique ; spire longue, aiguë au sommet, à angle spiral croissant chez les adultes ; tours très nombreux, étroits, imbriqués en avant par une carène plus ou moins saillante, et ornés de cordons granuleux au-des-

([1]) Congrès géol. Paris. V. Chédeville, Liste génér., p. 375 (1900).

sus de cette carène. Dernier tour élevé, dépassant parfois le quart de
la hauteur totale, portant au-dessus de la carène dentelée un double
cordon périphérique et granuleux, qui limite la base lisse et plane
jusqu'au cou élevé et peu excavé. Ouverture subquadrangulaire, très
dilatée, à péristome réfléchi en dehors, avec une gouttière pariétale
mal limitée dans l'angle inférieur ; canal cérithial bien formé, quoique très court, étroit et tordu ; labre peu excavé en profil, mais
fortement rainuré à l'intérieur par une seconde gouttière au droit
de la carène extérieure du dernier tour, assez proéminent sur le plafond de l'ouverture, et surtout dénivelé contre le canal, de sorte que
celui-ci paraît d'autant plus saillant, malgré la troncature ; columelle
courte, peu incurvée, dépourvue de pli médian, tordue en avant par
un pli saillant qui limite le canal et que s'infléchit en spirale avec
lui ; bord columellaire calleux, bien appliqué sur la base.

Diagnose faite d'après un spécimen intact d'une variété de l'espèce géno-type,
du Bartonien du Vouast près Gisors (pl. XI, fig. 5-6), ma coll.

Rapp. et diff. — La séparation de ce Sous-Genre est bien plus justifiée encore que celle de la Section *Ptychopotamides* ; le péristome dilaté de son ouverture, la dénivellation du contour supérieur, qui fait ressortir davantage le canal
étroit et tordu, sont de bons critériums sous-génériques ; si l'on y ajoute les
caractères empiriques, tels que la disposition imbriquée des tours de spire, le
galbe un peu extraconique de la coquille qui est très pointue au sommet et plus
élargie à la base, on en conclut que *Potamidopsis* peut se distinguer au premier coup d'œil, de *Potamides*. Du côté de *Tympanotonus*, la distinction est encore plus facile, même si l'ouverture est incomplète, parce que, chez *Potamidopsis*,
la carène dentelée est en avant de chaque tour, tandis que la couronne d'épines
est en arrière et étage la spire chez *Tympanotonus*. Enfin, *Potamidopsis* se distingue des vrais *Cerithinæ* par son canal court, par son labre non replié en travers du canal, et aussi par ses tours imbriqués. La séparation — qu'a proposée
Munier-Chalmas, dans de simples listes de fossiles publiées à l'occasion du Congrès de 1900, sans aucune diagnose — est donc à retenir.

Répart. stratigr.

Éocène. — L'espèce géno-type, avec de nombreuses variétés *P. arenularius*,
vouastensis Mun. Ch., *crispiacensis* Boussac), dans le Lutécien et le Bartonien des environs de Paris, dans la Loire-Inférieure, dans le Cotentin, ma
coll. Une espèce distincte et plus petite dans le Bartonien de l'Oise :

Cerith. Depontaillieri Cossm., ma coll. Deux autres espèces dans les environs de Nantes l'une avec un péristome disproportionné (*Cerith. Andrei*
Vasseur); l'autre de grande taille, à ouverture rarement intacte ou adulte
(*Cerith. Ripaudi* Vasseur), toutes deux de ma coll. Une espèce probable,
dans les calcaires du Vicentin : *Cerith. turritelliforme* Oppenheim, d'après
la figure (Mte. Postale, p. 187).

EXECHESTOMA, Cossmann, 1889 (¹).

G.-T. ; *Cerithium angulosum*, Lamk. Eoc.

Taille assez grande ; forme plus ou moins trapue, conique ; spire
turriculée ; tours étroits, anguleux, ornés de côtes courbes qui se
transforment souvent en varices lamelleuses et irrégulièrement distribuées ; des cordons ou filets spiraux, ondulés par les côtes,
complètent le treillis. Dernier tour peu élevé, portant souvent une
varice diamétralement opposée au labre, un peu convexe à la base
qui aboutit à un cou extrêmement court, isolé par une légère fente
ombilicale. Ouverture plus ou moins déprimée, à péristome épais et
subdétaché, avec une large gouttière versante dans l'angle inférieur,
terminée à droite et chez les adultes, par une dépression subcanaliculée et superficielle, plus semblable à un bec latéral qu'à un canal
profond ; labre épais, un peu réfléchi et incurvé en arrière, assez
proéminent sur le contour supérieur ; columelle excavée, lisse, non
tordue en avant où elle se raccorde à la dépression du bec par une
surface régulièrement déclive ; bord columellaire calleux, détaché de
la fente ombilicale.

Diagnose refaite d'après un échantillon de l'espèce géno-type, du Lutécien de
Villiers (pl. XI, fig. 1-2), ma coll. Géno-plésiotype à ouverture en pavillon,
non canaliculée : *Cerithium Athenasi* Vasseur (pl. X, de l'Eocène de Bois-
Gouët, ma coll.

Rapp. et diff. — Bien que les coquilles de ce Sous-Genre aient, à première
vue, un aspect bien différent de celui de *Potamides s. s.*, elles ne présentent
pas, quand on les observe attentivement, de critériums distinctifs au point de
vue générique : la forme de l'ouverture d'*Exechestoma* est absolument voisine
de celle de *Potamides*, et cependant le péristome presque disjoint, ainsi que le

(¹) Catal. ill. coq. foss. Eoc. Paris, T. IV, p. 75 ; décrit comme Section de *Potamides*.

pavillon très dilaté des individus gérontiques, ne ressemblent aucunement à la petite embouchure de *P. Lamarcki*. D'autre part, le galbe et l'ornementation de la spire rappellent, avec beaucoup d'analogie, *Cerithium nodulosum* Brug. ; mais l'absence de canal et le labre non replié ne permettent pas de pousser plus loin le rapprochement. En résumé, la véritable place d'*Excchestoma* est auprès de *Potamides*, et non pas dans la Sous-Famille *Paracerithinæ*, malgré son bec latéral, parce que, chez aucun membre de cette Sous-Famille, on ne trouve une pareille dilatation du péristome.

Répart. stratigr.

MAESTRICHTIEN. — Une espèce probable, dans l'Inde orientale et dans les couches à Cérites du Louristan, en Perse : *Cerithium Stoddardi* Hislop, d'après M. Douvillé qui en fait un Cérite typique (*loc. cit.*, p. 304, pl. XLII, fig. 1-3).

EOCÈNE. — Outre le géno-type, plusieurs autres espèces dans les environs de Paris, dans le Cotentin et dans la Loire-Inférieure : *Cerith. Bonnardi* Desh., *C. interruptum* Lamk, *C. turritellatum, collaterale, scalaroides* Desh., *Potam. armoricensis, Fernandi* Vass., *P. diacanthinus* Cossm., ma coll.

CERITHIDEA, Swainson, 1840.   G.-T. : *Murex decollatus*, Linn. Viv.
(*Aphanistylus*, Fischer, 1884.)

Taille moyenne : forme turriculée, conique ; spire variqueuse, souvent tronquée au sommet ; tours étroits, convexes, à sutures profondes, ornés de costules axiales, peu arquées, que croisent parfois des cordons spiraux ; des varices plus ou moins épaisses marquent les arrêts de l'accroissement. Dernier tour égal au tiers ou au quart de la longueur totale, quand le sommet n'est pas décollé, généralement caréné ou anguleux à la périphérie de la base qui est plane ou déclive et sur laquelle ne se prolongent pas les costules axiales, de sorte qu'elle a quelques affinités avec le disque basal des *Scalidæ*: cou presque nul, légèrement excavé. Ouverture subcirculaire, à péristome réfléchi, avec une faible gouttière pariétale ; canal siphonal réduit à un bec latéral, sans aucune saillie sur le plafond de l'ouverture ; labre presque vertical ou à peine incurvé, non proéminent en avant, mais se reliant au bec par une échancrure dont le contour fait un angle avec celui du plafond ; columelle lisse, non tordue, ni plissée, à peine infléchie contre le bec ; bord columellaire assez épais, presque détaché du cou.

> Diagnose complétée d'après l'espèce géno-type, et d'après des spécimens fos-
> siles d'une autre espèce vivante : *C. sacrata* Gould (pl. XIV, fig. 4 *bis*),
> du Pleistocène de la Californie, ma coll. Autre géno-plésiotype de l'Eocène
> de la Loire-Inférieure : *Potamides Douvillei* Vass. (pl. XII, fig. 1-2), ma
> coll.

Rapp. et diff. — *Cerithidea* se rapproche beaucoup de *Potamides* par son aspect général, et appartient évidemment au même Genre ; on l'en distingue néanmoins comme Sous-Genre par son labre non sinueux ou peu courbé, sim-plement réfléchi, par les varices de sa spire et par sa columelle non tordue ; mais l'ornementation ne s'écarte guère, à part les varices, des vrais *Potamides* et quant au bec, il a beaucoup d'affinité avec la dépression versante de ces der-niers. La troncature du sommet — dont Fischer fait mention dans sa diagnose, comme si c'était un caractère très important — n'existe guère que chez l'espèce géno-type et chez quelques variétés; les espèces fossiles, qui présentent bien tous les autres caractères de *Cerithidea*, ont au contraire la spire pointue.

Je n'aperçois pas de différences, même sectionnelles, entre *Cerithidea* et *Aphanistylus* Fischer, dont le géno-type est *Cerithidea Cherbonnieri* Petit, espèce qui a seulement le bord supérieur un peu plus ouvert que *C. decollata* ; mais son ouverture est exactement semblable à celle de *C. varicosa* qui est considéré par tous les auteurs comme un vrai *Cerithidea*.

Il est manifestement plus difficile d'expliquer les motifs pour lesquels, à part l'existence de varices sur la spire, on doit séparer complètement *Cerithidea* des *Procerithidæ* : si l'on reprend en détail les diagnoses des ouvertures chez *Cerithidea* et chez *Paracerithium*, on ne trouve pas à priori de différences bien sé-rieuses ; cependant, le contour du plafond fait ici un angle qu'on n'observe chez aucune des formes de *Paracerithinæ* ; quant à la spire, elle ressemble plutôt à celle de *Procerithium*, mais l'ouverture s'en écarte complètement. En résumé, le classement de *Cerithidea* — qui a toujours été considéré par tous les auteurs comme un Genre voisin des *Potamidinæ* — prouve avec quelle attention il faut examiner les moindres différences que présente l'ouverture des *Cerithiacea*, avant de conclure que les Genres actuels ont réellement des représentants dans les terrains secondaires et surtout jurassiques.

Répart. stratigr.

MAESTRICHTIEN. — Deux espèces variqueuses, à ouverture inconnue, dans les couches à Cérites du Louristan (Perse): *Potamides crispoides* et *Procerithium persicum* Douvillé, d'après les figures de la Monographie (*loc. cit.*, p. 298 et p. 301)

ÉOCÈNE. — Une espèce bien caractérisée, dans le Lutécien du Bassin de Paris : *Cer. subpunctatum* Desh. ma coll. Le génoplésiotype ci-dessus figuré, dans le Lutécien supérieur du Bassin de Nantes, ma coll. Dans le Cotentin : *Potamides polysarcus* Coss., et Pissarro, ma coll. Dans le Nummulitique de la Catalogne : *Pot. Vidali* Cossm., ma coll. Une espèce à peu près certaine, dans le Claibornien de l'Alabama : *Potam. inopinatus* Cossm., ma coll.

OLIGOCÈNE. — Une espèce peu variqueuse, dans les couches de l'île de Wight : *Potamides ventricosus* Nyst, ma coll.

MIOCÈNE. — Une espèce dans les couches inférieures du Néogène de Java : *Potamides labylonicus* Martin (Ergebn. tiefborhrung. aus Java, p. 179, pl. VIII, fig. 145).

PLIOCÈNE. — Une espèce actuelle, dans les couches supérieures de la Floride : *Cerithidea turrita* Stearns, d'après la Monographie de M. Dall (Tert. Flor., p. 290). Plusieurs espèces dans les couches néogéniques de Java : *Cerith. Jenkinsi, Potam. sucabumianus, djadjariensis, preangerensis* Martin (loc. cit., p. 216, pl. XXXIII).

PLEISTOCÈNE. — Le génoplésiotype ci-dessus figuré, dans les couches de San Pedro (Calif.) ma coll.

ÉPOQUE ACTUELLE. — Plusieurs espèces dans les îles de l'Océan Indien, au Tonkin, et sur les côtes de la Californie.

TYLCCHILUS, Cossmann, 1889 (¹). G-T. : *Cerithium tuba*, Desh. Paléoc.

Test épais. Taille moyenne ou au-dessous de la moyenne ; forme trapue, conique ; spire peu allongée, non variqueuse ; tours peu convexes, séparés par des sutures peu profondes, ornés de plis axiaux et curvilignes que croisent quatre cordons spiraux, qui y découpent des granulations un peu tuberculeuses et confluentes. Dernier tour supérieur au tiers de la hauteur totale, à base convexe sur laquelle se prolongent des cordons assez saillants, tandis que les costules cessent et sont remplacées par des stries d'accroissement sinueuses, peu régulières ; cou épais, presque nul en hauteur, obliquement funiculé. Ouverture grande, ovale, à péristome très épais et continu, arrondie au fond de cet entonnoir calleux, munie en arrière d'une gouttière versante et rainurée qui descend sur l'avant-dernier tour, terminée en avant par un canal tronqué au niveau du plafond, rétréci et un peu échancré à son extrémité ; labre faiblement sinueux en arrière,

(¹) Catal. ill. coq. foss. Eoc. Paris, T. IV, p. 80 ; décrit comme Section de *Potamides*

non proéminent en avant, taillé en biseau et lacinié sur son contour, non variqueux à l'extérieur, quoique épaissi, se raccordant avec la gouttière inférieure et à l'échancrure basale par des contours arrondis ; columelle lisse, excavée, simplement infléchie contre le canal ; bord columellaire très calleux, largement appliqué sur la base, presque détaché du cou.

Diagnose complétée d'après des spécimens de l'espèce géno-type, du Thanétien de Châlons sur Vesle (pl. XI, fig. 26-27), ma coll.

Rapp et diff. — Ce Sous-Genre de *Potamides* doit être classé entre *Cerithidea* et *Pirenella*, car les caractères de son ouverture, aussi bien que son ornementation sont à peu près intermédiaires entre ces deux autres Sous-Genres. D'ailleurs, *Tylochilus* s'écarte de *Potamides s. s.*, non seulement par son galbe trapu, mais surtout par son péristome peu sinueux, calleux, envahissant l'avant-dernier tour avec sa gouttière rainurée quoique dépourvue de pli pariétal ; la columelle n'est pas réellement tordue, elle s'infléchit avec une faible saillie contre le canal qui n'a pas la position latérale du bec de *Cerithidea* et qui ressemble davantage à celui de *Pirenella*. D'autre part, *Tylochilus* s'écarte de ce dernier Sous Genre par son ouverture grande et calleuse, par sa gouttière pariétale, par son bord columellaire subdétaché.

Répart. stratigr.
    PALÉOCÈNE. — Trois espèces dans le Thanétien de la Vesle, aux environs de Reims : *Cerith. tuba, Brimonti, æqualum* Desh., ma coll.
    EOCÈNE. — Une variété de l'une d'elles, à la base du Cuisien d'Hérouval : *Cerith. herouralense* Cossm., ma coll.

PIRENELLA, Gray, 1847.   G-T. : *Cerithium mamillatum* ([1]), Phil. Viv.
    (= *Cerithidella*, Stache 1889 ; = *Tiarapirenella*, Sacco 1895 ;
        = *Granulolabium*, Cossm. 1889.)

Taille petite ; forme turriculée, conique ou trapue ; spire plus ou moins allongée, à tours plans ou à peine convexes, souvent étagés aux sutures, ornés de deux ou trois rangées spirales de granulations alignées en costules courbes, sans varices. Dernier tour presque égal au tiers de la hauteur totale, subanguleux à la périphérie de la base

([1]) *Non* Risso, = *Cer. conicum* Blainv.

qui est déclive ou excavée, seulement ornée de quelques cordonnets ;
cou à peu près nul. Ouverture ovale-arrondie, avec une petite gouttière pariétale qui est parfois peu visible, terminée en avant par un
rudiment de canal absolument tronqué ; labre mince, excavé en profil,
non proéminent en avant et se raccordant en arc de cercle avec
l'échancrure du canal ; columelle excavée, lisse, un peu tordue à la
naissance du canal ; bord columellaire mince, assez large, bien appliqué sur la base et contre le cou.

Diagnose refaite d'après des spécimens de l'espèce géno-type, et d'après un
génoplésiotype du Sarmatien de la Russie, *Cerithium pictum* Bast., var.
mitralis Eichw. pl. XII, fig. 3-4), ma coll. Autre espèce, type de la Section
Tiarapirenella : *Cerith. bicinctum* Brocchi, var. *dertobicincta* Sacco (pl. XII
fig. 52), du Tortonien de Stazzano, coll. Vignal. Une espèce du Tortonien de
Serbie, rapportée à *C. pictum* Bast. (pl. XI. fig. 24-25), ma coll. L'espèce
type de la Section *Granulolabium*, dans le Stampien d'Ormoy : *Cerithium
plicatum* Brug. (pl. XI, fig. 17-18), ma coll. Spécimens du Turonien de
Gosau : *Cerithium Munsteri* Kef. (pl. XIV, fig. 6-7), d'après les clichés envoyés par M. Kittl.

Rapp. et diff. — Il n'est pas facile de caractériser ce Sous-Genre qui s'écarte
cependant de *Potamides* et de *Cerithidea*, par son galbe et même par son ornementation : l'ouverture est presque pareille, mais le labre est moins sinueux et
moins proéminent en avant que celui de *Potamides*, et d'autre part il n'est pas
réfléchi comme celui de *Cerithidea* ; le canal est mieux formé que celui de *Potamides*, et il ne ressemble pas à un bec latéral comme chez *Cerithidea*. Quant à
Tiarapirenella, pour le distinguer de *Pirenella*, il faudrait aussi faire entrer le galbe
et l'ornementation parmi les critériums sectionnels, l'ouverture étant identique
chez *Cerith. bicinctum* et *C. conicum* (dénomination qui doit remplacer *mamillatum* préemployé). En ce qui concerne *Granulolabium*, que j'ai d'ailleurs proposé
bien avant *Tiarapirenella* pour une autre espèce qui ne diffère de *Pirenella* que
par son ornementation et par les granulations internes de son labre, je suis
aussi obligé de le réunir à *Pirenella*, parce que l'ouverture est exactement semblable.

D'autre part, le Genre *Cerithidella* a été proposé, en 1889, par M. Stache (Liburn.
Stufe, Abhandl. K. K. geol. Reichs., p. 116) d'après un fragment de spire dépourvu
d'ouverture ; mais je n'aperçois aucune différence entre l'ornementation de ce
morceau de coquille et celle de *Pirenella*, de sorte qu'il ne me paraît pas possible
de caractériser *Cerithidella* en l'absence de matériaux plus certains, et que c'est
une dénomination à laisser provisoirement en synonymie.

Répart. stratigr.

TURONIEN. — Plusieurs espèces ou variétés, dans la craie de Gosau : *Cerithium Munsteri* Kef., *C. frequens, solidum, interjectum, complanatum, breve, rotundatum* Zekeli, d'après la revision faite par Stoliczka (Sitz. Akad. Naturviss. Cl., Bd, LII, 1 Abth., p. 204).

SÉNONIEN. — Une espèce probable, dans « l'Arrialoor group » de l'Inde méridionale : *Cerithium scalaroideum* Forbes, d'après les figures publiées par Stoliczka (Cret. Gastr. South. India, T. II, pl. XV, fig. 6-7).

MAESTRICHTIEN. — Un fragment non nommé spécifiquement, dans les couches à Cérites de Louristan, en Perse, d'après M. Douvillé (*loc. cit.*, p. 302, pl. XLI, fig. 31-32). Une espèce probable, dans les sables de Vaals : *Cerithium Decheni* Goldf., d'après la Monographie de M. Holzapfel qui cite aussi et figure *Pirenella Munsteri*, mais ce fragment est vraisemblablement une espèce différente de celle de Gosau. Deux espèces dans la craie de Maëstricht : *Cerith. pseudoclathratum* d'Orb., *C. limburgense* Kaunhowen, d'après la Monographie de cet auteur (Gastr. Maest. Kr., 1898, p. 65, pl. VI, fig. 12-14).

GARUMNIEN. — L'espèce géno-type de *Cerithidella*, dans les couches supracrétaciques de la Dalmatie : *Cerith. subtruncata* Stache (*loc. cit.*, p. 116, pl. la, fig. 15.)

ÉOCÈNE. — Plusieurs espèces aux trois niveaux du Bassin de Paris : *Potamides præplicatus* Cossm., *Cerithium scruposum, obscurum, cuspidatum, multinodosum* Desh., ma coll.

OLIGOCÈNE. — Le géno-type de *Granulolabium* dans toutes les couches aquitaniennes, stampiennes, tongriennes, de l'Europe, jusqu'au Sannoisien inclus : il est probable qu'à chaque niveau on pourrait distinguer une variété différente de *Cerith. plicatum* Brug. mais cette étude minutieuse ne paraît pas avoir été faite jusqu'à présent.

MIOCÈNE. — Outre les génoplésiotypes ci-dessus figurés, une espèce avec plusieurs variétés, dans le Tortonien du Piémont : *Piren. bidisjuncta* Sacco (*loc. cit.*, p. 60, pl. III).

PLIOCÈNE. — Outre la variété ci-dessus figurée, ma coll., une espèce bien caractérisée, dans le Messinien : *Cer. disjunctum* Sow., ma coll. Dans le Poederlien supérieur d'Anvers et dans le Crag jaune d'Angleterre : *Cerith. punctulum* S. Wood (*non variculosum* Nyst = *sublima* d'Orb. Olig.), ma collection.

PLEISTOCÈNE. — Trois espèces dans le Sicilien de Palerme et sur les plages soulevées d'Égypte : *Cerith. conicum* Blainv., *C. breviale* Lamk., *C. Cailliandi* Pot. et M., ma coll.

ÉPOQUE ACTUELLE. — Trois ou quatre espèces dans la Méditerrannée, à Ceylan et aux Philippines, d'après le Manuel de Tryon.

TYMPANOTONUS, Klein 1753 (*in* Schum, 1817) [1].

Coquille plus ou moins trapue, conique, à sutures couronnées de nodosités épineuses ; canal tronqué, bien formé ; columelle lisse, fortement tordue en avant ; labre très sinueux.

TYMPANOTONUS, *s. stricto.*   G-T. : *Murex fuscatus*, Lin. Viv.

Taille moyenne ; forme plus ou moins trapue, conique ; spire di-morphe, aiguë au sommet, à tours plans et d'abord granuleux, puis graduellement étagés à la suture par une carène ou une rangée de tubercules épineux au-dessus de laquelle persistent les cordons gra-nuleux, très rarement costulés. Dernier tour à peine égal au tiers de la hauteur totale, anguleux ou bicaréné à la périphérie de la base qui est presque plane, tantôt ornée de cordons concentriques, tantôt seu-lement de stries d'accroissement très sinueuses ; cou presque nul. Ouverture peu élevée, subquadrangulaire, avec une gouttière dans l'angle inférieur de gauche, limitée par un pli pariétal peu saillant ; canal antérieur à peine élevé au-dessus du plafond de l'ouverture, largement échancré dans l'angle supérieur de droite ; labre arqué en arrière, ou même échancré vis-à-vis de la carène épineuse, lisse à l'intérieur, fortement proéminent en avant où le plafond se recourbe en demi-cercle avant de se raccorder avec le canal ; columelle droite, courte, un peu oblique, lisse, tordue en avant par un pli presque horizontal qui limite et contourne l'échancrure du canal ; bord colu-mellaire peu épais, médiocrement large, bien appliqué sur la base.

Diagnose complétée d'après un échantillon de l'espèce géno-type, et d'après un génoplésiotype du Bartonien d'Anvers : *Cerithium conarium* Bayan (pl. XI, fig. 7-10), ma coll. Autre génoplésiotype, du Turonien inférieur du Liban : *Cerith orientale* Conr. (pl. X, fig. 18-20), communiqué par le Musée de Munich. Génoplésiotype multicaréné, sans couronnes d'épines, du Stampien de Morigny : *Cerithium trochleare* Lamk. (pl. XI, fig. 19), ma coll.

[1] Klein (p. 30) a écrit *Tympanotonos*, Agassiz (1847, Ind. zool.) a corrigé la désinence.

Observ. — Le choix de l'espèce type de ce Genre de Klein a donné lieu à quelques contestations : MM. Dollfus et Dautzenberg (Journ. Conchyl., 1899, p. 202) ont émis l'opinion que ce géno-type est *Cerithium fluviatile*. Or, d'après Hermannsen, Schumacher — qui a légitimé, en 1817, la dénomination non valable de Klein — a bien désigné comme type *Murex fuscatus* Linn. Il n'y a donc pas à revenir sur ce choix, même en alléguant que la figure publiée par Klein, antérieurement à la nomenclature binominale, paraît représenter une autre espèce : la seule solution correcte consisterait alors, si réellement Schumacher à mal interprété Klein, et si d'aure part *Cerithium fluviatile* n'est pas génériquement semblable à *Murex fuscatus*, à garder *Tympanotonus* Schum. pour *Murex fuscatus*, et à donner un autre nom à *Cerithium fluviatile*.

Rapp. et diff. — Outre que ce Genre se distingue de *Potamides* — et même de *Ptychopotamides*. — par son galbe plus trapu, et généralement par sa couronne d'épines ou par ses carènes dont la suprasuturale est presque toujours plus saillante, il s'en écarte par les critérium suivants : ouverture plus grande, moins arrondie ; canal plus profond, moins évasé ; labre beaucoup plus proéminent ; columelle plus fortement carénée par un pli tordu, contre le canal ; enfin, gouttière pariétale bien limitée. Cet ensemble de caractères différentiels, d'une grande importance, justifie bien la séparation d'un Genre tout à fait distinct. J'ai d'ailleurs indiqué, à propos de *Potamidopsis* qui a aussi l'ouverture très dilatée, que la disposition imbriquée des tours de spire rattache plutôt *Potamidopsis* à *Potamides* qu'à *Tympanotonus* qui a la spire étagée en arrière ; à ce caractère empirique, il y a lieu d'ajouter que *Tympanotonus* possède un pli pariétal qui manque chez *Potamidopsis*, mais surtout que son ouverture a un aspect très différent, quoique les détails en soient à peu près semblables quand on les examine isolément, parce que l'assemblage n'en est pas identique. En résumé, il n'y a aucune hésitation quand on rapproche *Potamidopsis* et *Tympanotonus*, tandis que l'on peut en avoir l'orsqu'on met à côté l'un de l'autre *Tympanotonus* et *Serraticerithium* : seul, le canal, quand il est complètement intact peut fournir une indication à peu près certaine, car l'ornementation est identique chez les deux groupes de coquilles ; mais le canal est absolument tronqué à son extrémité chez *Tympanotonus*, tandis que *Serraticerithium* a un canal de *Cerithium* bien formé et assez longuement tordu. Dans le Bassin de Paris, où les deux formes existent parallèlement dans les mêmes gisements, j'ai toujours réussi à les séparer avec assez de facilité grâce à ce critérium, mais en n'opérant, bien entendu, que sur des spécimens bien complets.

Les ancêtres crétaciques de *Tympanotonus* ne sont pas complètement identiques à leurs descendants tertiaires ou actuels : leur carène suprasuturale ne porte pas d'épines, et elle forme seulement un bourrelet lisse au-dessus de la suture ; d'autre part, leurs premiers tours sont obtusément costulés, et ces costules persistent, à la place des rangs de granulations spirales, au-dessus du bourrelet. Ce n'est guère qu'à la base de l'Eocène que les tubercules commencent à apparaître sur la carène inférieure, et les costules disparaissent peu à peu, c'est-à-dire que les granulations spirales ne sont plus reliées entre elles dans le sens axial. Comme d'ailleurs l'ouverture a, dès l'apparition du Genre dans le crétacique, les caractères principaux qu'elle conserve chez *T. fuscatus* de l'époque actuelle, je n'ai pas jugé utile de proposer une Section nouvelle pour ces premiers représentants de *Tympanotonus* qui se sont graduellement transformés dans l'évolution stratigraphique de leur ornementation.

Dans l'Oligocène, une transformation inverse s'est produite : de *Cerith. conjunctum* on passe insensiblement à *Cerith. trochleare* par une série d'intermédiaires, dans lesquels l'ornementation axiale s'atténue sur les cordons spiraux qui s'égalisent. qui se transforment en carènes très saillantes, avec de fines lamelles d'accroissement dans leurs interstices; mais, durant cette métamorphose progressive de l'ornementation, qui est tellement continue qu'on est parfois embarrassé pour rapporter les individus à l'une ou l'autre des deux espèces, l'ouverture reste invariablement celle de *Tympanotonus* typique: il n'y a donc aucun motif pour en séparer *Cer. trochleare*, même à titre de Section. Ce fait est d'ailleurs restreint à l'Oligocène.

Répart. stratigr.

TURONIEN. — Le génoplésiotype ci-dessus figuré, dans le Liban, coll. du Musée de Munich.

PALÉOCÈNE. — Deux espèces dans le Thanétien des environs de Paris : *Cerithium proavus, circinatum* Desh., ma coll. Une espèce dans le Montien de la Belgique : *Cer. Ryckholti* Br. et Cornet (*loc. cit.*, pl. IX, fig. 10).

EOCÈNE. — Nombreuses espèces dans le Sparnacien, le Cuisien, le Lutécien et le Bartonien du Bassin anglo-parisien : *Cerith. turris* Desh., *C. funatum* Montell, *C. papale* Desh., *C. involutum* Lamk., *C. gradatum, alternans* Desh., *C. submarginatum* d'Orb. *C. conarium* Bayan, *C. Semperi, Hericarti, Roissyi* Desh·, ma coll. Dans le Vicentin : *Cerith. ampullosum, bicalcaratum* Brongn., ma coll. Dans la Catalogne : *C. Orengæ, Montsecanum* Vidal, *Potamides peraubensis, inæquirugatus* Cossm., ma coll. Dans l'Aude : *Pot. Siegfriedi, atacicus, Depereti* Doncieux. ma coll. En Hongrie : *Pot. hungaricus* Zittel, ma coll. ; en Bosnie : *Cerith. lukovicense* Oppenheim (Alt-tert. OEsterr.-Ungar., 1901, p. 270, pl. XV, fig. 12). Une espèce voisine de *Cerith. conjunctum*, dans les calcaires du Vicentin : *Cerith. familiare* Oppenheim (Monte Postale, p. 187).

OLIGOCÈNE. — Plusieurs espèces dans le Stampien des environs de Paris, et aussi dans le Bassin de Mayence : *Cerith. conjunctum* Desh., *C. trochleare* Lamk., *C. elegans* Desh., *C. submargaritaceum* Bronn. Dans le Priabonien du Vicentin et aux Diablerets (Suisse) : *Cerith. diaboli* Brongn., *C. Bassanii* Oppenh., *C. spectrum, Vivarii* Oppenh., ma coll. Une espèce avec de nombreuses variétés, dans le Tongrien de la Ligurie : *Cerith. calcaratum* Grat. var. *promargaritacea, C. Squinaboli, Isseli, ligniticum* Sacco, *Tympan. conjunctoturris, trochlearispina* Sacco, var. *subfenestrata, perccnica, spinosissima* Sacco. (*loc. cit.*, pl. III, fig. 20-25). Une espèce bien caractérisée, dans les couches à silex de Tampa (Floride) : *Cerith. hillsboroense* Heilpr., d'après la figure publiée par M. Dall (Tert. Flor., p. 286, pl. XV, fig. 2).

MIOCÈNE. — Une espèce bien caractérisée, dans le Burdigalien de l'Aquitaine : *Cerith. margaritaceum* Br., ma coll. Dans l'Helvétien du Piémont : *Tympan. pedemontanus* Sacco (*loc. cit.*, p. 48, pl. III, fig. 19).

PLIOCÈNE. — Deux espèces dans les couches néogéniques de Java : *Potam. beberkirianus, spiniger* Martin (*loc. cit.*, p. 208, pl. XXXII, fig. 472-477).

ÉPOQUE ACTUELLE. — Plusieurs espèces sur les côtes occidentales d'Afrique, d'après le Manuel de Tryon.

EXECHOCIRSUS, (¹) *nov. subgen.* G.-T. : *Cerithium cingillatum*, Zek. Tur.

Taille moyenne ; forme conique, assez allongée ; spire polygyrée, aiguë au sommet ; tours peu convexes, non étagés, séparés par des sutures plus ou moins distinctes, ornés de trois ou quatre rangées spirales d'aspérités subgranuleuses qui ne succèdent pas dans le sens axial, et entre lesquelles il y a généralement des cordons de perles plus fines ; de place en place — mais sans aucune régularité — des varices arrondies, non prolongées jusqu'à la suture inférieure, indiquent des arrêts de l'accroissement. Dernier tour à peu près égal au quart de la hauteur totale, paraissant gibbeux par suite de la présence invariable d'une très forte varice, seulement atténuée à la partie inférieure, et diamétralement opposée au labre ; base arrondie et ornée de cordons subcarénés ; cou court et excavé. Ouverture déprimée, non épanouie en pavillon, terminée en avant par un canal court et tronqué ; labre sinueux en arrière, proéminent en avant ; columelle excavée, lisse, à bord peu calleux.

Diagnose établie d'après des individus du Mornasien des environs de Toulon, rapportée à l'espèce géno-type (pl. XIII, fig. 14-15), ma coll., et d'après une espèce voisine à ouverture intacte, de la Craie de Gosau : *Cerithium reticosum* Sow. (pl. XIV, fig. 29-30), d'après les clichés envoyés par M. Kittl.

Rapp. et diff. — J'avais d'abord hésité à proposer ce Sous-Genre parce que je ne pouvais en caractériser l'ouverture qui, chez tous les spécimens figurés ou recueillis jusqu'à présent, est invariablement mutilée. Mais grâce à la communication que m'a faite M. Kittl du cliché d'un spécimen presque intact, je crois qu'on peut sans hésitation le rattacher au G. *Tympanotonus* dont il s'écarte sur-

(¹) Etymologie : Ἔξεχος, saillant ; κιρσος, varice.

tout par ses varices et par son péristome moins dilaté. D'après Stoliczka (Sitz. K. Akad. Wiss. naturwiss., Cl. I, Bd. II. Abth. 1, 1863), les espèces de ce groupe seraient de véritables *Cerithium*, quoique leur ornementation soit bien différente et que leur columelle ne présente pas de trace d'une inflexion qui puisse faire présumer que leur canal est bien formé; comme d'ailleurs il existe, presque dans chaque groupe de *Potamidinæ*, des Sous-Genres, munis de varices (*Cerithidea*, *Terebralia*, par ex.), il n'y a pas de motif pour exclure, de ce chef, *Execocirsus* du Genre *Tympanotonus* dont il se rapproche par le galbe de sa spire et même aussi par son ornementation. Il y a lieu de remarquer d'autre part, que le Genre *Procerithium* auquel M. Douvillé rapporte une espèce persique qui se rapproche beaucoup de *C. cingillatum*, n'a jamais — tel que je l'ai établi du moins — de varices ni sur la spire ni sur le dernier tour, à l'opposé du labre.

Répart. stratigr.

> Turonien. — Outre le géno-type, un très grand nombre d'espèces ou de variétés, dans la craie de Gosau : *Cerith. reticosum, pustulosum* Sow., *C. furcatum, acuminatum, torquatum, sociale, exiguum, affine, sejunctum, Goldfussi* Zittel, *C. millegranum* Munst., ma coll. pour la plupart, et d'après les figures de l'Atlas de Zekeli, pour les autres.

> Sénonien. — Quelques-unes des espèces précédentes, dans le Mornasien du Var et dans le Coniacien de l'Aude, ma coll. (Recueillies par MM. Michalet et de Grossouvre).

> Maestrichtien. — Une espèce dans les couches à Cérites du Louristan, en Perse: *Cer. cf. millegranum* Munst., d'après la Monographie précitée de M. Douvillé (p. 297, pl. XLI).

TELESCOPIUM, Montfort, 1810.

Coquille conique, à canal largement échancré à la base ; labre mince, sinueux, proéminent en avant ; columelle très courte, avec un gros pli médian et un pli tordu en avant ; pas de bord columellaire.

TELESCOPIUM, *s. stricto.*   G-T. : *Trochus telescopium*, Lin. Viv.

                                                    (= *Cerithium fuscum*, Ch.)

Taille assez grande ; forme turriculé, parfaitement conique, trapue à la base ; spire assez longue, à galbe subulé ; tours nombreux, plans, très étroits, à sutures peu distinctes, sillonnés, subgranuleux chez les espèces fossiles, par l'intersection des stries d'accroissement et des rubans que séparent les sillons. Dernier tour à peu près égal aux

trois dixièmes de la hauteur totale, subanguleux à la périphérie de la
base qui est, aplatie, funiculée finement au milieu, et plus grossière-
ment autour du cou qui se réduit à une rainure excavée. Ouverture
subquadrangulaire, presque deux fois plus large que haute, avec une
gouttière pariétale non limitée par une côte et formée seulement par
le recouvrement du dernier tour sur l'avant-dernier ; canal siphonal
tronqué, largement échancré et versant, bordé à droite et sur le cou
par une lèvre vernissée qui est le prolongement de la columelle ;
labre mince, sinueux et excavé en arrière, très proéminent sur le
plafond de l'ouverture, formant en ce point une languette bien dé-
coupée qui se raccorde avec le contour de l'échancrure du canal ;
columelle très courte, munie d'un gros pli médian, épais et très saillant, et d'un second pli tordu qui contourne l'échancrure basale ;
bord columellaire absolument nul, simplement indiqué par une
couche mince et large de vernis sur la base, et seulement quand les
échantillons sont fraîchement conservés.

> Diagnose refaite d'après l'espèce géno-type, et d'après un génoplésiotype des
> marnes oligocéniques de Gaas : *Cer. cf. lemniscatum* (¹) Brongn. (Pl. XI,
> fig. 21), ma coll.

Rapp. et diff. — Voisin de *Tympanotonus*, ce Genre s'en distingue, non seulement par son galbe plus conique et par son ornementation dépourvue d'épines.
mais surtout par la large échancrure basale qui est à la place du canal, et par
son pli columellaire au dessous de la torsion antérieure (son péristome est, en
outre, plus mince, de sorte qu'il est toujours mutilé chez les *Telescopium* fossiles.
Dans une récente brochure, relative à une espèce australasienne, M. Martin a
indiqué un rapprochement entre ce Genre et *Nerinea* ; or il suffit de jeter un
coup d'œil sur la sinuosité du labre pour se rendre compte que *Telescopium* ne
peut pas être assimilé aux *Entomotæniata*.

Répart. stratigr.
> TURONIEN. — Une espèce douteuse, dans la craie de Gosau : *Cerithium ver-*
> *ticillatum* Zekeli, d'après la revision précitée de Stoliczka qui indique
> l'existence d'un pli columellaire chez cette espèce, quoique la figure
> publiée par Zekeli n'en porte aucune trace.

(¹) *Non Cer. lemniscatum* Quoy, espèce vivante qui doit changer de nom ; je propose
pour elle : **C philippinense**, *nobis*.

Eocène. — Une espèce d'ouverture incomplète, mais à columelle plissée. dans le Bartonien des environs de Paris : *Potamides Boutillieri* Cossm. (Catal. ill., T. IV, p. 179, pl, I, fig. 33).

Oligocène. — Le génoplésiotype ci-dessus figuré, dans le Vicentin, d'après la figure publiée par Brongniart. Plusieurs formes ou variétés voisines de l'espèce miocénique, dans le Tongrien de la Ligurie : *Telescopium apenninense, subcylindricum, crassecinctum, scalaratissimum* Sacco (*loc. cit.* pl. III, fig. 38-42).

Miocène. — Une espèce probable, dans le Burdigalien de l'Aquitaine : *Cerith. pseudo-obeliscus* Grat., ma coll. ; peut être est-ce le même que Basterot a désigné sous le nom *Cer. Charpentieri* ? Plusieurs variétés de cette dernière, dans l'Helvétien du Piémont: *Turritella ornata* Michelotti, *Telescop. tuberculato-conicum* Sacco, etc. (*loc. cit.*, pl. III, fig. 43-44.

Pliocène. — Une espèce bien caractérisée, dans les couches récentes de Timor : *Tel. Titan* Martin (Samml. geol. Mus. Leiden, Bd. IV, p. 232, pl. XXVI).

Epoque actuelle. — L'espèce géno-type dans l'Inde. ma coll.

TEREBRALIA, Swainson, 1840.

Grande coquille variqueuse, sillonnée spiralement et souvent costulée ; ouverture piriforme, à canal court, presque clos par le repli du plafond ; labre denté vis-à-vis des varices, sinueux en arrière, proéminent en avant ; columelle plissée, en général.

TEREBRALIA, *s. stricto.*   G.-T. : *Cerithium palustre,* Brug. Viv. (= *Clava,* Martyn 1769, *sec.* Jousseaume 1884).

Test épais. Taille assez grande ; forme souvent pupoïde et ventrue ; spire turriculée à galbe tantôt conoïdal, tantôt conique ; tours généralement peu convexes, à sutures profondément rainurées, ornés de sillons spiraux, costulés au sommet de la spire et même quelquefois jusqu'au dernier tour, avec des varices épaisses, irrégulièrement distribuées et presque toujours très saillantes. Dernier tour égal au tiers environ de la hauteur totale, portant une forte varice ventrale, à 120° du labre, arrondie à la base qui est funiculée jusque sur le cou très court et excavé. Ouverture piriforme, dilatée en pavillon, avec une profonde gouttière dans l'angle inférieur, limitée par un renfle-

ment pariétal qui ne s'enfonce pas en spirale ; canal cérithial court
et tronqué, presque clos par la languette que forme, en se repliant en
travers, le plafond de l'ouverture ; labre oblique, réfléchi, échancré
au-dessus de la gouttière, proéminent et replié sur son contour supérieur, épaissi à l'intérieur et muni de dents vis-à-vis des varices de
la surface extérieure ; columelle courte, oblique, portant un gros pli
médian et obtus qui est plus visible à l'intérieur de l'enroulement
que près de l'embouchure de la coquille, tordue en avant contre le
canal ; pli pariétal enfoncé à l'intérieur de la cavité de l'ouverture ;
bord columellaire calleux, bien appliqué sur la base.

> Diagnose faite d'après le géno-type, et d'après un géno-plésiotype très ventru,
> du Miocène supérieur de l'Hérault : *Terebralia Vignali* Cossm, (pl. X,
> fig. 14), ma coll. [V. la description à l'annexe ci-après]. Autre espèce coni-
> que et costulée, dans l'Aquitanien de Saucats (Le Son) : *Cerith subcorruga-*
> *tum* (¹) d'Orb. (pl. X, fig. 21-22), ma coll.

Observ. — On a proposé de reprendre, à la place de *Terebralia*, la dénomination *Clava* Martyn, bien que le géno-type de ce dernier soit tout à fait ambigu ;
cette opinion, développée par M. Jousseaume (Bull. Soc. zool. Fr. T. IX), a été
soutenue par MM. Dollfus et Dautzenberg (Journ. Conchyl., 1899, p. 201), qui
ont rappelé à cette occasion que le Genre *Terebralia in* Swainson, renferme
cinq espèces, dont un *Pyrazus* et un *Telescopium*. Ce n'est pas là un motif suffisant pour y substituer *Clava* : il faudrait d'abord établir que *Clava* Martyn,
dont on ne trouve aucune trace avant M. Jousseaume, a été légitimé, c'est-à-
dire que le type en a été clairement désigné avant 1840, date de la création de
Terebralia ; or, bien loin qu'il en soit ainsi, M. Dall a au contraire interprété
Clava comme étant un *Vertagus*, parce que la première espèce citée par Martyn
appartient à ce groupe ! On voit par cet exemple, à quelles confusions inextricables, on se heurte quand on cherche à exhumer des noms destinés à rester
dans l'oubli : Martyn n'a jamais fait de véritables recherches conchyliologiques,
tandis que Swainson est l'auteur d'un Manuel très sérieux.

Rapp. et diff. — *Terebralia* est évidemment un Genre de *Potamidinæ*, que
son ornementation variqueuse permet empiriquement de distinguer assez facilement des autres Genres de la même Sous-Famille ; mais le critérium générique
le plus important, lorsque l'on compare des ouvertures intactes, réside dans la
forme du labre échancré en arrière, peu proéminent en avant, quoiqu'il rétré-

(¹) Le nom *corrugatum* Bast. (*non* Brongn.) a été corrigé dans le Prodome (T. III,
p. 26, n° 1368).

cisse l'embouchure du canal qui est absolument tronqué au niveau du contour supérieur ; en outre, la columelle porte un gros pli médian qui n'existe pas chez *Cerithidea*, dont *Terebralia* se rapproche par ses varices. Le pli pariétal, très enfoncé, n'est guère visible que quand l'ouverture est mutilée.

Répart. stratigr.

MAESTRICHTIEN. — Une espèce probable, dans les couches à Cérites du Louristan, en Perse : *Tereb. cf. Munsteri* Keferst. (*Cerithium*), de Gosau d'après M. Douvillé (*loc. cit.*, p. 308, pl. XLIV, fig. 19-22).

EOCÈNE. — Plusieurs espèces bien caractérisées, dans le Lutécien et le Bartonien des environs de Paris et dans le Cotentin : *Cerithium Bonellii, curvicostatum* Desh, ma coll. ; *Pot. tetratænia, tritænia* Cossm. (Catal. ill. T. IV, p. 78-79, pl. II, fig. 14-15).

OLIGOCÈNE. — Une espèce typique, aux environs d'Aix : *Cerith. Coquandi* Math., ma coll. ; dans les marnes de Gaas : *Cerith. gibberosum* Grataloup, d'après l'atlas de cet auteur. Plusieurs variétés dans le Tongrien de la Ligurie : *Tereb. prolignitarum, Perraudi, cingulosa, Clerici* Sacco (*loc. cit.* pl. III, fig. 33-34). Le géno-plésiotype ci-dessus figuré, dans l'Aquitanien de la Gironde, avec une espèce voisine : *Cerith. subclavatulum* d'Orb. ma coll.

MIOCÈNE. — Plusieurs espèces dans le Burdigalien de la Gascogne, l'Helvétien de la Touraine, le Tortonien de l'Hérault et le Bassin de Vienne : *Cerith bidentatum* Defr., *C. lignitarum* Eichw., *C. crassum* Duj., ma coll. Autres espèces ou variétés voisines, dans l'Helvétien et le Tortonien du Piémont : *Potam. dertonensis, colligens* Sacco, var. *taurinensis, sulfurea, fasciculata, planulata* Sacco, *Ter. monregalensis* Sacco, var. *Melii* Sacco (*loc. cit.,* pl. III, fig. 27-30 et 35 36). Une autre espèce dans le Bassin de Vienne : *Cerith. Duboisi* Hœrnes, ma coll.

PLIOCÈNE. — Une espèce dans le Sarmatien (= Pontique) de la Russie ; *Cerithium Pauli* (¹) R. Hœrnes, ma coll. L'espèce géno-type dans les couches néogéniques de Java, avec quelques autres formes plus douteuses ; *Pot. Sucaradjanus, Nœtlingi, Cer. bandengense* Martin (*loc. cit.*, p. 212, pl. XXXII).

EPOQUE ACTUELLE. — Plusieurs espèces dans l'Australasie, d'après le Manuel de Tryon.

PYRAZISINUS, Heilprin, 1888. G.-Type : *P. campanulatus*, Heilp. Olig.

Taille moyenne ; forme mésalioïde ; spire peu allongée, à galbe conique ; tours convexes et étroits, sillonnés, variqueux, d'abord costulés, puis dépourvus d'ornementation axiale ; sutures enfoncées ;

(¹) Dénomination préemployée par Briart et Cornet ; je propose pour l'espèce de Russie : **Terebralia Rudolphi,** *nobis.*

dernier tour atteignant presque les deux cinquièmes de la hauteur totale, arrondi à la périphérie de la base qui est déclive et funiculée jusqu'au cou presque nul. Ouverture énorme, en pavillon dilaté, avec une large gouttière postérieure ; canal siphonal absolument tronqué et complètement clos par le retour du plafond qui vient reposer sur le bord opposé, au moyen d'une étroite languette ; labre fortement échancré au-dessus de la gouttière, épaissi, réfléchi, se terminant en avant par la languette précitée ; columelle courte, excavée, lisse, faiblement tordue en avant ; bord columellaire peu visible sous la retombée du pavillon.

Diagnose complétée d'après des spécimens du géno-type (pl. XI, fig. 12-13), de l'Oligocène supérieur de Tampa (Floride), ma coll. Autre génoplésiotype du Pliocène de la Floride *Cerithidea scalata* Heilprin (pl. XI, fig. 20), ma coll.

Rapp. et diff. — Cette Section diffère évidemment de *Terebralia*, et en particulier des géno-plésiotypes fossiles, non seulement par l'ornementation de la spire, mais surtout par l'absence de pli columellaire ; peut-être l'ouverture a-t-elle, en outre, le péristome plus complètement clos par le retour de la languette transversale du labre, mais cela peut-être attribué à l'état de vétusté des échantillons étudiés ; enfin les varices sont beaucoup moins saillantes, et quoique ce critérium soit, comme l'ornementation de la spire, d'importance tout-à-fait secondaire et de valeur empirique, il contribue néanmoins à justifier la séparation faite par Heilprin, qui aurait peut-être hésité davantage à proposer *Pyrazisinus*, s'il avait connu nos génoplésiotypes fossiles de *Terebralia* : mais, en tous cas, ce ne peut être qu'une Section de de Genre.

Répart. stratigr.
    OLIGOCÈNE. — Le géno-type dans les couches à silex de Tampa, que M. Dall a classées dans l'Aquitanien ; autre espèce ou variété, au même niveau : *Cerithium cornutum* Heilpr. d'après M. Dall (Ter. Flor. p. 288, pl. XV, fig. 3).

    PLIOCÈNE. — Le géno-plésiotype ci-dessus figuré, dans les couches néogéniques de Caloosaatchie (forme peu variqueuse, costulée jusqu'au dernier tour, à ouverture moins complètement close), d'après M. Dall (*loc. cit.*, pl. XV, fig. 1, 4, 7, 8, 10b).

TEREBRALIOPSIS, *nov. subgen.* G-T. : *Cerith. Requienianum* d'Orb. Tur.

Taille assez grande ; forme subulée comme celle de quelque Mélaniens, quoique un peu ventrue ; spire allongée, probablement pointue au sommet, à galbe d'abord conique, puis pupoïdal à l'âge adulte ; tours presque plans, à sutures linéaires, ornés de huit à dix côtes axiales, arrondies et écartées, se succédant régulièrement d'un tour à l'autre, croisées par des stries spirales qui y découpent des rubans ou même des cordons peu saillants. Dernier tour égal ou inférieur au tiers de la hauteur totale, ovale à la base sur laquelle s'effacent les côtes et grossissent les cordons spiraux. Ouverture ovale, subcanaliculée à la base (*fide* d'Orbigny), ou tout au moins sinueuse sur son contour supérieur ; labre peu épais, lisse à l'intérieur, oblique, proéminent en avant ; columelle mince, lisse, faiblement infléchie sans aucune torsion antérieure ; bord columellaire peu distinct.

Diagnose établie d'après des fragments de l'espèce géno-type, du Turonien d'Uchaux (pl. VIII, fig. 4-7), coll. du Musée de Dijon, coll. Peron.

Rapp. et diff. — La ressemblance de la spire de cette coquille avec celle de *Terebralia* est complète ; mais la columelle ne porte pas de plis et le labre n'est pas muni de dents ; en outre, aucun des échantillons mutilés que j'ai eu sous les yeux ne montre l'ouverture intacte, mais on peut du moins vérifier qu'elle ne comporte par un véritable canal comme celui de *Terebralia palustris*, et que le labre ne forme par une languette repliée en travers du canal, comme chez cette dernière espèce. On pourrait plutôt comparer cette ouverture à celle de certains Mélaniens holostomes, car c'est à peine si l'on y devine une sinuosité basale, beaucoup moins échancrée que le canal indiqué sur la figure de la Paléontologie française, d'après une restauration très hypothétique. Dans ces conditions, le classement de ce fossile éminemment marin présente une réelle incertitude : je l'ai d'abord placé dans les *Procerithidæ*, près de *Rhabdocolpus*, puis je l'ai réservé pour l'examen ultérieur du Cénacle *Melaniacea* ; enfin, si je le rapproche de *Terebralia* à cause de l'ornementation de la spire. c'est seulement à titre provisoire et en attendant qu'on ait pu en étudier l'ouverture à peu près intacte. Je noterai seulement en passant l'opinion de Stoliczka qui, dans la révision des fossiles de Gosau, a émis l'opinon que ce sont peut-être des *Vibex*, ou plutôt des *Claviger*, car *Vibex* Gray est une dénomination pré-employée ; or, *Claviger* a l'ouverture canaliculée, et si l'on devait en rapprocher

Terebralia

Cerith. Requienianum, il faudrait néanmoins l'en séparer comme Sous-Genre, de sorte que, même dans ce cas, *Terebraliopsis* serait à conserver, quoique dans un autre Cénacle.

Répart. stratigr.

CÉNOMANIEN. — Trois espèces dans les couches à *Trigonia* du Liban : *Pyrazus Elias, P. Rustemi, Cerithium conoideum* J. Böhm, d'après une Note de cet auteur (Zeitsch. deutsch. Gesells., 1900, pp. 210-211, pl. VI, fig. 6-8, et pl. VIII, fig. 6-7). La dénomination *conoideum* est préemployée par Lamarck pour une coquille lutécienne : je propose donc de la remplacer par Terebraliopsis Böhmi, *nobis*,

TURONIEN. — Outre l'espèce géno type, une espèce voisine quoique plus granuleuse, dans les grès d'Uchaux : *Cerith. Prosperianum* d'Orb., d'après la figure de la Paléontologie française ; les deux espèces existent dans les couches inférieures de Gosau, d'après Stoliczka (*loc. cit.*, p. 222).

SÉNONIEN. — Une espèce voisine, dans les couches supérieures de Gosau : *Cerith. articulatum* Zekeli, avec une autre espèce plus douteuse : *Cer. speciosum* Zekeli, d'après la Monographie de cet auteur (pl. XXIII, fig. 4 et 1) ; Stoliczka rapproche aussi la première du Genre *Vibex.*

EMSSCHÉRIEN. — Une espèce dans la Craie de Maëstricht : *Cerith. semiornatum* Kaunhowen, d'après la Monographie de cet auteur (p. 64, pl. VI, fig. 10-11).

PYRAZUS, Montfort, 1810

Coquille pyramidale ; ouverture variqueuse, prolongée en arrière ; canal très court, infléchi à droite ; columelle tordue.

PYRAZUS, *s. stricto.*   G.-T. : *Cerithium ebeninum*, Brug. Viv.
(= *Kleistopyrazus*, Sacco 1895)

Taille grande ; forme pyramidale à cinq ou six pans assez réguliers ; spire turriculée, à galbe conique, pointue au sommet ; tours souvent convexes ou anguleux, ornés de cordons granuleux et de filets plus fins sur la rampe suprasuturale. Dernier tour grand, parfois même disproportionné à l'état gérontique, avec une varice diamétralement opposée au labre, convexe à la base qui n'est excavée que sur le cou recourbé et orné de filets obliques. Ouverture à péristome épais et dilaté, ovale-arrondie au fond de l'embouchure, sans aucune gout-

9

tière pariétale, terminée en avant par un canal très court, infléchi et recourbé à droite ; labre un peu sinueux, évasé et épaissi par la dernière varice, peu proéminent en avant, se prolongeant en arrière sur l'avant-dernier tour où il forme un lobe calleux en se reliant au bord opposé ; columelle lisse et excavée, tordue en avant par un pli oblique et obsolète qui limite le canal et se recourbe avec lui ; bord columellaire calleux, bien appliqué sur le cou.

> Diagnose complétée d'après le géno-type, et d'après un géno-plésiotype de l'Eocène de la Loire-Inférieure : *Muricites pentagonatus* Schloth. (pl. X, fig. 3 et 10-11), ma coll.

Rapp. et diff. — L'ouverture de *Pyrazus* est assez différente de celle de *Potamides* pour qu'on puisse l'admettre comme un Genre distinct : le canal est, en effet, véritablement recourbé, quoique très court ; le péristome forme un pavillon dilaté qui n'a aucune analogie même avec celui d'*Exechestoma*, et le labre est moins sinueux que celui de *Tympanotonus*. Enfin l'ornementation pyramidale de la spire est un caractère d'une réelle importance, qui paraît constant chez *Pyrazus*, mais qui n'en est pas moins un critérium empirique ; aussi, quoique M. Sacco ait proposé de séparer une nouvelle Section *Kleistopyrazus* dont le géno-type est un individu peu complet qui ne semble pas pentagonal ou hexagonal, je suis d'avis d'attendre qu'on ait recueilli de meilleurs matériaux, avant de légitimer cette nouvelle création. En tous cas, il faudrait écrire correctement : *Clisto* et non *Kleisto*.

Répart. stratigr.

TURONIEN. — Une espèce, à ouverture mutilée, dans les couches inférieures de Gosau : *Cerith. Partschi* Zekeli, d'après la Monographie de cet auteur et d'après la révision précitée de Stoliczka. Une autre espèce aux environs d'Angoulême : *Pyrazus Rochebrunei* Vignal (Journ. Conchyl., 1905, p. 31).

SÉNONIEN. — Une espèce nouvelle, décrite dans l'annexe ci-après (pl. IX, fig. 1-3), dans les calcaires coniaciens de la Dordogne : *Pyrazus Stueri* Cossm., ma coll. Un échantillon douteux dans l'Aude : *P. corbaricus* Cossm., coll. de Grossouvre.

MAESTRICHTIEN. — Trois espèces dans les couches à Cérites du Louristan (Perse) : *Pyrazus* [*cf. Cerith pyramidatum* Desh.; du Cuisien], *Melania stillans* Vidal, *P. elongatus* Douvillé (Mission scient. de Morgan, Pal., p. 306).

PALÉOCÈNE. — Une espèce douteuse, dans le Thanétien des environs de Paris : *Pyrazus Plateaui* Cossm., coll. Plateau.

EOCÈNE. — Outre le géno-plésiotype ci-dessus figuré, dans le Vicentin et dans la Loire-Inférieure, une espèce à six pans dans le Bassin de Paris et dans le Cotentin : *Cer. hexagomun* Lanck., et une variété dans le Cuisien *Cer. spectabile* Desh., ma coll. Autre forme très voisine des précédentes: dans le Bartonien d'Angleterre : *Murex angulatus* Soland. d'après la figure (*Foss. hant.* fig. 46). Une espèce voisine, mais plus épineuse, dans le Vicentin : *Cer. cochlear* Fuchs, ma coll. Dans le Cotentin : *Pyrazus fresvillensis* Cossm. et Piss., ma coll. Dans les Corbières : *P. castellinioides* Doncieux, ma coll.

OLIGOCÈNE. — Le géno-plésiotype ci-dessus figuré, dans le Priabonien de la Vénétie, d'après M. Oppenheim (Priab., 1901, p. 205).

MIOCÈNE. — Une espèce incertaine dans le Burdigalien des Landes : *Cer. monstrosum* Grat. (= *nodulosum, non* Lamk. = *subnodulosum* d'Orb. corr. inut.), d'après la figure de l'Atlas du Bassin de l'Adour.

PLIOCÈNE. — Une espèce actuelle, dans les couches néogéniques de Timor : *Cerith. sulcatum* Brug., d'après M. Martin (Ergebn. auf Java, p. 179); toutefois Tryon l'a classée dans le Genre *Terebralia*.

ÉPOQUE ACTUELLE. — Le géno-type dans l'Océanie, et deux autres espèces sur les côtes du Chili et du Vénézuéla, d'après le Manuel de Tryon, et d'après M Vignal (*loc. cit.*).

ECHINOBATHRA ([1]). *nov. subgen.* G.-T.: *Cerithium Simonyi*, Zekeli. Tur.

Taille moyenne ; forme conoïdale, étagée en gradins ; spire dimorphe, l'extrémité assez effilée, tandis que le galbe devient conoïdal à l'âge adulte ; tours nombreux, d'abord en pyramide à six ou sept arêtes formées par des costules minces qui se succèdent d'un tour à l'autre et que croisent des filets spiraux ; puis, les sutures s'étagent avec une rampe que surmontent des épines très saillantes, produites par l'interruption des costules axiales ; l'ornementation spirale persiste jusqu'au dernier tour qui est peu élevé, à base déclive et munie de deux chaînettes spirales avec des filets concentriques intercalés.

Diagnose établie d'après des individus de l'espèce géno-type (pl. XIV, fig 26-27), et d'une espèce voisine : *Cerithium problematicum* Zekeli (pl. XIV, fig. 25), de la Craie de Gosau.

Rapp. et diff. — La spire de ces coquilles ressemble beaucoup à celle de *Pyrazus*, quoiqu'elle ait toutefois l'aspect plus hérissé sur les derniers tours,

([1]) Εχινος, aspérité ; βαθρα, gradins (pluriel neutre avec lequel on devra faire accorder l'adjectif spécifique).

Pyrazus

de sorte qu'elle perd, à mesure qu'elle vieillit, la forme régulièrement polygonale d'une pyramide, tandis que *Pyrazus* conserve cet aspect jusqu'au dernier tour. En outre, il est probable, d'après les fragments que je possède ou d'après les figures de l'atlas de Zekeli, quoiqu'aucun n'ait l'ouverture conservée, que cette ouverture est un peu moins nettement caniculée que celle de *Pyrazus* qui est d'ailleurs représenté dans la plupart des mêmes étages du Système crétacique. D'autre part, *Echinobathra* n'a jamais de varice antilabrale, ce qui indiquerait que le labre n'est pas développé en pavillon comme celui de *Pyrazus*; il paraît dénué de sinuosité, et enfin la taille de la coquille est généralement, sauf une exception dans le Cénomanien, plus modeste. En résumé, d'après mes critériums, ce doit être un Sous-Genre de *Pyrazus*.

Répart. stratigr.

CÉNOMANIEN. — Une espèce de grande taille, dans la craie du Brésil : *Cerithium Pedroanum* White (1887. Arch. Mus. nac. T. VII).

TURONIEN. — Outre le géno-type, trois espèces dans les couches inférieures de Gosau : *Cer. problematicum, debile, sexangulum* Zekeli, d'après l'atlas de cet auteur.

MAESTRICHTIEN. — Une espèce douteuse, dans les couches à Cérites du Louristan (Perse) : *Pirena cf. Suzanna* d'Orb. (*Cerith.*), d'après la Monographie précitée de M. Douvillé (p. 318, pl. XLII, fig. 17-18); il paraît probable que ce n'est pas l'espèce éocénique.

BATILLARIA, Benson, 1842 (¹)

(= *Lampania*, Gray 1846).

Coquille turriculée, à nodules subépineux ; ouverture piriforme, à péristome calleux et continu ; canal court, droit, horizontalement tronqué ; labre sinueux ou échancré sur le côté; columelle lisse, excavée, à peine infléchie en avant.

BATILLARIA, *s. stricto.*   G.-T. *Cerithium zonale,* Lamk. Viv.

Taille moyenne, rarement au-dessus ; forme turriculée, non étagée ; spire assez longue, à galbe conique, généralement aiguë au sommet ; tours un peu convexes ou même subanguleux, à costules très obsolètes et arquées, munis de une ou de plusieurs rangées spirales de nodosités, parfois subépineuses à l'intersection des costules qui

---

(¹) Ann. and Mag. Nat. Hist.

s'effacent rapidement au delà. Dernier tour supérieur au tiers de la hauteur totale, ovale à la base qui porte des cordons obtusément crénelés par les accroissements, jusqu'à un bourrelet très légèrement gonflé qui tient lieu de cou et qui correspond aux accroissements de la troncature du canal. Ouverture médiocre, piriforme, avec une très fine gouttière pariétale dans l'angle subdétaché du péristome inférieur ; canal cérithial droit, sans aucune inflexion, brièvement et horizontalement tronqué ; labre sinueux vis-à-vis de la rangée principale de nodules du dernier tour, développé en arc de cercle sur son contour supérieur où il présente un épaississement calleux qui rétrécit un peu l'entrée du canal ; columelle lisse, excavée en arrière, à peine infléchie en avant vers la gauche ; bord columellaire calleux, quelquefois presque détaché de la base et du bourrelet du cou, tronqué avec le canal.

Diagnose complétée d'après des échantillons de l'espèce géno-type, et d'après un géno-plésiotype du Bartonien du Vouast : *Cerithium pleurotomoides* Lamk. (pl. XI, fig. 14-15), ma coll.

Observ. — Le changement de dénomination signalé par M. Harris, en 1891, est motivé par ce fait que Benson avait déjà décrit, quatre années avant Gray, le même type de coquille sous un nom générique différent.

Rapp. et diff. — Ce Genre s'écarte complètement de *Potamides* ou de *Pyrazus* par la forme de son ouverture, et surtout par la disposition de son canal qui représente une embouchure droite, tronquée au niveau du contour supérieur, de sorte que la columelle qui vient s'y terminer latéralement n'est presque pas infléchie à son extrémité, ou même s'infléchit un peu à gauche de l'axe vertical ('), au lieu de se recourber à droite. En outre, le labre est plus profondément sinueux que chez la plupart des autres groupes de *Potamidinæ* : il forme une sorte d'échancrure subtriangulaire à la hauteur de la principale rangée spirale de nodosités subépineuses qui existe au milieu environ de chaque tour. Le péristome est calleux comme chez la plupart des Genres de cette Sous-Famille ; mais le labre s'épaissit surtout à son extrémité antérieure, de sorte qu'il forme une saillie obtuse à l'entrée du canal cérithial. La gouttière pariétale, bien visible chez certaines espèces encore vivantes, plus atténuée ou absente chez les espèces fossiles, est située très à gauche vers le labre, et elle est limitée par une callosité spirale attenant au labre plutôt qu'à la base.

(') **Voir les individus intacts et gérontiques de** *B. zonalis.*

Batillaria

Répart. stratigr.

MAESTRICHTIEN. — Un fragment innommé, dans les couches à Cérites, du
Louristan, en Perse, d'après M. Douvillé (*loc. cit.*, p. 302, pl. XLI, fig. 27).

PALÉOCÈNE. — Plusieurs espèces dans le Thanétien des environs de Reims :
Cerithium goniophorum, Falconeri, Bianconii, Desh., ma coll. ; une
espèce dans le Modunien de Meudon et dans le Montien de la Belgique :
Cer. inopinatum Desh., ma coll. ; plusieurs autres espèces à ce dernier
niveau : *Cer. Kœneni, multifilum, planovaricosum, ovalituberosum, sexli-
neum* Briart et Cornet (*loc. cit.*, pl. VIII, fig. 1-6).

EOCÈNE. — Outre le géno-plésiotype ci-dessus figuré, nombreuses espèces
aux trois niveaux des environs de Paris : *Cerith. subacutum* d'Orb.,
C. ealcitrapoides Lamk., *C. echinoides* Lamk., *C. Prevosti, Bouei, clandes-
tinum, rugatum, bicarinatum, Sowerbyi, separatum* Desh., *C. Huarti* de
Rainc.. *C. biserialc, turbinoides, Fischeri* Desh., *Batillaria Stueri* Cossm.,
ces trois dernières dans les Lignites sparnaciens, ma coll. Une espèce
dans l'île de Wight : *C. concavum* Sow., ma coll. Nombreuses espèces,
dont plusieurs des précédentes, dans le Nummulitique de l'Aude : *Batill.
dichotoma, Brunehildæ, Tristani* Doncieux, d'après la Monographie des
Corbières par cet auteur. Dans la Loire-Inférieure : *Cer. britannum* Vass.,
ma coll, Dans la Catalogne : *B. puigcercosensis* Cossm., ma coll. Une espèce
en Bosnie : *Cerith. Katzeri* Oppenheim (*loc. cit.*) ; une autre espèce en
Hongrie : *Cer. Canavarii* Pen., ma coll., avec plusieurs autres probables :
Cer. pontificale, Bat. loparensis Oppenh. (Altert. fauna Oesterr. Ung. 1901).

OLIGOCÈNE. — Une espèce douteuse, dans le Tongrien de la Ligurie : *Granulolabium ? batillarioides* Sacco (*loc. cit.*, p. 58, pl. III, fig. 47) ; ce n'est
sûrement pas un *Granulolabium* !

MIOCÈNE. — Une espèce douteuse, dans les couches néogéniques de Galves-
ton : *Cerithium galvestonense* Harris, d'après les figures (Bull. Amer.
Pal. T. I, n° 3, 1895, p. 104, pl. IV. fig. 9-12.

PLIOCÈNE. — Outre l'espèce géno-type, deux espèces presque lisses dans les
couches néogéniques de Java : *Pot. palabuanensis, odengensis* Martin (*loc.
cit.*, p. 218, pl. XXXIII, fig. 507-508), Une espèce dans la Nouvelle
Zélande : *Cer. rugatum* Hutton (¹).

EPOQUE ACTUELLE. — Plusieurs espèces en Australie et au Japon, d'après le
Manuel de Tryon.

LAMPANELLA, Morch, 1876.   G.-T. *Cerithium minimum*, Gm. Viv.

Taille petite ; forme trapue : spire treillissée, à costules droites ;
dernier tour grand, arrondi à la base. Ouverture semilunaire,

---

(¹) *Non* Desh. = *Batillaria pomahakensis* G. Harris, d'après cet auteur (Australa-
sian, Brit. Mus.).

faiblement canaliculée ; labre épais, lacinié, peu incurvé ; columelle lisse, excavée ; bord columellaire étroit, calleux.

> Diagnose complétée d'après la figure de l'espèce géno-type, et d'après celle d'un géno-plésiotype de l'Aquitanien de la Floride : *Potamides transectus* Dall. Reproduction de la figure originale de cette espèce (Fig. 10).

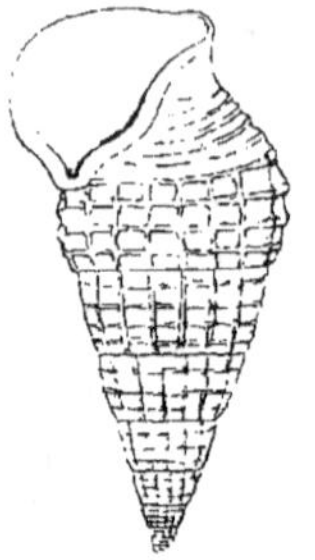

Rapp. et diff. — Je ne puis me rendre compte pour quels motifs Tryon a rapproché de *Batillaria* cette petite coquille qui a plutôt l'aspect de *Pirenella* : n'ayant vu ni le géno-type, ni le géno-plésiotype, je n'ai pas les éléments nécessaires pour juger s'il y a lieu de rectifier le classement de ce Sous-Geure; je me borne donc à signaler que c'est un rapprochement tout-à-fait provisoire, qui ne concorde nullement avec mon système de critériums.

Fig. 10. — *Lampanella transecta*, Dall.

Répart. stratigr.

OLIGOCÈNE. — Le géno-plésiotype ci-dessus reproduit, dans les couches à silex de Tampa (Floride), d'après M. Dall. (Tert. Flor. T. 1, p. 287, pl. XI, fig. 7).

ÉPOQUE ACTUELLE. — L'espèce géno-type dans la Caroline du Sud et aux Iles Bermudes, d'après le Manuel de Tryon.

*

BITTIUM, Leach *in* Gray, 1847).

(= *Cerithiolum*, Tiberi 1869).

Coquille petite, allongée, à tours granuleux ; canal court, non recourbé ; labre peu arqué, dépassant en avant le canal ; bord columellaire simple. Opercule suborbiculaire, à nucléus central et à tours peu nombreux.

BITTIUM, *s. stricto*   G.-T. *Strombus reticulatus*, da Costa. Viv.

Test peu épais. Taille petite ; forme turriculée, généralement conoïdale ; spire longue, à protoconque paucispirée, avec un nucléus minuscule et normal ; tours nombreux, convexes, ornés de cordons spiraux qui sont granuleux à l'intersection de costules courbes, avec des varices irrégulièrement disséminées. Dernier tour égal au tiers de la hauteur totale, généralement muni d'une varice diamétralement opposée au labre, arrondi à la base qui porte des cordonnets granuleux ou lisses, jusque sur le cou très court et faiblement excavé. Ouverture assez petite, peu dilatée, à péristome interrompu, sans gouttière postérieure, terminée en avant par un canal très court, obliquement tronqué et subéchancré à son extrémité ; labre à peine arqué en arrière, peu proéminent en avant où il s'élève plus haut que le bord opposé, quelquefois variqueux ou faiblement réfléchi en dehors, lacinié à l'intérieur ; columelle courte, excavée, lisse, reployée contre le canal, non recouverte par un bord calleux.

Diagnose refaite d'après l'espèce géno-type, et d'après un géno-plésiotype du Lutécien des environs de Paris : *Cerithium semigranulosum* Lamk. (pl. IX, fig. 5-6), ma coll.

Observ. — La dénomination *Cerithiolum*, postérieure à *Bittium*, a été retenue par M. de Monterosato par le motif que *Bittium*, aurait été préemployé pour un Genre de Crutacé : mais ni l'auteur ni la date de la création de ce dernier n'ont été indiqués, et il n'en est fait mention dans aucun répertoire ; de sorte que, jusqu'à plus ample informé, tous les conchyliologistes s'accordent pour conserver, jusqu'à présent, *Bittium*, et pour reléguer *Cerithiolum* en synonymie.

Rapp. et diff. — La forme de l'ouverture, dont le plafond s'élève en courbe plus haut que le canal ; d'autre part, la disposition de l'opercule chez les espèces actuelles, suffisent pour séparer facilement ce Genre des *Cerithinæ* ainsi que des *Potamidinæ* ; l'ornementation elle-même constitue un caractère distinctif, quoique empirique, qui confirme encore la séparation motivée par les autres critériums ; même les *Potamides* à trois rangées de granulations spirales n'ont pas du tout l'aspect de *Bittium s. s.*, et ils ne montrent jamais les varices qui le caractérisent.

Si on le compare aux *Procerithidæ*, dont un grand nombre ont le même faciès, on constate que, non seulement les varices de *Bittium*, mais surtout la forme du contour supérieur de l'ouverture, suppriment toute chance de confusion : *Bittium* a un véritable canal, très court il est vrai, mais néanmoins bien échancré à son extrémité ; ce n'est pas un bec comme celui des *Paracerithidæ*, et la columelle y est plus fortement infléchie. D'ailleurs, l'élévation du plafond de l'ouverture au-dessus du niveau de ce canal, est un critérium spécial à la

Sous-Famille *Bittiinæ*, il suffit d'étudier des spécimens adultes et bien intacts pour être frappé de la différence capitale qui en résulte dans la sinuosité du contour supérieur : au lieu d'une surface gauche et retroussée qui s'élève vers le canal, on remarque ici un arc de cercle qui s'atténue graduellement jusqu'à l'échancrure basale vers laquelle il redescend, c'est-à-dire que l'inflexion est en sens exactement inverse.

Répart. stratigr.

PALÉOCÈNE. — Plusieurs espèces dans le Thanétien des environs de Paris : *Cerith. gibbosum, jucundum, catalaunense, capillaceum, intangibile* Desh, ma coll. Une espèce voisine, dans le Montien de la Belgique : *Cerith. versigranulum* Briart et Cornet (*loc. cit.*, pl. IX, fig. 9).

EOCÈNE. — Outre le géno-plésiotype ci-dessus figuré, plusieurs espèces aux trois niveaux des environs de Paris : *Cerith. transenna* Bayan, *C. plicatulum, acuminiense, Duchasteli* Desh ; *Bitt. elachistum* Cossm., ma coll. ; une autre espèce dans le Nummulitique de l'Aude : *B. Richei* Doncieux, ma coll. Dans le Vicentin : *Bitt. Simonellii* Vin. de Regny, ma coll. Outre le géno-type, une espèce distincte dans le Bassin de Nantes : *B. Dagincourti* Vass., ma col.

OLIGOCÈNE. — Quelques espèces typiques, dans le Stampien des environs de Paris : *Cerithium sublima* d'Orb., *C. undulosum* Stan. Meun., *C. Debrayi* Cossm. et Lamb., ma coll. Dans le Tongrien de l'Allemagne du Nord : *Cer. granuliferum* von Kœnen (*loc. cit.*, T. III, p. 654, pl. XLVI, fig. 7).

MIOCÈNE. — Plusieurs espèces dans le Burdigalien de l'Aquitaine : *Cerith. spina* Partsch, *C. subgranulosum* Grat., ma coll. Une espèce confondue avec *Cer. scabrum* Olivi (= *B. reticulatum* ? da Costa), dans l'Helvétien de la Touraine, dans le Redonien de la Loire-Inférieure, dans la Catalogne, dans le Bassin de Vienne, ma coll. Plusieurs variétés de la même espèce, dans l'Helvétien et le Tortonien du Piémont, avec une espèce distincte : *Bitt. exiguum* Monteros, d'après la Monographie précitée de M. Sacco. Une espèce dans les couches néogéniques du Texas : *Bittium galvestonense* (¹) Harris, d'après cet auteur (Bull. Amer. Pal., T. I, 1895, p. 104, pl. IV, fig. 8).

PLIOCÈNE. — Le géno-type dans l'Astien des Alpes-Maritimes, ma coll. ; nombreuses variétés de la même espèce, dans l'Astien et le Plaisancien de la Haute Italie, d'après M. Sacco (*loc. cit.*) et d'après ma coll. Une espèce distincte, dans le Sarmatien de la Russie : *Bitt. konkense* Sokolow, ma coll.

PLEISTOCÈNE. — Nombreuses espèces actuelles, dans le Sicilien de Palerme : *Cer. reticulatum* da Costa, *C. scabrum* Olivi, *C. Latreillei* Payr., *C. lacteum* Phil., ma coll. Dans les couches de Californie : *Bitt. asperum* Gabb., *B. filosum* Gould, *B. rugatum* Carpenter, ma coll.

EPOQUE ACTUELLE. — Nombreuses espèces dans la Méditerranée, l'Atlantique

(¹) Ne pas confondre avec *Cerith. galvestonense* Harris, qui est un *Batillaria* précité.

sur les côtes occidentales d'Amérique ; mais les espèces australiennes et japonaises paraissent plus douteuses, il est vraisemblable qu'elles appartiennent à d'autres subdivisions existantes ou à créer.

Semibittium, Cossm. 1896 [1]. G.-T. : *Cerithium cancellatum*, Lamk. Eoc. (= *Cerithiopsis*, Cossm. 1889, *non vere* F. et H. 1849).

Taille petite ; forme étroite, turriculée, à galbe cylindro-conique ; spire allongée, pointue, à protoconque lisse, paucispirée, formant un minuscule nucléus ; tours nombreux, à sutures profondes, élégamment cancellés par des rubans spiraux, crénelés à l'intersection de petites costules obliques, sans aucune apparence de varices. Dernier tour peu élevé, arrondi à la base qui porte quelques cordons lisses jusque sur le cou court et excavé. Ouverture petite, semilunaire, anguleuse en arrière, mais sans gouttière, terminée en avant par un canal très court, obliquement tronqué à droite ; labre mince, oblique et antécurrent, arrondi sur le contours supérieur qui s'élève un peu au-dessus du bord opposé ; columelle lisse, peu excavée, graduellement recourbée en *S* vers le canal ; bord columellaire indistinct.

Diagnose faite d'après l'espèce géno-type, du Lutécien de Mòuchy (pl. VIII fig. 1-2), ma coll.

Rapp. et diff. — Quand j'ai séparé, en 1889, *Cerithium cancellatum* de *Bittium* (Cat. ill., T. IV p. 44), j'ai été surtout guidé par l'absence de varices sur la spire, et je l'ai rapporté, à cette époque, à *Cerithiopsis* Forbes et Hauley, dont il s'écarte cependant par sa columelle non tordue et par sa protoconque paucispirée. J'ai rectifié cette erreur d'attribution en 1896, et j'ai proposé la Section *Semibittium* qui doit être classée dans les *Bittiinæ* parce que son ouverture est semblable à celle de *Bittium* ; elle en diffère cependant, non seulement par l'absence de varices, ainsi que par le galbe et par l'ornementation de la spire, mais surtout par l'inclinaison oblique du labre qui est encore moins dilaté, et par la courbure plus adoucie de la columelle vers le canal : c'est donc une Section à maintenir, malgré ses affinités étroites avec le Genre *Bittium* s. s.

[1] **Catal. ill. coq. foss. env. Paris, App. II, p. 29.**

Répart. stratigr.

ÉOCÈNE. — Outre le géno-type, plusieurs espèces, aux trois niveaux des environs de Paris : *Cerithiopsis ecostata* Cossm., *Cerithium dulciculum* Desh., *C. Philipardi, parcecostatum* Watelet. *C. Escheri* Desh., ma coll. Trois espèces dans la Loire-Inférieure : *Bitt. evanescens, coislinense, trachycosmetum* Cossm., ma coll. Dans le Cotentin : *Bitt. Brasili, confusum* Cossm. et Piss., ma coll.

BITTIOLUM, *nov. gen.*

Petite coquille ventrue, variqueuse, treillissée, à bec subcanaliculé ; labre droit, épaissi ; columelle lisse, peu excavée, non infléchie contre le bec.

BITTIOLUM, *s. stricto.*   G-T. : *Bittium podagrinum*, Dall. Plioc.

Test un peu épais. Taille très petite ; forme ventrue, rissoïdale ; spire courte, à galbe conoïdal ; protoconque lisse, formée de trois tours convexes, croissant rapidement ; tours de spire presque plans, subimbriqués en avant, à sutures profondes, ornés d'un treillis grossier, à costules droites et à quatre rubans spiraux, avec des granulations à l'intersection. Dernier tour presque égal à la moitié de la hauteur totale, en retrait sur l'avant-dernier tour, à base obliquement déclive, sur laquelle persistent seuls les cordonnets spiraux ; cou à peu près nul, le profil de la base aboutissant presque directement au bec. Ouverture assez grande, ovale, oblique, terminée en avant par un bec un peu rétréci qui simule une sorte de canal ; labre épaissi par une large varice peu saillante, sur laquelle les costules deviennent plus obsolètes : son profil est à peu près rectiligne et il n'est pas proéminent en avant, mais il se raccorde en arc de cercle avec le bec antérieur ; columelle lisse, peu excavée, non infléchie à la naissance du bec contre lequel elle se termine en pointe ; bord columellaire peu épais, assez large, bien appliqué sur la base.

Diagnose établie d'après des spécimens de l'espèce géno-type, du Pliocène de Caloosahatchie (pl. XII, fig. 19-21), ma coll.

Rapp. et diff. — Je ne puis évidemment, d'après les critériums distinctifs que j'ai choisis, laisser cette coquille dans le Genre *Bittium* auquel elle ne ressemble pas du tout ; elle mérite de former un autre Genre qui s'en distingue essentiellement par un canal réduit à un simple bec, sans parler du galbe extérieur de la spire et de l'ornementation. Cependant *Bittiolum* se rattache encore aux *Bittiinæ* par les autres caractères de son ouverture, notamment par sa columelle et par le contour supérieur du labre. D'autre part, je ne crois pas qu'on puisse rapprocher cette coquille d'*Aneurychilus*, comme l'a proposé M. Dall dans la diagnose de l'espèce en question, attendu qu'*Aneurychilus* a le labre très arqué latéralement, tandis que les *Bittiinæ* n'ont pas le labre sinueux en arrière ; en outre, la protoconque de *Bittiolum* n'a aucune analogie avec celle d'*Aneurychilus*, et la varice extérieure du labre l'en écarte aussi.

Répart. stratigr.

    PLIOCÈNE. — L'espèce géno-type dans la Floride, ma coll.

    PLEISTOCÈNE. — Une espèce actuelle, voisine du géno-type, dans les couches récentes de la Floride : *Cerithium varium* Pfeiffer, d'après M. Dall (*loc. cit.*, p. 274).

    EPOQUE ACTUELLE. — La même espèce sur la côte orientale d'Amérique, ma coll.

TENUICERITIUM, Cossmann, 1896. [1]

Coquille mince, conique, costulée et crénelée ; ouverture grande, dilatée, à canal large et court, non rejeté en dehors, ni échancré à son extrémité ; labre convexe, dépassant en avant le canal ; columelle peu incurvée, sans plis.

TENUICERITHIUM, *s. stricto.*   G-T. : *Cerithium fragile*, Desh. Eoc.

Test mince et fragile. Taille assez petite ; forme conique, turriculée ; spire longue, plus ou moins élancée, à galbe conique ; protoconque lisse, paucispirée, à nucléus complètement dévié ; tours convexes ou même anguleux, ornés de costules plus ou moins noduleuses, croisées par deux ou trois filets spiraux, plus saillants sur l'angle ; quelques varices irrégulières, souvent obsolètes. Dernier tour égal aux deux cinquièmes de la hauteur totale chez les adultes, ovale à la

[1] Catal. ill. coq. foss. env. Paris, App. II, p. 28 (décrit comme Section de *Cerithium*).

base qui est un peu excavée sous le cou ; celui-ci est court, dépourvu
de bourrelet et de fente ombilicale. Ouverture grande, ovoïdale,
anguleuse sans gouttière postérieure, terminée en avant par un large
canal qui n'est nullement contracté, ni rejeté en dehors, ni échancré
à son extrémité, mais qui est à peine incurvé et tronqué par une
légère sinuosité du contour supérieur ; labre mince, convexe et dilaté,
s'élevant plus haut que l'extrémité du canal avec lequel il se raccorde
par une courbe élégante ; columelle peu excavée, dépourvue de plis,
infléchie suivant un arc à grand rayon vers son extrémité antérieure ;
bord columellaire mince, non calleux, bien appliqué sur la base et
sur le cou, sans aucune trace de pli pariétal.

Diagnose complétée d'après des échantillons de l'espèce géno-
type, du Lutécien (pl. II, fig. 2), coll. Bourdot ; et d'après
un géno-plésiotype de l'Eocène moyen du Cotentin : *Cerith.
Brasili* Cossm. (pl. IV, fig. 4-5), ma coll. Protoconque
grossie de *Cerith. costulatum* Lamk. (**Fig. 11**) et vue d'un
spécimen de cette espèce (Pl. II, fig. 3), ma coll.

Fig. 11. — Proto-
conque le *Te-
nuicerithium
costulatum*,
Lamk.

Rapp. et diff. — Tant qu'on ne possède pas l'ouverture intacte des espèces
que je propose de classer dans ce Genre, on ne peut apprécier que très impar-
faitement la valeur des motifs qui en justifient la séparation : le galbe et l'ornementation d'ailleurs variable des individus incomplets ont, en effet, l'aspect
« cérithial », quoique différent cependant de celui de *Tiaracerithium*, de *Ptychocerithium* ou de *Colinia* qui ont à peu près la même taille. Mais, lorsqu'on peut
étudier la forme gérontique, sans aucune brisure, que prend l'ouverture de ce
groupe d'espèces, on s'aperçoit immédiatement qu'il n'est pas possible d'en
faire concorder les caractères avec les critériums génériques des groupes pré-
cités, ni même avec ceux des autres Genres de la Sous-Famille *Bittiinæ* : le labre
est dilaté, mais au lieu de se replier (comme chez *Cerithium*) en travers du canal,
ou d'en contracter l'origine comme chez *Vulgocerithium* ou chez *Bittium*, après
s'être élevé plus haut que le bord opposé, il ne s'y raccorde que par une sinuosité qui n'a aucune analogie avec celle de *Bittium*, ni avec celle de *Fastigiella*
dont le bord reste au même niveau sur le contour supérieur ; d'autre part, le
contour du labre n'est pas sinueux et excavé comme chez *Serratocerithium*, ni
comme chez la plupart des *Potamidinæ*. Quant au canal, au lieu d'être recourbé
comme celui de *Cerithium* et de *Rhinoclavis*, ou tubulé et presque droit comme
chez *Bezançonia*, avec un cou pareil à celui de *Colinia*, il est largement ouvert,
à peine infléchi avec la columelle comme celui des *Bittiinæ* ; mais, ni *Bittium* ni
Bittiolum n'ont une ouverture aussi évasée, dilatée avec un labre aussi convexe

que celui de *Tenuicerithium*. Or, on ne peut se rendre compte de ces différences en étudiant de jeunes individus dont l'ouverture ressemble à celle de la plupart des Cerithidés incomplets, avec un bec formé par l'angle aigu d'intersection du labre avec la columelle : c'est pourquoi, après avoir d'abord placé ([1]) les coquilles éocéniques de ce groupe à la suite des véritables Cérites, j'en ai d'abord formé une Section distincte, et c'est aussi pourquoi j'érige actuellement cette Section au rang de ce Genre absolument distinct de *Bittium*. Aux caractères ci-dessus énumérés, il faut encore ajouter la minceur du test que l'on observe aussi chez *Colinia*, et la forme particulière de la protoconque qui est très courte, à nucléus un peu dévié ; mais ce dernier caractère est d'une comparaison difficile chez les *Cerithidæ* qui ont presque tous la pointe cassée, surtout lorsque l'ouverture est gérontique.

Tenuicerithium est un Genre encore plus éphémère que *Bittium* ; moins ancien que ce dernier, il forme un rameau latéral qui paraît s'être éteint sans postérité ; cependant il est possible que l'on reconnaisse ultérieurement d'autres représentants de ce Genre parmi des échantillons non intacts et actuellement dénommés *Cerithium s. lato*.

Répart. stratigr.

Éocène. — Outre le géno-type et les géno-plésiotypes ci-dessus figurés, trois autres espèces dans le Lutécien des environs de Paris : *Cerithium Hœrnesi, crassicostatum, limbatum* Desh., ma coll. Trois d'entre elles dans le Bassin de Nantes ou dans le Cotentin : *C. fragile, limbatum* Desh., *C. costulatum* Lamk., ma coll. Deux autres espèces dans le Cotentin : *Cer. Brasili* ([2]) *Lenuieri* Cosm. et Piss., d'après la Monographie de ces auteurs (pp. 146-147, pl. XVII, fig. 16-17, pl. XVIII, fig. 13).

Oligocène. — Deux espèces dans les couches aquitaniennes de la Floride : *Bittium chipolanum, permutabile* Dall, et var. *Burnsi* ([3]), ma coll. Une espèce probable, dans le Priabonien de Monte Grumi : *Cerith. cf. Weinkauffi* Fuchs, ma coll.

([1]) Catal. ill., T. IV, p.   .

([2]) Ne pas confondre avec *Bittium Brasili* qui peut coexister, n'étant pas du même Genre.

([3]) Il existe déjà au même niveau, du même auteur, un *Cerith. Burnsi* qui est un *Ptychocerithium*.

CERITHIOPSIDÆ, H. et A. Adams, 1854. (¹)

Coquille petite, cérithiforme, à canal échancré sur la base, sans
gouttière pariétale ; ouverture subquadrangulaire, à labre droit, non
proéminent en avant ; columelle lisse, plus ou moins tordue en avant,
près de l'origine du canal. Opercule subovale, paucispiré, à nucléus
sublatéral, placé du côté interne de l'ouverture.

Observ. — On se demande par quelle étrange aberration les frères Adams,
en créant cette Famille tout-à-fait justifiée, l'ont placée entre *Styliferidæ* et *Ar-
chitectonicidæ* qui sont des coquilles holostomes, et pourquoi ils ont négligé le
canal bien visible de *Cerithiopsis* qui ressemble d'ailleurs aux Cérites par son
ornementation ; il est vrai qu'ils y ont fait entrer *Alaba* qui me paraît apparte-
nir à un Cénacle très différent (*Rissoacea*). Seule, la protoconque styliforme de
quelques membres de cette Famille pourrait autoriser un rapprochement avec
Stylifer ; mais cette analogie est trop secondaire pour qu'elle puisse servir de
base à un classement aussi contraire aux véritables affinités de *Cerithiopsis*. A
première vue, *Cerithiopsis tubercularis* qui est le géno-type et par conséquent, le
représentant le plus authentique de la Famille, a la forme, l'ornementation et
surtout le canal des *Cerithidæ* ; Fischer, dans son Manuel de Conchyliologie,
n'a même pas admis une Famille distincte ; mais je ne vais pas aussi loin et je
crois que la séparation de cette Famille est amplement justifiée par les caractères de l'animal (trompe rétractile, dentition de la radule, opercule, etc...), à
la condition de placer cette Famille immédiatement après les *Cerithidæ*.

Cette Famille n'a commencé à apparaître, d'une manière bien certaine, que
dans l'Eocène ; sauf une exception dans l'Emmschérien on n'en connaît pas de
véritables représentants à la partie supérieure du Système crétacique. D'ailleurs, la petitesse de la plupart des espèces dont elle se compose, la délicatesse
de l'échancrure basale qui tient lieu de canal et qui n'est même que rarement
intacte dans les sables siliceux ou calcaires le plus favorables à la fossilisation,
sont de sérieux obstacles à ce qu'on en puisse recueillir des spécimens suffisamment déterminables dans des terrains où le test des coquilles grosses ou de
moyenne taille peut seulement échapper à l'écrasement. Dans ces conditions,
il m'est à peu près impossible de présumer, quant à présent, de quelle souche
de *Cerithiacea* cette Famille est issue.

(¹) Gener. of shells, T. I, p. 240.

Tableau des Genres, Sous-Genres et Sections

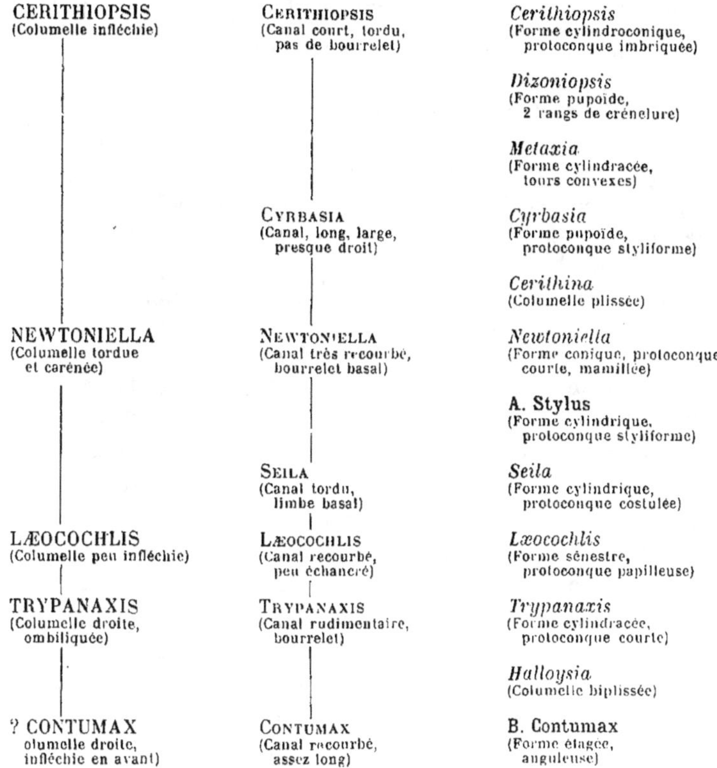

CERITHIOPSIS (Columelle infléchie)	Cerithiopsis (Canal court, tordu, pas de bourrelet)	*Cerithiopsis* (Forme cylindroconique, protoconque imbriquée)
		Dizoniopsis (Forme pupoïde, 2 rangs de crénelure)
		Metaxia (Forme cylindracée, tours convexes)
	Cyrbasia (Canal, long, large, presque droit)	*Cyrbasia* (Forme pupoïde, protoconque styliforme)
		Cerithina (Columelle plissée)
NEWTONIELLA (Columelle tordue et carénée)	Newtoniella (Canal très recourbé, bourrelet basal)	*Newtoniella* (Forme conique, protoconque courte, mamillée)
		A. Stylus (Forme cylindrique, protoconque styliforme)
	Seila (Canal tordu, limbe basal)	*Seila* (Forme cylindrique, protoconque costulée)
LÆOCOCHLIS (Columelle peu infléchie)	Læocochlis (Canal recourbé, peu échancré)	*Læocochlis* (Forme sénestre, protoconque papilleuse)
TRYPANAXIS (Columelle droite, ombiliquée)	Trypanaxis (Canal rudimentaire, bourrelet)	*Trypanaxis* (Forme cylindracée, protoconque courte)
		Halloysia (Columelle biplissée)
? CONTUMAX olumelle droite, infléchie en avant)	Contumax (Canal recourbé, assez long)	**B. Contumax** (Forme étagée, anguleuse)

A. — Stylus, Jeffreys, 1884 *cm.* (= *Stilus*, Zool. proc., LII, barbarisme pour
στυλος). — Type : *S. insiguis* Jeffreys. Coquille conique, polygyrée, treillissée, à
protoconque formée par une « pointe tordue et subitement subdétachée » ; canal
court et recourbé ; columelle lisse. Cette Section ressemble, à s'y méprendre, à
Newtoniella, plus encore qu'à *Cerith. metula* ou à *Cer. arcticum* ; mais elle s'en
distingue essentiellement par sa protoconque styliforme, se détachant d'un
premier tour lisse et convexe.

B. — Contumax, Hedley, 1899 (¹). — Type : *C. decollatus* Hedley. Cette coquille assez petite ressemble à la pointe d'un *Exechestoma*, mais elle paraît avoir

(¹) Moll. of Funafuti, I, p. 437 (*Mem. Austral. Mus.*, Part. VII).

l'ouverture d'un *Cerithiopsis*, d'après ce qu'affirme l'auteur ; son sommet est toujours décollé, donc on n'a aucune indication sur sa protoconque ; dans ces conditions, et eu égard à son galbe ainsi qu'à son ornementation, il me paraît très douteux qu'elle puisse être conservée parmi les *Cerithiopsidæ*.

CERITHIOPSIS, Forbes et Hanley, 1849.

Coquille petite, à spire allongée, granuleuse, à protoconque poly-gyrée ; ouverture caniculée, échancrée à la base ; labre peu incurvé ; bord columellaire mince.

CERITHIOPSIS, *s. stricto*.   G-T. : *Murex tubercularis*, Montg. Viv. (= *Trachyschænium*, Cossm. 1889).

Test mince. Taille petite ; forme cylindroconique, étroite ; spire généralement longue, aiguë au sommet, subulée ; protoconque poly-gyrée, à nucléus un peu dévié, à tours imbriqués en avant, les deux premiers lisses, les suivants finement costulés ; tours de spire nom-breux, étroits, ornés de rangées spirales de granulations qui se cor-respondent dans le sens axial, de manière à former des costules un peu infléchies. Dernier tour relativement court, anguleux à la péri-phérie de la base qui est un peu convexe, simplement ornée d'un ou de deux cordons lisses, jusqu'au cou très court et dépourvu de bourrelet ou de limbe correspondant aux accroissements de l'échancrure basale. Ouverture petite, subquadrangulaire, sans gouttière posté-rieure, terminée en avant par un canal court, un peu renversé en dehors, et profondément échancré à son extrémité ; labre mince, peu incurvé, non proéminent en avant, mais faisant un angle de 90° avec le contour de l'échancrure ; columelle lisse, droite, non tordue en avant, mais simplement infléchie contre l'échancrure ; bord columellaire mince et étroit.

Diagnose refaite d'après des échantillons du génotype et d'une espèce voisine: *Cerithium alveolatum*, Desh. (Pl. XII, fig. 10-11), ma coll. Protoconque grossie (Fig. 12).

Fig. 12. — Protoconque de *Cerithiopsis alveolata*, Desh.

Rapp. et diff. — Sans répéter ici ce qui a été dit ci-dessus à propos des caractères distinctifs des *Cerithiopsidæ*, je me borne à faire remarquer que *Cerithiopsis* s'écarte de *Bittium* et surtout de *Semibittium*, non seulement par sa protoconque, mais surtout par son canal échancré à la base ; au lieu de former une saillie qui se raccorde par un arc de cercle avec le canal, le labre fait un angle net avec le contour de cette échancrure.

Répart. stratigr.

EMMSCHÉRIEN. — Une espèce très probable, dans le « Fox Hill Group » du Missouri supérieur : *Turritella moreauensis* Meek et Hayden (Invert. Cret. 1876, p. 335, pl. XXXI, fig. 4 et fig dans le texte.

PALÉOCÈNE. — Une espèce dans le Thanétien des environs de Reims, confondue jusqu'à présent avec *Cer. alveolatum* Desh. Une espèce peu certaine, dans le Montien de la Belgique : *Cerith. Mourloni* Briart et Cornet (*loc. cit.*, pl. IX, fig. 4) ; autre espèce mieux caractérisée, du même gissement : *Cer. subcylindraceum* B. et Cornet.

ÉOCÈNE. — Plusieurs espèces aux trois niveaux du Bassin de Paris : *Cer. alveolatum, Maresi, trigeminatum, Baudoni* Desh., *Lovenella chaussyensis, diozodes, Bernayi* Cossm., ma coll. Dans la Loire-Inférieure : *Cerithiopsis trachycosmeta* Cossm., ma coll., et dans le Cotentin, coll. Pissarro. Une espèce en Australie : *Cerith. Mulderi* Tate, d'après la diagnose de l'auteur (Census of the older Tert., p. 403). Trois espèces dans la Claibornien de l'Alabama : *Cerithiopsis Dalli, fluviatilis* Aldrich, *C. terebropsis* Harris (Bull. Amer. Pal., t. II, n° 8, p. 178, pl. 1).

OLIGOCÈNE. — Deux espèces dans le Stampien des environs de Paris : *Cerithium Piettei, jeurense* Desh., ma coll. Plusieurs espèces dans le Tongrien de l'Allemagne du Nord : *Cer. Strombecki, dactylus, sufflatum, terebræforme* von Kœnen, *C. bimoniliferum* Sandb., *Cer. Henckeli* Nyst, *C. acuarium, densicosta, raricostatum* von Kœnen, d'après la Monographie de cet auteur (III, p. 660, pl. XLIV).

MIOCÈNE. — Plusieurs espèces ou variétés de génotype, dans l'Helvétien et le Tortonien du Piémont : *Cerithiopsis taurorecta, taurosulcata, filifera* Sacco, *C. obesula* B. D. D., d'après la Monographie de M. Sacco (Part. XVII, p. 66).

PLIOCÈNE. — Le génotype, avec deux variétés (*C. Barleei, pulchellum* Jeffreys), dans le Crag d'Angleterre, d'après S. Wood (Suppl. Crag. moll., p. 181). Le géno-type et quelques variétés, dans l'Astien et le Plaisancien du Piémont : *Cer. nanum* Wood, *C. pygmæum* (¹) Phil., *C. concatenatum* Conti, d'après M. Sacco (*ibid.*). Deux espèces ou variétés dans les couches néogéniques de la Floride : *Cerithiopsis Floridana* Dall, *C. Greenii* C. B. Adams, d'après M. Dall (Tert. Flor., p. 269).

(¹) Dénomination préemployée pour une espèce jurassique, par Buvignier ; je propose pour l'espèce du Pliocène : **Cerithiopsis astensis**, *nobis*.

Epoque actuelle. — Le génotype, des variétés et d'autres formes, dans l'Atlantique et la Méditerranée, sur les côtes d'Amérique, d'après le Manuel de Tryon.

DIZONIOPSIS, Sacco, 1895,   G.-T. : *Cerithium bilineatum*, Hœrn. Mioc.

Test épais. Taille très petite ; forme pupoïde, plus ou moins allongée ; spire relativement courte, à galbe conoïdal, à protoconque effilée ; tours plans, ornés de deux rangées spirales et inégales de crénelures droites, qui forment des côtes axiales très serrées, la rangée antérieure généralement la moins large. Dernier tour égal au cinquième environ de la hauteur totale, à base convexe, simplement sillonnée par des cordons lisses, jusqu'au cou qui est presque nul. Ouverture subquadrangulaire, à canal tronqué, fortement échancré ; labre droit, anguleux à sa jonction avec le contour de l'échancrure basale ; columelle lisse, peu excavée, tordue en avant ; bord columellaire, mince et étroit.

> Diagnose complétée d'après les figures de l'espèce génotype (Moll. Rouss., pl. XXVII), et d'après un géno-plésiotype du Burdigalien de Mérignac : *Cerithium pupæforme* Bast. (Pl. XII, fig. 22-24), ma coll.

Rapp. et diff. — Il n'y a que de très faibles différences entre cette Section et *Cerithiopsis* : la forme pupoïde de la spire, et l'ornementation à deux rangs de crénelures sur chaque tour au lieu de trois lignes spirales de granulations. Je n'ai pu constater si la protoconque est différente, mais l'ouverture est bien semblable, sauf que le canal est peut-être un peu plus tronqué.

Répart. stratigr.

Eocène. — Deux espèces probables, dans le Lutécien des environs de Paris : *Cer. larva* Lamk., *C. dispar* Desh. ; la première, dans le Cotentin, avec une espèce voisine de la seconde : *Cerithiopsis metalepsoides* Cossm. et Piss.. coll. Pissarro.

Miocène. — Outre le génotype dans le Bassin de Vienne et dans l'Helvétien du Piémont, le géno plésiotype ci-dessus figuré, dans l'Aquitaine.

Pliocène. — Le géno-plésiotype dans le Piémont, d'après M Sacco (*loc. cit.*).

Pleistocène. — Le géno-plésiotype dans les plages soulevées de la Sicile et de l'Archipel.

Epoque actuelle. — Le géno-plésiotype dans la Méditerranée et l'Adriatique (*fide* B. D. D.).

METAXIA, Monterosato, 1884.   G.-T. : *Cerithium rugulosum*, Sow. Viv.
(= *Cer. Metaxæ*, Delle Chiaje ?)

Taille très petite ; forme cylindracée ; spire longue, à tours nombreux et convexes, ornés de quatre cordons spiraux que croisent des côtes axiales courbées, avec de petites nodosités peu granuleuses à leur intersection, sutures profondes et bordées par un cordonnet lisse. Dernier tour très court, caréné à la périphérie de la base qui est rayonnée par de petits plis, aplatie ou même concave, dégageant bien le cou qui est à peu près nul, simplement indiqué par un faible bourrelet spiral. Ouverture petite, ovale ; canal court, très profondément échancré, labre un peu incurvé, arrondi en avant ; columelle arquée, tordue à son extrémité antérieure.

Diagnose complétée d'après l'espèce génotype, des environs de Palerme (Pl. XII, fig. 14), ma coll.

Rapp. et diff. — La séparation de cette Section n'est guère fondée que sur l'ornementation et la convexité des tours de spire, mais la protoconque n'en a pas été étudiée. Quant à l'ouverture, elle est peut-être un peu plus ovale que celle de *Cerithopsis*, avec un canal plus court qui se réduit à une échancrure basale ; le labre est aussi moins anguleux à sa jonction avec cette échancrure (*fide* Bucquoy, Dautzenberg, Dollfus, Moll. Rouss., t. 1, p. 208). J'ai d'ailleurs pu vérifier ces caractères différentiels sur un spécimen que m'a gracieusement offert M. de Monterosato, et je ne puis faire autrement que de les juger très faibles ; aussi l'addition de cette nouvelle Section me paraît-elle bien peu utile.

Répart. stratigr.
   MIOCÈNE. — Le génotype douteux dans le Bassin de Vienne (*fide* B. D. D. *loc. cit.*)
   PLIOCÈNE. — Le génotype ou une espèce très voisine, dans le Crag d'Angleterre, d'après S. Wood (Crag Moll. 1848, T. I, p. 71. pl. VIII, fig. 6). Une variété dans la Floride : *Cerithiopsis tæniolata* Dall.
   ÉPOQUE ACTUELLE. — Le génotype et plusieurs variétés, dans la Méditerranée et l'Adriatique, d'après M. de Monterosato (Mod. nomencl., 1884. p. 125).

CYRBASIA, Harris et Burrows, 1891 G.-T. : *Cerithium pupina*, Desh. Eoc.
(= *Tiarella*, Cossm, 1889, *non* Swainson 1840)

Taille microscopique ; forme étroite, quoique pupoïde ; spire
médiocrement allongée, à galbe un peu conoïdal ; protoconque
styliforme, lisse, composée de quatre tours convexes, très étroits,
formant une pointe subitement rétrécie, hors de proportion avec la
forme conoïdale du reste de la spire ; tours peu convexes, ornés de
quatre rubans spiraux qui portent des aspérités parfois saillantes à
l'intersection des costules droites et serrées. Dernier tour atteignant
presque le tiers de la hauteur totale, ovale, à base convexe à la
périphérie de laquelle cesse subitement l'ornementation de la spire ;
cou allongé, droit, un peu gonflé. Ouverture étroite et haute, terminée en avant par un canal large, presque vertical ou à peine
infléchi ; labre peu arqué, se terminant en biseau contre le canal ;
columelle faiblement incurvée, à peine tordue en avant.

Diagnose complétée d'après un échantillon de l'espèce génotype, du Lutécien
de Grignon (Pl. XII, fig. 34), ma coll.

Rapp. et diff. — Chez *Cyrbasia*, ce n'est pas seulement l'ornementation de
la spire qui diffère de *Cerithiopsis*, c'est surtout le canal à peine tordu, auquel
correspond un cou droit, et qui prend un aspect tellement différent que l'on
pourrait presque en faire un Genre distinct, si l'importance relative des critériums était le même que chez les *Cerithidæ*, et surtout si l'on était absolument
certain que l'ouverture ci-dessus décrite est bien celle d'une coquille adulte.
Mais, comme il s'agit d'une espèce localisée dans quelques gisements où elle
est très rare, et qu'elle n'y est jamais intacte, je me suis borné à conserver
Cyrbasia comme un Sous-Genre, après l'avoir d'abord proposé (sous le nom
préemployé *Tiarella*) comme une Section de *Lorenella*.
Si l'on compare d'ailleurs *Cyrbasia* à *Dizoniopsis* qui a presque le même
galbe et une ornementation analogue, on trouve qu'il en diffère, non seulement
par son canal presque vertical, mais aussi par sa protoconque plus styliforme.
Il est très probable que des spécimens incomplets aient pu être confondus avec
Dizoniopsis, ou même avec *Cerithiopsis*, de sorte qu'il ne faut pas être surpris
qu'il ne nous soit, quant à présent, possible de citer qu'une seule espèce, à un
seul niveau, dans ce Sous-Genre.

Répart. stratigr.

Eocène. — L'espèce génotype dans le Lutécien des environs de Paris.

CERITHINA, Holzapfel, 1888 (¹)   G.-T. *Cerithium vaalsensis*, Holz. Ems.

« Forme turriculée, à tours treillissés ; sommet pointu ; ouverture arrondie subquadrangulaire, avec un canal court ; labre mince ; columelle portant un pli spiral très saillant ».

Traduction de la diagnose originale, reproduction des figures de l'espèce génotype (Fig. 13).

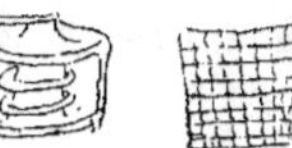

Fig. 13. — *Cerithina vaalsensis,* Holz.

Rapp. et diff. — C'est simplement d'après son ornementation qu'on peut rapprocher cette Section de *Cerithiopsis* : l'auteur n'a eu entre les mains que des fragments sur lesquels il est impossible de baser des critériums certains ; tout ce qu'il a pu affirmer, c'est qu'il a constaté l'existence d'un pli columellaire, sans qu'il soit possible d'affirmer que ce pli columellaire ne s'atténue pas lorsque l'ouverture devient adulte ; il est même probable que c'est la torsion de la columelle pour la fermeture du canal, et que ce pli est situé moins bas que ne l'indique la figure originale ; dans ce cas, *Cerithina* ne serait simplement qu'un *Cerithiopsis* supracrétacique. Aussi, il eût été préférable d'attendre de meilleurs matériaux avant de proposer cette Section.

Répart. stratigr.

Emsschérien. — Deux espèces dans les sables de Vaals : le génotype et *C. granulata* Holz., forme moins étroite (*loc. cit.*, pl. XIII, fig. 18-19 et 21).

NEWTONIELLA, Cossmann, 1893

(= *Lovenella*, Sars 1878, *non* Hicks 1869 ; = *Cerithiella*, Verrill 1882, *non* Morr. et Lyc. 1850 *em.* ; = *Newtonia*, Cossm, 1891, *non* Schl. 1866 ; = *Cerithiolinum*, Locard 1903 ; = ? *Eumeta*, Mörch 1868, *nom. nud.*).

Coquille conique, allongée, subulée, treillissée, à protoconque courte et mamillée ; ouverture quadrangulaire, à canal tordu ; columelle plissée en avant.

(¹) Die Moll. der Aachener Kreide, p. 128.

NEWTONIELLA, *s. stricto.*   G.-T. : *Cerithium clavus*, Lamk.

Taille assez petite ; forme conique, pointue au sommet ; spire longue, à galbe subulé ; protoconque mamillée, formée de deux tours subglobuleux ; tours nombreux, étroits, à sutures peu distinctes, ornés de costules axiales, courbes, croisées par des rubans spiraux, et inégaux qui y découpent des crénelures régulières. Dernier tour relativement court, anguleux à la périphérie de la base qui est plane, lisse ou rayonnée par des lignes d'accroissement, jusqu'au cou excavé sous le bourrelet correspondant aux accroissements de l'échancrure basale. Ouverture petite, quadrangulaire, terminée en avant par un canal obliquement tordu et échancré sur le cou ; labre un peu incurvé, non proéminent en avant, mais recourbé à l'origine du canal ; columelle très excavée en arrière, tordue en avant par un pli saillant et subcaréné qui suit l'inflexion du canal : bord columellaire un peu calleux, bien appliqué sur la base, se confondant en avant avec le bourrelet du cou.

Diagnose refaite d'après l'espèce génotype, du Lutécien de Chaussy (Pl. XII, fig. 12-13), ma coll. Protoconque grossie (Fig. 14).

Fig. 14. — Protoconque de *Newtoniella clavus*, Lamk.

Observ. — La longue synonymie de cette dénomination générique nécessite quelques explications complémentaires : pour corriger le double emploi qui a échappé à Sars quand il a désigné sous le nom *Lovenella* le type *Cerithium metula* Loven, Verrill a proposé *Cerithiella* qui — orthographiquement — diffère de *Ceritella* Mor. et Lyc., Genre jurassique du Sous-Ordre *Entomotæniata*. Mais ce dernier nom est un diminutif latin du mot français « Cérite », ce qui constitue un solécisme qu'il faut corriger d'office, de sorte que l'on doit écrire *Cerithiella* Morr. et Lyc., *em.* ([1]). Il en résulte qu'on ne peut admettre *Cerithiella* Verrill, pour remplacer *Lovenella* Sars.

([1]) Je ne comprends pas que certains auteurs persistent à soutenir que *Cerithiella* ne fait pas un double emploi avec *Ceritella* : c'est aussi indubitable que l'identité de *Tomocheilus* et *Tomochilus* par exemple, ou bien de *Keilostoma* et *Chilostoma*, attendu que deux mots ne sont réellement différents qu'à la condition que cette différence ne soit pas seulement le résultat d'une faute d'orthographe ! Or c'est une règle, en nomenclature, qu'on ne doit pas laisser subsister un nom fautif, et que, tout en l'amendant pour faire disparaître le barbarisme ou le solécisme, on doit en conserver

C'est pourquoi j'avais proposé d'adopter *Newtonia* (préemployé), puis définitivement *Newtoniella*, pour distinguer les coquilles du groupe de *Cerith. metula* qu'on recueille dans l'Eocène parisien, et particulièrement *Cerith. clavus* Lamk. que j'ai désigné comme génotype de *Newtoniella*.

De son côté, Fischer a repris, dans son Manuel, un nom générique, non défini par Mörch, mais s'appliquant à *Cer. arcticum* Mörch. coquille treillissée, à tours convexes et à protoconque bulbeuse, d'après M. Dall. Or je ne crois pas qu'il y ait réellement identité entre cette coquille et *N. clarus* ; en tous cas, *Lorenella metula* — qui est bien un *Newtoniella* — a un galbe tout-à-fait différent de celui de *C. arcticum*. Dans ces conditions, je me borne à citer *Eumeta* en synonymie douteuse de *Newtoniella* ; c'est peut-être une Section distincte, comme *Stylus* Jeffreys, que j'ai mentionné ci-dessus.

Rapp. et diff. — *Newtoniella* se distingue de *Cerithiopsis* par trois bons caractères : la protoconque est mamillée, le canal est fortement tordu et rejeté en dehors, la columelle est munie d'un pli caréné. A ces trois différences essentielles, il faut ajouter que le cou porte un bourrelet bien visible, que l'ornementation a un aspect tout-à-fait différent, soit un treillis à mailles plus ou moins carrées, non granuleux à l'intersection des costules axiales et des rubans spiraux.

On passe assez facilement, par une série de formes intermédiaires, du type subulé (*N. clarus*) au type à tours imbriqués (*Cer. metula*), de sorte qu'il n'y a réellement aucune distinction à faire entre les fossiles du premier groupe et *Lorenella*. Ces coquilles abyssales sont d'ailleurs rares dans les mers actuelles, tandis que les terrains tertiaires en contiennent une grande quantité, très variées dans leur ornementation, même chez certaines espèces, les costules axiales s'oblitèrent et il ne reste plus que des rubans spiraux croisés par de fines lames d'accroissement ; toutefois, l'ouverture de ces dernières espèces se rapproche complètement de celle des *Newtoniella* typiques, et les rubans spiraux n'ont pas le même aspect que les carènes de *Seila*.

Répart. stratigr.

MAESTRICHTIEN. — Une espèce douteuse, dans la « Craie de Maëstricht » : *Cerith. bicostatum* Kaunhowen (*loc. cit.*, pl. VI, fig. 17).

PALÉOCÈNE. — Une espèce dans le Montien de la Belgique : *Cer. Francisci* Briart et Cornet (*loc. cit.*, pl. VIII, fig. 11).

EOCÈNE. — Nombreuses espèces aux trois niveaux du Bassin de Paris et dans la Loire-Inférieure : *Cerithium clavus* Lamk., *C. accedens, multispiratum, tritorquatum, pulcherrimum, textile* Desh., *Cerith. sulciferum* Mellev.,

---

la paternité à l'auteur primitif, en faisant suivre son nom de l'abréviation **em.** (*emendatum*) ; et qu'enfin la date de création du nom ainsi amendé reste la date à laquelle il a été proposé fautivement : le manuel d'Hermannsen (*Ind. gener. malac. prim.*) fourmille d'exemples de cette manière de procéder qui a comme sanction le consentement universel. On ne doit donc pas y faire exception pour *Ceritella*.

C. prælongum, quadrifidum Desh., *Newtoniella Dumasi, Bonneti* Cossm.,
ma coll., *N. suturofunata* Cossm., coll Bourdot. Avec quelques-unes des
précédentes, quatre autres espèces dans le Cotentin : *N. mediofilosa, fresvillensis, parameces* Cossm. et Piss., coll. Pissarro. Une espèce dans le
« Liguitic stage » de l'Alabama : *Cerithiopsis conica* Aldr. (Bull. Amer.
Pal., T. III, p. 73, pl. IX, fig. 8). Deux espèces en Australie : *Cer. salte-
rianum, cribrarioides* T. Woods, d'après M. Tate (Census older Tert.
p. 402).

OLIGOCÈNE. — Une espèce bien caractérisée dans le Tongrien de la Ligurie :
Cerithiella oligapenninica Sacco (*loc. cit.*, p. 68, pl. III, fig. 78). Dans le
Tongrien de l'Allemagne du Nord : *Cerithiopsis fenestrata* von Kœnen (*loc.
cit.*, T. III, p 656, pl. XLVI, fig. 5). Dans le Priabonien de la Vénétie : *Lovenella Mariæ* Tournouer, d'après M. Oppenheim (Priab., p. 206). Une espèce
très étagée, dans le « Jan-Jukian » de l'Australie méridionale (Victoria) :
C. citarioides Tate, ma coll.

MIOCÈNE. — Plusieurs espèces dans le Tortonien et l'Helvétien du Piémont :
Cerithium Genri Bell. et Mich., *Cerithiella paucicincta, postdensicosta, supra-
bicincta, dertobicarinata* Sacco. *Cerithiopsis exasperata* Doderl., d'après
M. Sacco (*ibid.*).

PLIOCÈNE. — Plusieurs espèces dans l'Astien et le Plaisancien du Piémont :
Cerithiopsis Manzoniana Cocc., *C. Saccoi* Squin., *Cerithiella apiculina,
pliotransiens, pliocænica, incertula* Sacco (*ibid*). Une espèce dans les couches de la Floride : *Cerithiopsis scariphus* Dall, d'après la figure (Tert.
Flor , p. 269, pl. XXII, fig. 5).

ÉPOQUE ACTUELLE. — Plusieurs espèces dans l'Atlantique et la Méditerranée,
d'après le Manuel de Tryon.

SEILA, A. Adams, 1861.   G.-T. : *Cerithium trilineatum*, Phil. Viv.
             (= *Cinctella*, Monteros. 1884 ; = *Viriola*,
                   Jousseaume 1804, *fid.* Dall).

Test fragile. Taille très petite ; forme subcylindrique, étroite ;
spire longue, à galbe subulé ; protoconque paucispirée, à nucléus
mamillé, à tours imbriqués en avant et finement costulés ; tours
plans, à sutures indistinctes, ornés de carènes spirales très saillantes,
treillissées dans leurs intervalles par des plis d'accroissement très
fins, très serrés, qui ne laissent pas de traces sur les carènes. Dernier
tour peu élevé, caréné à la périphérie de la base qui est aplatie ou
même excavée, marquée de plis rayonnants et sinueux, jusqu'à un
limbe peu saillant, formé par les accroissements de l'échancrure

basale et remplaçant le cou qui est complètement absent. Ouverture
subquadrangulaire, presque toujours mutilée, échancrée à la base
dans l'emplacement du canal qui est absolument tronqué quand le
péristome est bien complet; labre très mince, à peine incurvé, non
proéminent en avant, mais découpé sur le plafond suivant le tracé
sinueux de l'échancrure siphonale ; columelle à peine arquée, peu
infléchie à la naissance du canal ; bord columellaire
indistinct, confondu en avant avec le limbe.

Diagnose complétée d'après l'espèce génotype, et d'après un
géno-plésiotype du Lutécien de la Ferme de l'Orme : *Cerithium variatum* Desh. (Pl. XII, fig. 15-18), ma coll. Protoconque grossie de la même espèce. (Fig. 15).

Fig. 15. — Proto-
conque de *Seila
variata*, Desh.

Rapp. et diff. — L'ornementation tout-à-fait spéciale de ces
coquilles carénées suffirait, à elle seule, pour les différencier, à première vue,
de *Stylus*, de *Cerithiopsis* et de *Newtoniella* ; en outre, l'échancrure basale et
le limbe que forment les accroissements de celle-ci justifient la création d'un
Sous Genre distinct de *Newtoniella* dont quelques espèces paraissent parfois
carénées comme *Seila* ; mais, dans ce cas, les lamelles d'accroissement remontent
sur les carènes, tandis qu'elles ne les franchissent pas chez *Seila*, ce qui permet
de reconnaître même les fragments de spire appartenant à ce dernier Sous-
Genre. Il n'y a aucun rapprochement à faire entre *Seila* et certains *Tympanoto-
mus* à carènes spirales, tels que *T. trochearis* Lamk. : outre que ce dernier est
bien plus trapu et plus conique, il possède un canal tronqué sans limbe, à la
place de l'échancrure basale de *Seila*.

Répart. stratigr.
Maestrichtien. — Une espèce probable, dans la Craie de Maëstricht : *Bittium
triptychum* Kaunhowen (Gastr. Maest. Kreide, 1898, p. 67, pl. VI. fig. 18).
Paléocène. — Une espèce à peu près certaine, dans le Montien de la Belgique : *Cerithium tenuifilum* Briart et Corn. (*loc. cit.*, t. III, pl. XVI, fig. 8).
Éocène. — Nombreuses espèces aux trois niveaux du Bassin de Paris et dans
le Cotentin : *Cerithium Archimedis, trifarium, triliratum, mundulum, va-
riatum, quadricingulatum, quinquesulcatum* Desh., *C. quadrisulcatum*
Lamk., ma coll. Trois d'entre elles avec une autre espèce, dans la Loire-
Inférieure : *Seila namnetensis*, coll. Dumas. Dans le Claibornien de l'Alabama : *Cerith. constrictum* Lea, ma coll. Dans les calcaires jaunes de la
chaîne d'Hala (Inde) : *Cer. Stracheyi* d'Archiac (Nummul. de l'Inde. p. 305).
Oligocène. — Une espèce d'abord confondue avec le génotype, dans le
Stampien de Pierrefitte : *Cinctella Cossmanni* Doll. Dautz., ma coll. Plu-

sieurs espèces dans le Tongrien de l'Allemagne du Nord : *Cerithium spi-cula, decurtatum, oblatum, detruncatum* von Kœnen (*loc.cit.*, t. III, p. 678, pl. XLVI).

MIOCÈNE — Plusieurs variétés du génotype, dans l'Helvétien et le Torto-nien du Piémont : *Seila crassicincta. dertotrilineata, conicina* Sacco (*loc. cit.*, p. 73). Une espèce dans le Burdigalien des Landes : *Cerith. turrella* Grateloup (Atlas conch. Adour, pl. XVIII, fig. 30) ; la même aux environs de Bordeaux, ma coll. Le génotype dans l'Helvétien de la Touraine, ma coll. Une espèce dans la Caroline du Nord : *Cerith. annulatum* Emmons, d'après M. Dall (Tert. Flor., p. 268).

PLIOCÈNE. — Une espèce actuelle, dans les couches de la Floride : *Cerith. Adamsi* H. Lea, d'après M. Dall (*ibid.*).

PLEISTOCÈNE. — Le même sur les côtes de la Californie, ma coll.

EPOQUE ACTUELLE. — Plusieurs espèces sur les côtes orientales de l'Améri-que, dans les mers de Chine et sur les côtes de l'Australie, d'après le Ma-nuel de Tryon.

LÆOCOCHLIS, Dunker et Metzger, 1874 ([1]).

Coquille sénestre, à tours arrondis et sillonnés ou treillissés ; ouverture ovale, à canal recourbé et court ; labre subéchancré au-dessus de la suture ; columelle lisse, à peine infléchie.

LÆOCOCHLIS, *s. stricto.*   G.-T. : *Cerithium granosum*, Wood. Plioc.

Test mince. Taille assez petite ; forme sénestre, conique, plus ou moins trapue ; spire assez longue, pointue au sommet, à galbe régu-lier ; protoconque courte, lisse, à nucléus papilleux ; tours assez étroits, convexes, treillissés et granuleux, ou simplement sillonnés avec de fins accroissements dans les rainures séparant des rubans presque lisses. Dernier tour à peu près égal au quart de la hauteur totale, subanguleux ou très arqué à la périphérie de la base qui est lisse ou sillonnée et un peu convexe, jusqu'au cou excavé et épaissi par un bourrelet rudimentaire. Ouverture assez grande, ovale, ter-minée en avant par un canal assez court, rejeté en dehors, un peu

(¹) Nachricht Mal. Gesellsch., 7.

Læocochlis

échancré sur le cou ; labre mince, entaillé en arrière par un petit sinus sutural et étroit, un peu convexe au-dessus du sinus, droit en avant jusqu'à l'angle où le contour du plafond se replie pour se raccorder avec l'échancrure du canal ; columelle lisse, peu excavée en arrière, à peine infléchie en avant avec le canal ; bord columellaire indistinct, peu épais, parfois détaché du canal.

Diagnose complète d'après la figure de l'espèce génotype, et d'après un géno-plésiotype du Lutécien de Grignon (Pl. XII, fig. 25-26), ma coll.

Rapp. et diff. — Le classement du Genre *Læocochlis* est embarrassant ; à cause de sa forme sénestre et de son ornementation, on a d'abord l'impression que c'est probablement un membre de la Famille *Triforidæ* ; mais la disposition de son canal, son ouverture non tubulée et surtout la dentition qu'on a étudiée chez l'animal vivant, n'autorisent guère un tel rapprochement, quoique cependant l'examen d'un individu intact m'ait révélé l'existence d'une échancrure suturale qui pourrait être l'indice d'un foramen latéral, analogue à celui de la plupart des *Triforidæ*. D'autre part, le galbe de la spire de *Læocochlis* ne ressemble aucunement à celui des autres *Cerithiopsidæ* qui sont plus étroits, et qui n'ont jamais d'échancrure suturale ; sa columellle n'a pas la torsion de celle de *Newtoniella*, tandis que son canal est rejeté en dehors comme celui de quelques *Epetrium*. Ce serait donc une forme intermédiaire entre les deux Familles en question, et un exemple des contradictions qui se produisent parfois entre les malacologistes et les paléontologistes : car il est bien évident que, si on ne connaissait pas l'animal qui habite cette coquille, on classerait plutôt *Læocochlis* dans la Famille *Triforidæ*.

Répart. stratigr.

Éocène. — Cinq espèces dans le Lutécien et le Bartonien des environs de Paris : *Cerithium inclytum* Desh., *Triforis Passyi*, *affinis* Desh., *Læocochlis Loustauæ*, *Chevallieri* Cossm. (Catal. ill. coq. foss. éoc. env. de Paris, T. IV, pp. 45-47).

Pliocène. — Le génotype dans le Crag d'Angleterre, d'après la Monographie de S. Wood [1]. Une espèce voisine, dans le Crag d'Anvers : *Cerith. sinistratum* Nyst.

Époque actuelle. — Une espèce voisine du génotype, dans la mer du Nord.

[1] La dénomination *granosum* a été aussi appliquée par Borson à une coquille pliocénique qui est un *Potamides*.

TRYPANAXIS, Cossmann, 1889 (¹).

Petite coquille plus ou moins largement ombiliquée, à tours funiculés, faiblement canaliculée ou subéchancrée à la base, avec un bourrelet circonscrivant l'ombilic.

TRYPANAXIS, *s. stricto*.   G.-T. : *Cerithium umbilicatum*. Lamk. Eoc.

Taille petite ; forme cylindracée ou conique, mais étroite ; spire longue, subulée ; protoconque très courte, à nucléus peu saillant et mamillé ; tours nombreux, assez étroits, plans ou subanguleux, convexes dans le jeune âge, généralement ornés de funicules spiraux et obsolètes, sans aucune trace de granulations ni de costules axiales. Dernier tour très court, caréné à la périphérie de la base qui est lisse ou faiblement rayonnée, plus ou moins largement ombiliquée au centre, avec un bourrelet circonscrivant l'ombilic ou la fente ombilicale ; cou absolument nul. Ouverture quadrangulaire, sans gouttière pariétale, terminée à l'angle supérieur de droite par une échancrure subcanaliculée, aux accroissements de laquelle correspond le bourrelet circa-ombilical ; labre mince, à peine incurvé, non rétrocurrent vers la suture, aboutissant sur le plafond orthogonalement à l'échancrure siphonale ; columelle lisse, verticale, sans inflexion à son extrémité antérieure ; bord columellaire mince, formant la paroi de l'ombilic quand celui-ci est largement ouvert.

Diagnose faite d'après des spécimens du génotype, de Fay-sous-bois (Pl. XII, fig. 29-30), ma coll. ; et d'après un géno-plésiotype du Cuisien d'Hérouval : *Cerithium apertum* Desh. (Pl. XII, fig. 31-33), ma coll.

Rapp. et diff. — A première vue, le classement de ces coquilles ombiliquées et à peine canaliculées, dans la Famille *Cerithiopsidæ*, paraît peu justifié ; mais, si l'on examine l'échancrure basale de *Trypanaxis*, à laquelle correspond

(¹) Catal. ill. coq. foss. Eoc. Paris, T. IV, p. 64.

un bourrelet dont on aperçoit déjà la trace chez *Newtoniella* et surtout chez *Scila*, on arrive à saisir l'enchaînement de toutes ces formes entre elles. La direction des stries d'accroissement ne permet pas de rapprocher *Trypanaxis* des *Entomotæniata*, c'est-à-dire des Nérinées dont on pourrait croire que c'est le descendant dégénéré ; car il n'y a aucune trace de rétrocurrence de ces stries contre la suture qui n'est brodée d'aucune bande formée par les accroissements d'une échancrure au labre. L'ombilic se resserre, chez certaines espèces de *Trypanaxis*, à tel point qu'elles semblent imperforées ; néanmoins, la cassure de la columelle indique toujours l'existence d'une fente axiale et minuscule. Au contraire, les formes typiques ont un entonnoir assez ouvert pour qu'on puisse apercevoir l'enroulement interne des tours jusqu'au sommet, comme chez *Niso*.

Répart. stratigr.

>   MAESTRICHTIEN. — Une espèce douteuse, dans la Craie de Maëstricht: *Bittium uniplicatum* Kaunhowen (Gastr. Maestr. Kreide, 1898, p. 67, pl. VI, fig. 15-16).

>   EOCÈNE. — Nombreuses espèces aux trois niveaux parisiens : *Cerithium umbilicatum, perforatum* Lamk., *Cer. apertum, pervium, deceptor, imperforatum* Desh., *Trypanaxis hypermeces* Cossm., ma coll. Plusieurs autres espèces dans le bassin de Nantes : *T. paucilirata, goniostropha, coislinensis* Cossm., ma coll., coll. Dumas ; et dans le Cotentin : *T. tetratæniata, infundibulata, Dumasi, Morgani, constantinensis* Cossm. et Piss., ma coll., coll. Pissarro. Une espèce probable, dans les Calcaires jaunes de la chaîne d'Hala (Inde) : *Cerith. Hookeri* d'Archiac (Numm. de l'Inde, p. 305).

>   OLIGOCÈNE. — Une espèce bien caractérisée, dans le Stampien de Pierrefitte : *Cerithium Sandbergeri* Desh., ma coll.

HALLOYSIA, Briart et Cornet, 1877 ([1])   *H. biplicata*, B. et C. Paléoc.

Taille assez petite ; forme étroite, allongée, conique ; spire turriculée, à tours nombreux, très étroits, arrondis ou subanguleux, séparés par des sutures assez profondes, ornés de filets spiraux, réguliers et peu saillants. Dernier tour très court, probablement inférieur au sixième de la longueur totale, caréné à la périphérie de la base qui est plane et qui ne porte que des stries d'accroissement ; large ombilic central, en entonnoir, circonscrit par un assez large bourrelet obsolète, et laissant apercevoir l'enroulement interne des

---

([1]) Desc. foss. calc. gr. Mons, T. III, p. 45. Pl XVI, fig. 7.

tours jusqu'au sommet. Ouverture subquadrangulaire, non canaliculée en avant ; labre peu incurvé ; « bord columellaire portant deux plis vers le milieu, le postérieur plus saillant que l'autre ».

Diagnose reproduite ou partiellement complétée, d'après la figure originale du génotype (**Fig. 16**).

Rapp. et diff. — A part la dernière phrase entre guillemets — qui est textuellement celle de la diagnose originale — la description qui précède peut assez exactement s'appliquer à *Trypanaxis aperta*, géno-plésiotype de *Trypanaxis*, de sorte qu'en résumé, *Halloysia* n'est qu'un *Trypanaxis* à columelle plissée. Il y a loin de ce classement à celui qu'ont proposé les auteurs qui ont rapproché leur Genre de la Famille *Pyramidellidæ* ; pour justifier cette dernière opinion, il faudrait connaître la protoconque et l'ouverture intactes d'*Halloysia* ; mais déjà, à défaut de ces éléments d'appréciation, on remarque que les stries d'accroissement (dessinées sur la

Fig. 16. — *Halloysia biplicata*, Br. et Corn.

figure, car le texte de Briart et Cornet n'en fait pas mention) indiquent un labre un peu concave, tandis que chez *Niso* et *Pyramidella*, le labre a précisément un profil convexe En outre, quoique le spécimen-type soit fruste et que ces deux auteurs aient émis l'hypothèse que le test de la coquille devait être poli, les filets spiraux et obsolètes qu'ils ont mentionnés et qu'indiquent les figures originales, n'existent jamais chez les Pyramidellidés qui portent seulement des stries spirales et burinées dans le test, tandis que ces filets rappellent beaucoup ceux de *Trypanaxis*.

Quant à l'hypothèse consistant à rapprocher *Halloysia* des Nérinées, hasardée avec un point de doute dans le Manuel de Fischer, elle ne paraît pas admissible, puisque les stries d'accroissement ne sont pas rétrocurrentes vers la suture. La véritable position de ce Genre est donc auprès de *Trypanaxis*, c'est-à-dire dans la Famille *Cerithiopsidæ*, et je suis véritablement étonné que personne, jusqu'à présent, n'ait été frappé de la ressemblance de ces deux formes. En appliquant mes critériums habituels, *Halloysia* n'est même qu'un Sous-Genre de *Trypanaxis*.

Répart. stratigr.

Paléocène. — L'espèce génotype dans le Montien de la Belgique, où elle paraît être extrêmement rare.

TRIFORIDÆ, Jousseaume, 1884.
(= *Triphoridæ*, Hedley 1903)

Coquille rarement dextre, généralement sénestre, allongée, subulée, ornée de cordons ou de rubans spiraux, lisses ou tuberculeux ;
ouverture petite, à péristome presque toujours entier, à canal plus
ou moins recourbé, généralement tubulé ; labre échancré près de la
suture par une fissure qui peut former un tube isolé, soit latéral, soit
diamétralement opposé à l'ouverture, sur la face dorsale.

Observ. — Trois tentatives de classification des coquilles de cette Famille
ont été successivement publiées : par Hinds, par M. Jousseaume et par M. Hedley. Hinds, en 1843 (Ann. and Mag. nat. Hist.) s'est borné à diviser les
Triforis actuels en trois Sous Genres (*Ino, Sychar* et *Mastonia*) uniquement
fondés sur la forme apparente de la coquille. En 1884, M. Jousseaume (Bull.
Soc. malac. de France) a constitué la Famille *Triforidæ,* qu'il a divisée en deux
séries : la première à trois tubulures, comprenant quatre Genres ; la seconde à
deux tubulures, comprenant six Genres ; à ces dix Genres actuels ou fossiles,
il a encore ajouté *Sychar* Hinds, sur lequel il ne possédait pas de renseignements.
En 1903, M. Hedley (Proc. Linn. Soc. of. N. S. Wales, 1902), reprenant exclusivement les Trifores actuels de la région australienne, a observé que la plupart
des subdivisions précédemment proposées ne correspondent pas à des caractères
bien définis et constants, et il s'est borné à placer toutes les espèces mentionnées par lui, dans un seul Genre pour lequel il a ressuscité la dénomination
Triphora Blainv. En outre, à cette occasion, il a modifié l'orthographe de cette
Famille, et il l'a dénommée *Triphoridæ.* Il est probable que l'examen simultané
des espèces fossiles aurait amené M. Hedley à modifier son opinion dans une
certaine mesure — et c'est bien là encore une fois la preuve qu'on ne peut faire
de complète classification qu'en tenant compte à la fois des coquilles actuelles
et des formes éteintes.
Quoi qu'il en soit, abstraction faite de la critique générale s'appliquant à ce
que l'un de ces auteurs a trop largement multiplié les subdivisions génériques,
tandis que l'autre les a trop parcimonieusement condensées, aucune des classi-
fications précitées ne me semble satisfaisante ; d'abord elles ne sont pas fondées
sur de véritables critériums, et en particulier, sur celui qu'il importe le plus
d'observer chez les *Cerithiacea,* c'est-à-dire le c a n a l ; ensuite, elles rangent sur
le même plan et attribuent une valeur équivalente à des caractères d'une
importance très inégale, les uns génériques, les autres sous-génériques ou
simplement sectionnels, et elles font entrer en ligne de comparaison des critériums empiriques ou variant même avec l'âge de la coquille.

Il faut donc faire table rase de tout ce qui a été fait jusqu'à présent, en ne retenant bien entendu que les noms de Genres que nous impose la loi de priorité, et en nous rattachant aux principes qui nous ont guidé jusqu'ici pour le groupement des autres Familles de ce Cénacle.

Tout d'abord, l'adoption d'une Famille distincte s'impose évidemment, et sur ce premier point, je me rallie absolument à l'opinion de M. Jousseaume ; seulement il est dommage que cet auteur n'ait pas indiqué pourquoi la Famille *Triforidæ* doit être distinguée des *Cerithidæ*, et en quoi, par exemple, elle s'écarte des *Cerithiopsidæ*. Je reviendrai sur cette question dans les Rapp. et Diff. ci-après ; pour l'instant je me borne à signaler la méthode incorrecte qu'a appliquée M. Hedley lorsqu'il a substitué *Triphoridæ* au nom antérieurement établi de cette Famille : même si *Triforis* devait être remplacé par *Triphora* — ce qui n'est pas le cas d'ailleurs — ce ne serait pas un motif suffisant pour détruire un nom de Famille préexistant, qui est la propriété de celui qui l'a établi.

En second lieu, M. Jousseaume — qui a très bien observé que le labre des *Triforidæ* présente toujours une échancrure rétrocurrente, plus ou moins profonde, près de la suture, — n'a attaché aucune importance à la disposition du canal cérithial qui varie cependant beaucoup selon les groupes ; mais, d'autre part, il conteste que cette fissure latérale contribue à former la troisième tubulure dorsale que portent certaines espèces, et il prétend que les *Triforidæ* « à » deux ouvertures n'ont et n'auront jamais, quel que soit leur âge, que deux » ouvertures, comme ceux à trois n'en auront jamais plus de trois ». Il en déduit que les *Triforis* à trois ouvertures représentent, vis-à-vis de ceux qui n'en ont que deux, la valeur zoologique de *Typhis* vis-à-vis de *Murex* !

Or je suis en mesure de prouver que cette assertion est absolument erronée, et que la formation d'une troisième tubulure, par l'effet de la fermeture de la fissure suturale au labre, est uniquement due à un stade gérontique : j'ai sous les yeux des individus plus ou moins adultes de la même espèce (*T. heroucalensis*, assez répandu), chez lesquels il n'y a d'abord qu'une échancrure suturale, puis cette échancrure se ferme graduellement, ses bords se retroussent, le tube s'allonge un peu, mais latéralement au labre encore ; ensuite, chez d'autres spécimens plus avancés en âge, on voit le labre se projeter en avant avec l'embouchure sans aucune fissure latérale, tandis que, par le fait même de cet allongement de la paroi du labre, la tubulure latérale finit par occuper une position diamétralement opposée à la tubulure de la bouche ; c'est évidemment là le maximum de l'effort que peut atteindre l'animal, car jamais la seconde tubulure n'est à plus de 180° de l'embouchure. Quant à la troisième tubulure, elle est le résultat de la clôture complète des bords du canal qui se ferme en même temps que l'embouchure, par la soudure des bords opposés au point où le canal prend naissance. On voit combien ce mode de formation des tubulures des *Triforidæ* s'écarte de celui des tubulures des *Typhinæ*, qui se reproduisent régulièrement à chaque tour de spire, entre deux varices. Par conséquent, toute subdivision exclusivement fondée sur le nombre des ouvertures (*Mastoniæforis*, *Iniforis* Jouss.) est absolument sans valeur, et le groupement en deux séries, proposé par cet auteur, doit être condamné.

Il n'en est pas de même en ce qui concerne le canal qui, généralement clos à l'état adulte chez tous les *Triforidæ*, se recourbe plus ou moins, et finit même, chez certains groupes, par se coucher complètement sur la base, ce qui lui donne l'aspect échancré, exactement comme chez quelques *Cerithiopsidæ* tels que *Seila*. Ce caractère présente, à mes yeux, une importance capitale, et comme il paraît être constant, je lui attribue la valeur d'un critérium générique.

Quant à l'enroulement de la spire, il me semble bien établi que les groupes dextres ne présentent jamais d'exceptions sénestres, et vice versà : on peut donc admettre ce critérium, ainsi que celui de la plication columellaire, pour séparer les Sous Genres ; tandis que la forme et l'ornementation de la coquille justifient seulement la distinction des Sections.

Pas plus que les *Cerithiopsidæ*, les *Triforidæ* n'ont une grande ancienneté ; on n'en a cité jusqu'ici que dans le Maëstrichtien, exactement comme pour *Cerithiopsis*, *Newtoniella*, *Seila*, *Læocochlis*, et pas avant dans le Système crétacique. C'est encore un motif pour rapprocher les deux Familles dont la souche commune est encore obscure à nos yeux.

Rapp. et diff. — Les *Triforidæ* présentent certainement de réelles analogies avec les *Cerithiopsidæ*, à tel point qu'en reflétant dans une glace la plupart des espèces sénestres, on a presque l'image d'un *Cerithiopsis*. Il y a cependant un caractère essentiel qui justifie la séparation d'une Famille distincte, c'est la tritubulure du dernier tour : chez aucun des Genres de la Famille *Cerithiopsidæ* on n'observe une semblable clôture du péristome et du canal, et encore moins l'existence d'une tubulure latérale ou dorsale, attestant l'existence d'une fissure suturale à la partie inférieure du labre. Il est vrai que, chez *Læocochlis*, que j'ai laissé dans la Famille *Cerithiopsidæ*, on constate, ainsi que je l'ai fait remarquer ci-dessus, une échancrure rétrocurrente au labre, près de la suture ; mais on n'a pas encore, jusqu'à présent, constaté que ce sinus se ferme, et encore moins qu'il forme un tube jalonnant les positions successives de cette perforation. D'ailleurs, ni l'embouchure ni le canal de *Læocochlis* ne se clôturent comme chez les *Triforidæ*, et c'est le motif pour lequel on ne peut incorporer ce Genre à cette dernière Famille.

Parmi les groupes de *Cerithiacea* chez lesquels l'ouverture a une tendance à se clore, on peut encore citer *Gourmyia* et *Pyrazisinus* ; mais c'est uniquement par l'effet d'un retour excessif de l'extrémité du labre qui vient reposer sur la columelle, en barrant pour ainsi dire la continuité de la communication entre l'ouverture et le canal ; mais cette disposition n'a aucune analogie avec les tubulures des *Triforidæ*.

L'ancienneté de cette Famille est relativement récente : on n'en connaît pas de représentants authentiques avant le Maëstrichtien, et cependant le caractère de l'enroulement sénestre suffirait à déceler l'existence même de simples moules, s'il en avait existé avant cette époque : il est vrai que les formes dextres sont exclusivement éocéniques et pourraient avoir des ancêtres plus reculés.

Tableau des Genres, Sous-Genres et Sections

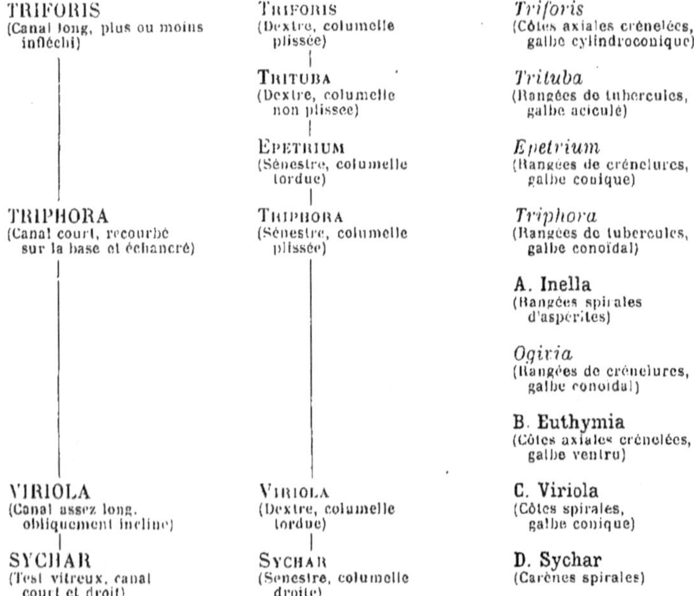

A. INELLA, Bayle *in* Jouss. 1878 (*Ino*, Hinds 1844, *non* Leach 1819, Lépid.). — G.-T. *Triforis gigas* Hinds. Très voisine de *Triphora* cette Section ne s'en distingue que par son ornementation plutôt crénelée que granuleuse, et par son galbe plus aciculé, moins ventru ; mais son canal est court et recourbé sur la base. Nombreuses espèces polynésiennes, une seule aux Indes occidentales. Il y a lieu d'y réunir *Iniforis* Jouss., que l'auteur n'a séparé qu'à cause de ses trois ouvertures ; or j'ai prouvé ci-dessus que cette différence est uniquement due à l'âge des spécimens.

B. EUTHYMIA, Jousseaume 1884. — G.-T. : *E. regalis* Jouss. Cette Section ne se distingue de *Triphora* que par son ornementation formée de côtes axiales, arrondies et serrées, traversées par des cordons spiraux. Le galbe de sa spire est conique et ventru. Deux ou trois espèces océaniennes.

C. VIRIOLA, Jousseaume 1884. — G. T. : *V. Bayani* Jouss. La columelle paraît tordue chez l'espèce génotype, et elle l'est certainement sur tous les échantillons de *Trif. comatus* Desh, que j'ai sous les yeux. En outre, l'ornementation change complètement d'aspect, elle se compose de carènes spirales dans les intervalles desquelles on distingue de petites lamelles d'accroissement : *Viriola* est à *Triphora* ce que *Scila* est à *Cerithiopsis*. Enfin le canal, quoiqu'il soit obliquement recourbé, est moins court que celui de *Triphora*, et il ne paraît pas échancré. J'estime donc que c'est un Genre distinct. Trois espèces polynésiennes; il existe aussi, dans le Tongrien de Latdorf (Allemagne du Nord) une coquille sénestre, dont l'apparence est semblable à celle de *Viriola* et que M. von Kœnen a désignée sous le nom *Trif. vermicularis* (Nord. Unterolig. 1891, T. III, p. 694, pl. XLV, fig. 12); mais, comme le dernier tour manque, je ne suis pas assez certain que l'analogie se poursuive jusqu'à l'ouverture, pour affirmer que *Viriola* existe à l'état fossile ; c'est peut être un *Seila* accidentellement sénestre. Il en est de même de *Cerith. sinistratum* Nyst, du Crag d'Anvers que je ne connais que par les figures : Nyst lui attribue des carènes (Coq. et Pol. foss. Belg.), tandis que l'Atlas de M. van den Broeck (Scald. d'Anvers) indique, pour cette même espèce, des rangées spirales de granulations, de sorte que je l'ai signalée, d'après cette figure plus récente, dans le Genre *Lœocochlis*.

D. SYCHAR, Hinds 1844. — G-T. : *Triforis vitreus* Hinds. Cette espèce a le test vitreux, et les tours imbriqués, anguleux ou carénés ; son galbe est conique et sa protoconque est mamillée. On n'en connaît d'ailleurs que le génotype, du détroit de Malacca.

TRIFORIS, Deshayes, 1834 ([1]).

Coquille dextre, petite, cylindroconique, ornée de costales axiales, divisées par une strie ; ouverture à trois tubulures, péristome et canal clos, foramen dorsal ; columelle plissée.

TRIFORIS, *s. stricto.*   G.-T. : *T. plicatus*, Desh. Eoc.

Taille petite ; enroulement toujours dextre; forme cylindroconique, étroite ; spire allongée, à protoconque lisse, styliforme ; tours nombreux, subulés, à sutures peu distinctes quoique bordées, ornés de costules axiales qui se succèdent en formant une pyramide tordue autour de l'axe, et qui sont divisées sur chaque tour par une strie spirale. Dernier tour tritubulé, très peu élevé, bordé d'un cordonnet à la périphérie de la base qui se réduit à une profonde rainure autour du cou légèrement tordu. Ouverture presque circulaire, à péristome complètement détaché et projeté en saillie horizontale sur la face antérieure du dernier tour, les bords opposés se soudant sur tout le

---

[1] Anim. sans vert. du Bassin de Paris, T. II, p. 429. Dans le texte, Deshayes a cité un Mémoire, daté de 1834, où il est déjà question de ce Genre. On prétend aussi que Basterot aurait, en 1824, écrit *Triphoris*, mais sans autre indication ?

le pourtour, de manière à former une première tubulure d'un diamètre plus grand que celui des deux autres tubulures ; la soudure des
bords se prolonge sur le plafond de l'ouverture jusqu'au canal qui se
clôture aussi, en s'infléchissant vers le dos ; la troisième tubulure est
formée par le sinus postérieur du labre, qui se ferme rapidement
pendant que la coquille continue à s'accroître, de sorte que cette
tubulure occupe, chez l'adulte, une position dorsale, diamétralement
opposée à celle de l'ouverture ; un pli spécial à la columelle, visible
sur les spécimens mutilés.

Diagnose refaite d'après des individus de l'espèce génotype, du Bartonien
d'Anvers (Pl. XII, fig. 40-42), ma coll.

Observ. — Quelle que soit l'opinion qu'on aie sur la valeur des subdivisions
des *Triforidæ*, il se dégage une conclusion préjudicielle : c'est qu'il faut conserver pour *T. plicatus* le vocable *Triforis*, créé par Deshayes avec une description exacte et de bonnes figures à l'appui. L'intervention de Blainville qui a,
dès 1828, proposé *Triphora* pour une espèce vivante qu'il assimilait à tort avec
celle — déjà connue — de Valmendois, ne peut avoir pour conséquence de faire
tomber *Triforis* dans la synonymie de *Triphora*, puisqu'il s'agit de deux groupes
bien distincts.
L'espèce génotype de *Triforis* est d'ailleurs la seule que l'on connaisse : elle
n'a commencé à apparaître qu'à la partie supérieure de l'Eocène, pour s'y éteindre aussitôt. Les autres groupes de *Triforidæ* fossiles sont, pour la plupart,
d'une origine plus ancienne.

Répart. stratigr.
EOCÈNE. — Le génotype dans le Bartonien des environs de Paris, où il est
relativement peu répandu.

TRITUBA. Jousseaume, 1884. G-T. : *Triforis bitubulatus*, Baudon. Eoc.

Taille petite, enroulement dextre ; forme aciculée, cylindracée,
très étroite et ténue ; spire très allongée, à galbe conique seulement
vers le sommet ; protoconque polygyrée, à tours convexes et lisses,
à nucléus mamillé ; tours très nombreux, presque plans, à sutures
peu distinctes, ornés de trois rangées inégales de tubercules formant
des plis axiaux et crénelés, qui ne se succèdent pas d'un tour à l'au-

tre. Dernier tour très peu élevé, tritubulé, rainuré et lisse à la base autour du cou qui est très allongé et incliné en dehors. Ouverture subquadrangulaire, à péristome complètement soudé et projeté sur la face antérieure, perpendiculairement à l'axe, avec une saillie presque égale à l'épaisseur de la coquille ; l'embouchure de cette tubulure est un peu dilatée et refléchie sur les bords, ses parois sont complètement lisses à l'intérieur ; canal clos, étroit, fortement incliné du côté opposé à l'ouverture, de sorte que les deux tubulures font entre elles un angle très ouvert ; troisième tubulure dorsale, conique, encore plus saillante que celle de l'ouverture, diamétralement opposée à cette dernière et s'y reliant sans interruption.

Diagnose refaite d'après un spécimen du génotype, du Lutécien de Chaussy (Pl. XII, fig. 35-37), ma coll.

Rapp. et diff. — Le principal caractère différentiel, qui justifie la séparation de *Trituba*, consiste dans l'obliquité plus grande de son canal ; en outre, il semble que ses tubulures sont plus allongées que celles de *Triforis*, celle de l'embouchure est plus dilatée en forme de pavillon, et au contraire, la tubulure dorsale est plus conique, plus rétrécie à son extrémité libre ; enfin — critériums sectionnels — le galbe de la coquille et l'ornementation des tours de spire diffèrent beaucoup de ceux de *Triforis s. s.* : *Trituba* est plus aciculé, ses costules ne se succèdent pas et elles se composent de rangées spirales de tubercules tranchants, au lieu que la division des côtes se fait, chez *Triforis*, par une simple strie spirale. Néanmoins, ces différences ne me paraissent pas assez importantes pour motiver la séparation d'un Genre, je n'admets donc *Trituba* que comme Sous-Genre de *Triforis*. De même que ce dernier, *Trituba* n'a apparu que dans l'Eocène, toutefois à un niveau un peu plus ancien, de sorte qu'on peut supposer qu'il a probablement engendré *Triforis* ; mais il s'est perpétué plus longtemps, et il a dû s'éteindre à l'époque miocénique.

Répart. stratigr.

EOCÈNE. — Outre le génotype, une seconde espèce au même niveau (Lutécien), dans les environs de Paris : *Trif. fenestratus* Cossm., ma coll.

MIOCÈNE. — Une espèce dextre et tritubée, dans l'Helvétien de la Touraine : *Trif. Dujardini* Mayer, d'après la figure publiée par cet auteur (Journ. Conch.). Quant à *Cerith. pygmæum* Phil. (*Triforis in* Hœrnes), du Bassin de Vienne, c'est peut-être un *Cerithiopsidæ*, mais le type figuré est trop mutilé pour qu'on puisse affirmer qu'il s'écarte de *Trituba*.

EPETRIUM, Harris et Burrows, 1891. G.-T.: *Trif. grignonensis*, Desh. Eoc.
(= *Stylia*, Jouss. 1884, *non* Rob. Desv. Dipt. 1830)

Taille moyenne ; enroulement sénestre ; forme étroite, conique,
subulée ; spire longue, aciculée , protoconque polygyrée, à tours
lisses et convexes, à nucléus minuscule ; tours nombreux, à sutures
peu distinctes, plans, ornés de filets spiraux, perlés ou crénelés, qui
ne se succèdent ni d'une rangée à l'autre, ni d'un tour à l'autre.
Dernier tour à peine égal au septième de la hauteur totale, tritubulé, anguleux à la périphérie de la base qui porte des cordons concentriques jusqu'au cou excavé, mais bien dégagé. Ouverture petite,
subquadrangulaire, à péristome fermé et un peu projeté en avant ;
canal clos; médiocrement allongé, un peu oblique vers le dos,
mais non recourbé, et tronqué à son extrémité ; troisième tubulure,
latérale ou dorsale selon l'âge de l'individu, les accroissements du
labre indiquant bien la trace du sinus rétrocurrent le long de la
suture, de sorte que les costules axiales sont elles-mêmes déviées
et pour ainsi dire étirées vers la tubulure ; columelle droite, non
plissée au milieu, tordue ou fortement infléchie à l'origine du
canal.

Diagnose refaite d'après le génotype, et d'après un géno-plésiotype du gisement cuisien de Liancourt : *Trif. heroucalensis* Desh. (Pl. XII, fig. 38-39),
ma coll.

Rapp. et diff. — M. Jousseaume n'a fondé son Genre *Stylia* (préemployé
d'ailleurs) que sur l'existence de deux ouvertures et sur l'ornementation qu'il
compare à celle de *Trituba*. En réalité, il y a trois ouvertures et le dernier tour
est tricornute comme celui de *Trituba*, quoique le canal soit moins long et plus
oblique, et que l'embouchure forme un pavillon plus évasé, costulé à l'extérieur;
en outre, l'ornementation est nettement spirale chez *Epetrium*, tandis qu'elle
est plutôt axiale chez *Trituba* ; la columelle n'est pas plissée, mais elle est plus
tordue On ne peut donc alléguer qu'*Epetrium* est une forme sénestre de *Tri-*
tuba, je l'admets comme Sous-Genre de *Triforis* ; sa longévité est d'ailleurs
plus grande.

Répart. stratigr.

Éocène. — Outre le génotype et le géno-plésiotype ci-dessus figuré, une autre espèce dans le Lutécien des environs de Paris : *T. minutus* Desh., ma coll. Dans le Cotentin : *T. tricornutus* Cossm. et Piss., ma coll. Une espèce probable, dans le Jacksonien des Etats-Unis : *T. major* Meyer, ma collection.

Oligocène. — Une espèce bien caractérisée, dans le Tongrien inférieur de l'Allemagne du Nord : *Triforis bigranosa* von Kœnen (Norddeutsch. Unter-olig., T. III, 1891, p. 688, pl. XLV, fig. 9-11).

Miocène. — Une espèce douteuse, dans l'Helvétien du Piémont : *T. taurorara* Sacco, d'après cet auteur (*loc. cit.*, part XVII, p. 62, pl. III, fig. 60).

Pliocène. — Une espèce probable, dans l'Astien du Piémont : *T. cristulatus* Sacco (*loc. cit.*, p. 54, pl. III, fig. 69).

TRIPHORA, Blainville, 1828.

Coquille sénestre, tritubée au stade gérontique, ornée de rangées de perles ou de crénelures ; canal court, parfois échancré sur le cou ; fissure labiale plus ou moins profonde au stade népionique, en remplacement du troisième tube ; columelle non plissée.

Triphora, *s. stricto*,　　　　　G.-T. : *T. gemmata*. Blainv. Viv.

(= *Tristoma*, Blainv. 1825, *non* Cuvier 1817 ; = *Mastonia*,

Hinds 1844 ; = *Monophorus*, Grillo, *non Monophorus*, Quoy et G. 1824 ;

= *Biforina*, B. D. D. 1884 ; = *Mastoniæforis*, Jouss. 1884).

Taille petite ; enroulement toujours sénestre ; forme conoïdale, parfois assez ventrue ; spire longue, subulée, à galbe d'abord conique, puis contracté vers les derniers tours ; protoconque lisse, effilée, à nucléus obtus ; tours au nombre de quinze environ, à sutures peu distinctes, ornés de deux ou trois rangées spirales de granulations très serrées, ne se correspondant pas exactement d'une rangée à l'autre, de sorte qu'elles n'ont généralement pas l'apparence des côtes axiales. Dernier tour plus ou moins en retrait sur l'avant-dernier, n'atteignant pas la cinquième partie de la hauteur totale, arrondi à la base qui porte des cordons décroissants jusqu'à une rainure profonde sur laquelle se renverse complètement le cou de la coquille. Ouverture généralement biforée, rarement munie de son troisième tube latéral ou dorsal, qui n'apparaît qu'au stade tout à fait gérontique ; embouchure ventrale subquadrangulaire, souvent projetée en avant avec une assez forte saillie, et laciniée par des cordons spiraux sur sa face latérale et externe; labre mince, presque toujours échancré en arrière par une fissure quelquefois fermée, premier indice de l'existence future d'un troisième tube dont on ne constate la présence que sur de très rares individus; en avant, le labre se soude avec le bord opposé et clôture le canal qui est fortement recourbé vers le dos, et qui est échancré à son extrémité ; columelle lisse, non plissée, simplement tordue à la naissance du canal.

Diagnose refaite d'après la figure de l'espèce génotype, et d'après des spécimens du génotype de *Biforina* : *Murex perrersus* Lin., fossile dans le Miocène inférieur de Mérignac (Pl. XII, fig. 43), ma coll. ; autre géno-plésiotype du même gisement : *Triphora Benoisti* (¹) Cossm. (Pl. XII, fig. 27 28), ma collection.

Observ. — Conformément à l'opinion émise par M. Hedley (Studies on Austral. Moll, P. VIII, 1903. Proc. linn. Soc., of N. S. W., IV, p. 506), il y a lieu de reprendre pour ce Genre la dénomination créée par Blainville, dès 1828, et s'appliquant à un génotype qui — génériquement — ne diffère pas de *Mastonia rubra* Hinds. Blainville avait déjà antérieurement (en 1825) dénommé *T. gemmata* sous l'étiquette « Triphore ou Tristome » qui n'étant pas latinisé, est sans valeur dans la nomenclature ; d'ailleurs *Tristoma* était préemployé. C'est donc bien *Triphora*, qui a été clairement défini (Dict. Sc. nat., Vol. LV, p. 344) qu'il faut admettre ; Hinds ignorait évidemment cette circonstance quand il a proposé *Mastonia*. Quant à *Biforina*, MM. Bucquoy, Dollfus et Dautzenberg (Moll. Rouss., T. I, p. 209) ont proposé ce Sous-Genre pour *Murex perversus*, coquille de la Méditerranée qui ne diffère de *Mastonia* que par son galbe un peu

(¹) Cette espèce m'a été envoyée sous le nom *Trif. bilineatus* par feu Benoist; mais O. Meyer a décrit un *T. bilineatus*, de l'Eocène de Red Bluff (Etats Unis), qui, d'après M. Dall (Tert. Hoc., p. 266) ne serait que la pointe d'une autre espèce décrite par Meyer (*T. similis*); c'est pourquoi j'ai été obligé de donner un nom nouveau à la coquille de Mérignac.

moins ventru ; mais tous les autres caractères sont identiques, et Hinds a lui-
même désigné cette espèce (sous le nom *T. Grayi*) comme faisant partie de son
Genre *Mastonia*. Enfin *Mastoniæforis* Jouss. n'est autre qu'un *Mastonia* plus
adulte, ayant ses trois tubes.

Rapp. et diff. — *Triphora* se distingue essentiellement de *Triforis* par
son enroulement toujours sénestre, par sa columelle non plissée, et en particulier d'*Epetrium*, par ses trois tubulures moins longues, celle de l'embouchure
laciniée, plus grande, celle du canal beaucoup plus recourbée, presque couchée
sur la base et échancrée à son extrémité, enfin celle de la fissure labiale, rarement visible, et minuscule ; M. Jousseaume en a figuré un intéressant exemple
sous le nom *Mastoniæforis Chaperi* (*loc. cit.*, p. 243, pl. V, fig. 4-5), de l'Ile Bour-
bon, et il cite en outre *Trif. ornatus* Desh. comme ayant été observé avec trois
tubulures ; il n'y a donc aucun motif pour supposer que *Mastonia* ne se transforme pas également en *Mastoniæforis*, quand il atteint le stade gérontique,
tous les autres caractères étant absolument identiques [1]. L'ornementation
granuleuse des tours de spire de *Triphora* s. s., diffère également des costules
crénelées d'*Epetrium* ; mais ce caractère n'est pas absolu, car on retrouve les
crénelures chez d'autres subdivisions de *Triphora*, tandis que le critérium tiré
de la forme du canal siphonal a une importance capitale et générique.

Répart. stratigr.
 Maestrichtien. — Une espèce probable, dans la Craie de Maëstricht : *Tri-
  foris cincta* Kaunhowen (Gastr. Maestr. Kreide, 1898. p. 68. pl. VII, fig. 2).
 Paléocène. — Une espèce inédite, dans le Thanétien des environs de
  Reims : *T. Staadti*, ma coll.
 Eocène. — Plusieurs espèces bien caractérisées, aux trois niveaux du Bassin
  de Paris. *T. sinistrorsus, asper, costulatus, ambiguus* Desh., *Cerith. inver-
  sum* Lamk., ma coll. Une espèce très incertaine, dans le Claibornien de
  l'Alabama : *T. distinctus* Meyer (Alab. geol. Report, p. 73, pl. I, fig. 5).
 Oligocène. — Une espèce dans les sables stampiens de Pierrefitte : *T. tríca-
  rinatus* Stan. Meunier, ma coll. Deux espèces dans le Tongrien inférieur de l'Allemagne du Nord : *T. prælongus, elatior* von Kœnen (*loc. cit.*
  1891, T. III, p. 689, pl. XLV, fig. 2-8). Dans le Tongrien de Gaas et de la
  Ligurie : *T. Dollfusi* Cossm., d'après M. Sacco (*loc. cit.*, p. 65, pl. III, fig.
  67-68). Un fragment confondu avec *T. inversus*, dans le Priabonien de la
  Vénétie, d'après M. Oppenheim (*loc. cit.*). Dans le Jan-Jukian de Victoria :

---

[1] Nous trouvons dans cette brochure un exemple topique des conséquences auxquelles
on peut être entraîné, quand on se laisse guider par des considérations de symétrie
mathématique en histoire naturelle: les *Triforidæ* étant rangés dans une table pytha-
gorienne à double entrée dont les colonnes verticales représentent le nombre des tubes,
et les lignes horizontales, l'ornementation, l'auteur a trouvé des cases vides qui atten-
dent encore leur nom générique, probablement tout forgé à l'avance, pour l'époque où
l'on trouvera un individu à trois tubes !

T. Wilkinsoni T. Woods, ma coll. Dans l'Aquitanien de la Floride :
T. mitella Dall (Tert. Fauna of Flor., T. I., p. 265, pl. XXI, fig. 10).

MIOCÈNE. — Les deux géno-plésiotypes ci-dessus figurés, dans le Burdigalien de l'Aquitaine, ma coll. ; l'un d'eux dans l'Helvétien de la Touraine : *Murex perversus* Lin., ma coll. Plusieurs variétés de la même espèce, dans le Tortonien et l'Helvétien du Piémont : *Triforis cylindratus, obesulus* Monteros., *Monophorus pertricingulatus* Sacco, avec une autre espèce distincte : *T. Bruguierei* Mich., d'après M. Sacco (*loc. cit.*, p. 64, pl. III, fig. 63-69).

PLIOCÈNE. — L'espèce méditerranéenne, dans l'Astien des Alpes-Maritimes : *T. perversus* Lin., ma coll. ; et dans le Messinien de Vaucluse, d'après Fontannes (Invert. S. E., T. II, p. 169, pl. IX, fig. 15). Plusieurs variétés de cette espèce dans le Plaisancien et l'Astien du Piémont, plus l'espèce vivante : *Murex adversus* Montg., d'après M. Sacco (*loc. cit.*, p. 63, pl. III, f. 62) ; cette dernière, dans le Crag d'Angleterre, d'après la Monographie de S. Wood (T. I, p. 73, pl. VIII, fig. 8-9). Deux espèces ou variétés, dans les couches de Caloosahatchie (Floride) : *Cer. nigrocinctum, modestum* Adams, d'après M. Dall (*loc. cit.*, p. 264). Une espèce en mauvais état, dans les couches néogéniques de Java : *Trif. Javanus* Martin (*loc. cit.* pl. XXXI, fig. 453).

PLEISTOCÈNE. — L'espèce actuelle précitée, dans les couches récentes de Californie : *Murex adversus* Montg., ma coll.

ÉPOQUE ACTUELLE. — Nombreuses espèces dans toutes les mers, et particulièrement en Océanie.

OGIVIA, Harris et Burrows, 1891. G-T, *Triforis singularis*, Desh. Eoc.
(= *Metalepsis*, Jouss. 1884, *non* Grote 1875).

Taille moyenne : enroulement sénestre ; forme généralement ventrue, quoique polygyrée ; spire à galbe conoïdal, à protoconque lisse, paucispirée, avec un nucléus subglobuleux et dévié ; tours plans, à sutures bien distinctes, ornés de costules axiales, obliques et plates, découpées par des sillons spiraux qui y forment des crénelures rectangulaires, se correspondant avec plus ou moins de régularité d'une rangée à l'autre, ou même quelquefois d'un tour à l'autre. Dernier tour n'atteignant pas la cinquième partie de la hauteur totale, à base arrondie sur laquelle se prolongent les rubans spiraux, jusque sous le cou qui est fortement replié. Ouverture assez grande, subrhomboïdale, à péristome rarement clos du côté du canal qui est presque toujours un peu fendu, mais fortement recourbé et tordu, de sorte qu'il semble être complètement couché sur la base et échancré à son extrémité ; labre mince, entaillé près de la suture par une large fissure qui ne se ferme que chez de très rares individus, de sorte que la troisième tubulure reste, dans la plupart des spécimens, inachevée ou latérale ; columelle droite, lisse, un peu infléchie à l'origine du canal, sans torsion saillante ; bord columellaire généralement appliqué sur la base, un peu détaché.

Diagnose refaite d'après des échantillons de l'espèce génotype, du Lutécien de Villiers (Pl. XII, fig. 48-49), ma coll. ; géno-plésiotype du Balcombian d'Australie, montrant la fissure (Pl. VII, fig. 44) : *Triforis planatus* Ten. Woods, ma coll. ; autre géno-plésiotype, du Lutécien d'Hauteville, montrant le tube latéral et rudimentaire : *Trif. crassicrenatus,* Cossm. et Piss. (Pl. XII, fig. 45), ma coll.

Rapp. et diff. — De même que pour *Epetrium,* M. Jousseaume s'est évidemment guidé d'après des matériaux insuffisamment adultes, quand il a affirmé que son Genre *Metalepsis* (préemployé d'ailleurs) n'a jamais que deux ouvertures : les géno-plésiotypes ci-dessus figurés prouvent jusqu'à l'évidence qu'*Ogiria* est tritubulé, comme le sont tous les *Triforidæ* si l'on a la précaution — ou la chance — d'étudier des spécimens arrivés au stade gérontique. En raison de la torsion, de l'obliquité et de l'échancrure du canal qui est complètement couché sur la base, je crois qu'on ne peut admettre *Ogiria* que comme Section de *Triphora,* qui en diffère par son ornementation et par sa protoconque seulement. L'ouverture d'*Ogiria* est aussi plus rhomboïdale, et la fissure labiale est tellement large que c'est probablement pour ce motif qu'elle n'arrive à se former et à se transformer en une tubulure, que chez les individus les plus avancés en âge, de sorte que l'on n'en rencontre que de très rares exemples.

On retrouve une ornementation semblable à celle d'*Ogiria* (¹) chez quelques *Epetrium* (*Trif. grignonensis, T. major*), quoique cependant leurs crénelures soient moins rectangulaires que celles des formes typiques d'*Ogiria* ; en tous cas la disposition du canal ne permet pas de pousser plus loin ce rapprochement, et l'on constate immédiatement, en observant ce criterium, qu'*Ogiria* n'appartient pas au même Genre qu'*Epetrium.*

(¹) Cette ornementation est d'ailleurs très variable : à côté d'espèces nettement crénelées, on trouve des formes dans lesquelles les rubans spiraux sont découpés par des lignes axiales plus ou moins marquées, parfois presque effacées, de sorte qu'à part le canal qui est tout à fait dissemblable, la coquille a un peu l'aspect de celle de *Læocochlis.*

Répart. stratigr.

ÉOCÈNE. — Outre le génotype et les deux géno-plésiotypes ci-dessus figurés,
plusieurs espèces dans le Bassin de Paris, dans le Nummulitique de Pau,
et dans la Loire Inférieure : *T. inæquipartitus* Desh., *T. conoidalis, bipli-
catus* Rouault, *T. breviculus, diozodes* Cossm., ma coll.

OLIGOCÈNE. — Une espèce probable, dans le Tongrien inférieur de l'Allemagne
du Nord : *Cerithium lævum* Phil., d'après la Monographie de M. von
Kœnen (1891, T. III, p. 611, pl. XLV, fig. 1).

PLIOCÈNE. — Une espèce confondue avec l'espèce vivante (*T. turristhomæ*
Chemn.), dans les couches néogéniques de la Floride et de Costa Rica,
d'après M. Dall (*loc. cit.*, p. 265).

ÉPOQUE ACTUELLE. — L'espèce ci-dessus, aux Indes occidentales, d'après le
Manuel de Tryon.

DIASTOMIDÆ, Cossmann, 1893 (¹).

Coquille cérithiforme ou rissoïforme ; protoconque minuscule, avec
un bouton subglobuleux ; ouverture non canaliculée en avant, mais
pourvue à la base d'une dépression versante, plus ou moins calleuse,
dont les accroissements forment, sur le cou, un bourrelet étalé ou
« limbe basal », parfois très étroit, distinct du bord columellaire sous
lequel il s'enfonce en spirale, en produisant sur la région pariétale
un bombement ou une arête plus ou moins visible ; labre un peu
sinueux, généralement anguleux à sa jonction avec la dépression basale ; columelle lisse, non tordue en avant.

Observ. — L'absence complète de canal cérithial n'est pas un obstacle au
classement des *Diastomidæ* dans le Cénacle des *Cerithiacea* : on a déjà vu, en
effet, que les *Procerithinæ*, et même que certains *Potamidinæ* ne possèdent, à
la base de leur ouverture, qu'une légère sinuosité qui n'est même pas aussi
versante que celle de *Diastoma*. D'autre part, l'ornementation de la spire des
coquilles que je range parmi les *Diastomidæ*, la sinuosité de leur labre, enfin
leur aspect général, ont d'incontestables affinités avec beaucoup de formes de
Cerithiacea ; Fischer a même classé *Diastoma* et *Sandbergeria* parmi les *Cerithidæ*, et j'ai suivi cet exemple dans le 4ᵉ volume de mon « Catalogue illustré
des coq. foss. de l'Éocène des env. de Paris » (1889).

(¹) *Journ. Conchyl.*, p. 26.

Si donc j'ai ultérieurement séparé ces coquilles, pour les faire entrer dans une nouvelle Famille, c'est que la dépression versante et calleuse, qui tient lieu — chez elles — de canal cérithial, forme par ses accroissements un bourrelet vernissé, caréné en dehors, analogue au limbe de certains *Lacuna* ou *Ampullina* ; on distingue la trace de ce limbe, largement étalé chez *Diastoma* et *Sandbergeria*, même chez les coquilles où il est beaucoup plus étroit, comme chez *Aneurychilus*, ou chez *Teliostoma* où il se réduit à un simple dédoublement du bord columellaire. Enfin, ce limbe disparaît complètement chez certaines formes qu'on ne distingue des *Rissoidæ* que par leur protoconque ; celle-ci est petite, à nucléus subglobuleux et un peu mamillé, au lieu d'être obtuse.

On se trouve donc ici en présence d'un groupe familial, très homogène malgré la diversité apparente du galbe et de l'ornementation des coquilles qu'il contient, et dont la longévité se réduit à peu près à l'étendue du Système tertiaire. C'est une Famille qui paraît être actuellement éteinte, et dont l'origine n'est pas encore bien connue. Faut-il en rechercher la souche phylogénétique dans les *Rissoidæ* crétaciques ? Cette hypothèse ne paraît contredite par la différence des embryons des deux phylums, à l'époque tertiaire. Entre les *Procerithidæ* jurassiques, qui n'ont d'ailleurs pas de limbe basal, et les *Diastomidæ* tertiaires, il y a toute l'étendue du Crétacé où l'on ne trouve aucun jalon qui puisse les relier, si ce n'est tout-à-fait à la partie supérieure du Sénonien. Nous sommes donc obligés de laisser encore cette question sans réponse.

Tableau des Genres, Sous-Genres et Sections

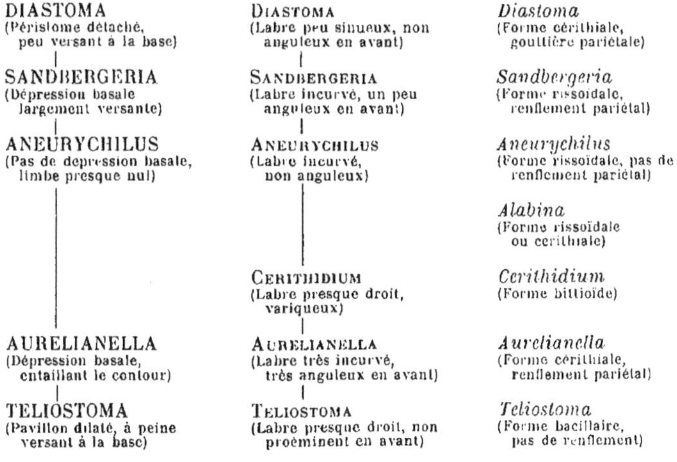

DIASTOMA
(Péristome détaché,
  peu versant à la base)
	DIASTOMA
	(Labre peu sinueux, non
	  anguleux en avant)
		Diastoma
		(Forme cérithiale,
		  gouttière pariétale)

SANDBERGERIA
(Dépression basale
  largement versante)
	SANDBERGERIA
	(Labre incurvé, un peu
	  anguleux en avant)
		Sandbergeria
		(Forme rissoïdale,
		  renflement pariétal)

ANEURYCHILUS
(Pas de dépression basale,
  limbe presque nul)
	ANEURYCHILUS
	(Labre incurvé,
	  non anguleux)
		Aneurychilus
		(Forme rissoïdale, pas de
		  renflement pariétal)

		Alabina (Forme rissoïdale ou cérithiale)
	CERITHIDIUM (Labre presque droit, variqueux)	*Cerithidium* (Forme billioïde)

AURELIANELLA
(Dépression basale,
  entaillant le contour)
	AURELIANELLA
	(Labre très incurvé,
	  très anguleux en avant)
		Aurelianella
		(Forme cérithiale,
		  renflement pariétal)

TELIOSTOMA
(Pavillon dilaté, à peine
  versant à la base)
	TELIOSTOMA
	(Labre presque droit, non
	  proéminent en avant)
		Teliostoma
		(Forme bacillaire,
		  pas de renflement)

DIASTOMA, Deshayes, 1861.

Coquille turriculée, variqueuse, à spire aiguë ; ouverture oblique, ovale, à péristome détaché, avec une gouttière postérieure et un limbe basal, très étroit, correspondant à la sinuosité versante du contour supérieur.

DIASTOMA, *s. stricto.*   G T. : *Melania costellata*, Lamk. Eoc.

Taille variable, parfois au-dessus de la moyenne ; forme de *Melania*, turriculée, peu ventrue, rarement pupoïdale, plus généralement conique ; spire longue, aiguë, à protoconque formée d'un minuscule bouton lisse et subglobuleux ; tours convexes, treillissés, irrégulièrement variqueux. Dernier tour inférieur au tiers de la hauteur totale, portant habituellement une varice diamétralement opposée au labre, ovale à la base qui est dépourvue de cou, funiculée, imperforé, munie d'un limbe étroit, vernissé, caréné en dehors, en grande partie recouvert par le bord columellaire sous lequel il s'enfonce en spirale. Ouverture oblique, à péristome toujours détaché de la suture chez les coquilles adultes, formant dans l'angle inférieur une gouttière profonde, à extrémité saillante, qui est limitée par une costule pariétale ; contour supérieur échancré par une large sinuosité versante et un peu calleuse, dont les accroissements correspondent au limbe basal ; labre à peine sinueux et incurvé en arrière, peu proéminent en avant, se raccordant par une courbe peu convexe avec la sinuosité basale ; columelle presque rectiligne, ou même un peu renflée par l'enroulement du limbe sous le bord columellaire qui est calleux, peu large, bien limité.

Diagnose complétée d'après l'espèce génotype, du Lutécien de Grignon (Pl. IV, fig. 18-19); et d'après un géno plésiotype du Cuisien de Saint-Gobin : *D. variculosum* Desh. (Pl. IV, fig. 17), ma coll.

Observ. — Malgré sa ressemblance apparente avec certains *Melania*, cette coquille marine appartient au Cénacle des *Cerithiacea*, non seulement à cause de son ouverture détachée, nettement échancrée, non sinueuse sur la face laté-

rale du labre, mais surtout à cause de son limbe basal, dont l'existence n'a pas
été signalée par Deshayes dans sa diagnose originale, quoique ce soit, à mon
avis, un critérium de première imp rtance.

A côté du groupe type, il existe un groupe de formes plus petites, plus
étroites, chez lesquelles la sinuosité basale, moins large et moins versante, ressemble davantage au bec d'un *Semicertagus* ; mais elle ne fait aucune saillie sur
le contour, de sorte qu'il n'y a aucun cou sur le dos de la coquille. Comme tous
les autres caractères de l'ouverture des espèces de ce second groupe sont semblables à ceux de *Diastoma costellatum* génotype, je ne vois pas l'utilité de proposer pour elle une Section distincte.

Ce Genre paraît s'être éteint avant d'atteindre l'époque actuelle ; M. Dall m'a
cependant communiqué des échantillons de *Bittium rarium* Pfeiffer, qui ont
une réelle analogie avec *Diastoma*, à cause de leur péristome subdétaché et de
leur canal réduit à une petite sinuosité basale. Mais, en examinant de près les
spécimens, je n'y ai aperçu aucune trace du limbe caractéristique de *Diastoma* ;
d'autre part, leur labre s'élève sur le contour supérieur, plus haut que le bord
opposé, exactement comme chez *Bittium*, tandis qu'il n'en est pas ainsi chez
Diastoma. Je ne puis donc classer cette espèce actuelle dans la Famille *Diastomidæ* ; d'après mon opinion, c'est seulement un *Bittium* à canal rudimentaire.

Répart. stratigr.

> SÉNONIEN. — Une espèce probable, dans le « Arrialoor group » de l'Inde mé-
> ridionale : *Cerithium arcotense* Stoliczka, d'après la figure (Cret. Gast.
> South India, T. II, pl. XV, fig. 2-5).

> EMSSCHÉRIEN. — Une espèce probable, quoique subcanaliculée, mais à ouver-
> ture non intacte, dans les couches de Vaals. près d'Aix-la-Chapelle :
> *Cerith. Kœneni* Holzappel (¹) (*loc. cit.*, pl. XIII, fig. 17).

> PALÉOCÈNE. — Une espèce dans le Thanétien des environs de Paris : *D. mul-
> tispiratum* Cossm., ma coll.

> EOCÈNE. — Outre le génotype et le géno-plésiotype ci-dessus figurés, plu-
> sieurs autres espèces dans le Bassin de Paris : *D. acuminiense* Cossm., *D.
> interruptum, inerme* Desh., ma coll.; et dans le Cotentin : *Melania ra-
> riabilis* Defr., *D. imbricatum* Cossm., *D. Brasili, perangustum* Cossm.
> et Piss., ma coll. Le génotype dans la Loire-Inférieure, dans le Vicentin,
> en Hongrie, ma coll.

> OLIGOCÈNE. — Une espèce bien distincte du génotype. dans le Stampien et
> dans le Tongrien de Gaas, de Rennes et de la Ligurie : *D. Grateloupi* d'Orb.,
> ma coll.

> MIOCÈNE. — Une grande espèce, tout à fait typique, en Australie : *D. Pretisi*
> Tate, ma coll.

(¹) *Non C. Kœneni* Cossm. et Lamb. ; remplacé par *Cerith. Holzapfeli* Cossm.
(*Rev. crit. Pal.*, t. III, p. 176).

SANDBERGERIA, Bosquet, 1860.

Petite coquille treillissée, non variqueuse, à limbe basal, à ouverture échancrée et versante ; labre mince, peu arqué, proéminent en avant ; columelle calleuse, recouvrant l'enroulement spiral du limbe autour de l'axe de la coquille.

SANDBERGERIA, *s. stricto.*　　G.-T. ; *Pyramidella cancellata*, Nyst. Olig.

Test mince. Taille petite ; forme rissoïdale, trapue, ou même subturbinée ; spire peu allongée, à galbe conique ou subconoïdal ; protoconque lisse, subglobuleuse, paucispirée ; tours conveves, ornés d'un treillis de costules courbes et de cordonnets spiraux, avec de petites granulations à l'intersection ; pas de varices. Dernier tour égal aux deux cinquièmes de la hauteur totale, régulièrement arrondi à la base qui est ornée comme la spire et qui porte, à la place du cou absent, un limbe vernissé, assez large, caréné à l'extérieur, bien distinct du bord columellaire sous lequel il s'enfonce sans aucune apparence de fente ombilicale. Ouverture arrondie munie d'une très faible gouttière postérieure, échancrée en avant et à droite par une très large dépression versante ; labre mince, peu arqué en arrière, proéminent en avant où il se termine par un angle net, contre le contour de la dépression basale ; columelle calleuse, un peu renflée par l'enroulement du limbe que recouvre hermétiquement la lèvre versante du bord columellaire.

Diagnose refaite d'après un géno-plésiotype du Bartonien du Guépelle : *Cerithium commune* Desh. (Pl. X, fig. 4-5), ma coll.

Rapp. et diff. — Les espèces de ce Genre ambigu, exclusivement cantonné dans les terrains supracrétacique et tertiaire, ont été successivement classées parmi les *Melania*, *Rissoia*, *Pyramidella* (!), *Cerithium*, jusqu'à ce Bosquet ait très heureusement proposé de les placer dans un Genre distinct, que la plupart des auteurs ont ensuite rapproché des *Cerithidæ*. C'est seulement en 1896 que, frappé de la ressemblance de quelques-uns des caractères de l'ouverture de *Sandber-*

geria avec ceux de *Diastoma*, j'ai proposé de grouper ces deux formes, avec *Teliostoma* et *Aurelianella*, dans une même Famille *Diastomidæ*, dont le critérium principal a déjà été indiqué ci dessus et qui comprend — il est vrai — des coquilles assez hétérogènes, quant à leur aspect extérieur. Toutes ces coquilles présentent, à un degré plus ou moins avancé, le limbe caractéristique qui, chez *Sandbergeria*, atteint le maximum de son développement en largeur et en callosité ; on ne peut confondre ce limbe avec le bourrelet caréné qui existe sur la base de *Fastigiella*. D'autre part, la dépression versante et échancrée qui existe chez *Diastoma* et qui s'atténue presque totalement chez *Teliostoma*, est ici, chez *Sandbergeria*, largement écrasée sur l'épaisseur du limbe, ce qui n'a lieu ni chez *Fastigiella*, ni chez *Mellevillia*, qui sont nettement canaliculés.

Si l'on compare ces caractères à ceux de l'ouverture des *Bittiinæ* qui, par leur galbe ou leur ornementation, pourraient être rapprochés de *Sandbergeria*, on trouve une différence capitale dans la disposition du contour supérieur ; il n'y a donc aucun rapprochement possible entre ces deux groupes. L'angle que le contour du labre forme, en avant, avec celui de la dépression basale, m'a fait penser à rapprocher *Aurelianella* de *Proto* qui a aussi une sorte d'échancrure calleuse et versante à la base ; mais, outre que le galbe turritelliforme de *Proto* est bien différent, la sinuosité caractéristique du profil de son galbe ne ressemble aucunement à la courbure peu prononcée des *Diastomidæ*.

Répart. stratigr.

    Sénonien. — Deux espèces probables, dans « l'Arrialoor group » de l'Inde méridionale : *S. antecedens, crispicans* Stoliczka (*loc. cit.*, pl. XVI, fig. 5-8, et pl. XIX, fig. 4).

    Eocène — Outre le géno-plésiotyque ci dessus figuré, qui existe aussi dans la Loire-Inférieure, plusieurs espèces aux trois niveaux du Bassin de Paris : *Cerith. regulare* Mell., *C. turbinopsis* Desh., *Sandb. Pissarroi* Cossm., *C. pseudoventricosum subobtusum* d'Orb., ma coll. Une autre espèce dans le Cotentin : *S. tenuicrenata* Cossm. et Piss., ma coll.

    Oligocène. — Outre le génotype dans le Tongrien de la Belgique et de l'Allemagne du Nord, deux espèces dans le Stampien des environs de Paris : *Cer. absconditum* Desh. *S. trimargarita*. Cossm., ma coll. Dans le Bassin de Cassel : *Cer. secalinum* Phil., ma coll. Une autre espèce, probablement distincte de *C. absconditum*, dans le gisement de Gaas, ma coll.

    Miocène. — Une espèce tout à fait typique, dans le Burdigalien de la Gironde et des Landes : *Cerith. perpusillum* Grat., ma coll. ; la même, avec quelques variétés, dans l'Helvétien de la Touraine et dans le Bassin de Vienne, ma coll.

    Pliocène. — Une espèce dans les couches de Konka (Russie méridionale) : *S. roxolanica* Sokolow, ma coll.

ANEURYCHILUS, Cossmann, 1889 (¹).

Petite coquille rissoïdale, à limbe basal presque nul ; pas de dépression versante à la base de l'ouverture dont le contour est seulement un peu sinueux ; labre très arqué, non anguleux à sa jonction avec la sinuosité basale.

ANEURYCHILUS, s. stricto.   G.-T. : *Cerithium secale*, Desh. Eoc.

Taille très petite ; forme rissoïdale, un peu turriculée ; spire peu allongée, à galbe conique, à protoconque minuscule et paucispirée ; tours convexes et même subanguleux, avec de petites costules noduleuses, crénelées par quelques cordons spiraux ; dernier tour égal ou un peu supérieur aux deux cinquièmes de la hauteur totale, arrondi à la base qui est funiculée jusque sous le cou très court et garni d'un limbe très étroit, caréné, presque entièrement recouvert par le bord columellaire. Ouverture arrondie, à peine versante et faiblement anguleuse en avant, à la jonction du labre et du contour de la dépression ; labre mince, fortement arqué en profil, peu proéminent en avant ; columelle excavée, peu calleuse, non plissée ni tordue ; bord columellaire étroit, non étalé sur la base, presque confondu avec la carène du limbe basal.

Diagnose complétée d'après l'espèce génotype, du Lutécien de Parnes (Pl. X, fig. 12-13), ma coll.

Rapp. et diff. — Bien que son limbe basal soit presque invisible, l'espèce génotype de cette Section se rattache encore à *Sandbergeria* par l'ensemble de ses caractères ; la dépression basale est presque nulle, et l'ouverture est à peu près aussi holostome que celle d'un *Rissoia* ; mais la sinuosité de son labre, et surtout l'angle qu'il forme à son jonction avec le contour de la dépression basale, sont bien conformes aux critériums de *Sandbergeria*. D'autre part, la protoconque n'a aucun rapport avec celle des *Rissoidæ*, le labre est mince, même à

(¹) Catal. ill. coq. foss. Eoc. env. de Paris, t. IV, p. 38.

l'âge adulte, au lieu d'être bordé comme il l'est en général chez cette dernière Famille. C'est donc bien auprès de *Sandbergeria*, malgré son ornementation tout à fait différente, qu'il faut placer *Aneurychilus*.

Répart. stratigr.

ÉOCÈNE. — Outre le génotype, deux espèces, l'une dans le Cuisien : *Cerith. cyclostomoides* Desh.; et l'autre dans le Bartonien des environs de Paris : *S. valmondoisiensis* Cossm.. ma coll. Deux espèces dans la Loire-Inférieure : *S. unicrenata, namnetensis* Cossm., ma coll.

ALABINA, Dall. 1902 ([1]).   G-T. : *Bittium cerithioides*, Dall. Viv.
(= *Styliferina*, Dall 1895, *non* Adams 1860 ;
= *Elachista*, Dall et Simpson 1901, *non* Treitschke 1883).

Taille petite ; forme plus plus ou moins étroite, à galbe généralevent conique ; spire souvent allongée, parfois plus trapue, à protoconque lisse et minuscule ; tours convexes, treillissés, non variqueux. Dernier tour court, arrondi ou subanguleux à la périphérie de la base qui est sillonnée et peu convexe. Ouverture ovale, un peu sinueuse à l'emplacement du canal ; labre mince, un peu incurvé, non proéminent en avant ; columelle lisse, excavée, à peine infléchie à sa jonction avec la sinuosité non versante de la base ; bord columellaire à peu près nul, sans aucune trace de limbe.

Diagnose faite d'après les spécimens de l'espèce génotype, des côtes de la Floride (Pl. XIV, fig. 23 24), ma coll., gracieusement envoyés par l'auteur : et d'après un géno-plésiotype de l'Aquitanien de la Floride : *Bittium boiplex* Dall. (Pl. XII, fig. 8-9), ma coll.

Observ. — Il s'est produit, à propos de la dénomination de cette coquille, une série de doubles emplois : après avoir, en 1895, dans un travail en collaboration avec Guppy, sur les fossiles de la région des Antilles, désigné *B. cerithidioides* sous le nom *Styliferina*, M. Dall a, en 1901, dans une publication faite en collaboration avec Simpson (Porto Rico Report Moll.), proposé *Elachista* pour le même type, afin de corriger ce premier double emploi *Styliferina*. Puis, en 1902, s'apercevant qu'*Elachista* était aussi préemployé, il y a définitivement substitué *Alabina*.

([1]) The Nautilus, 1902, n° XI, p. 127.

Aneurychilus

Rapp. et diff. — Je ne classe *Alabina* dans la Famille *Diastomidæ*, que parce que l'auteur de cette Section a lui-même proposé de rapprocher *Styliferina* et *Aneurychilus*, et que ce dernier est, ainsi qu'on vient de le voir, mieux à sa place dans cette Famille que dans toute autre. C'est à tort que M. Dall a classé les deux formes parmi les *Bittiinæ* qui ont un véritable canal, avec un labre s'élevant plus haut que le bord opposé : il n'y a aucune trace de ce critérium chez *Aneurychilus*, tandis qu'il y a encore l'indice rudimentaire d'un limbe basal qui fait absolument défaut chez *Alabina cerithidioides*, de sorte que cette espèce forme complètement la transition entre les *Cerithiacea* et les formes holostomes telles que les *Rissoidæ* ; cependant, sa légère sinuosité basale, et l'aspect cérithial de son ornementation, suffisent encore pour nous autoriser à les rapprocher des *Diastomidæ*, et en particulier d'*Aneurychilus*.

D'ailleurs dans sa Section *Alabina*, M. Dall a fait entrer des coquilles extrêmement variables. quant à leur galbe et leur ornementation : j'ai précisément, avec intention, fait figurer ci-dessus, outre le génotype qui est rissoïdal, un géno-plésiotype bittiiforme qui ne lui ressemble guère comme aspect général ; toutefois, comme les ouvertures de ces deux coquilles sont exactement semblables, il n'y aurait aucun motif pour dédoubler encore la Section *Alabina* en deux groupes, et pour proposer une nouvelle dénomination applicable à *A. boiplex*. Il est dommage qu'on n'ait pu, jusqu'à présent, étudier la protoconque de ces petites coquilles, pour vérifier si elle correspond bien à celle des *Diastomidæ* et si elle s'écarte réellement de celle des *Rissoidæ*.

Répart. stratigr.

EOCÈNE. — Une espèce dans le Jacksonien du Mississipi : *Bittium Kœneni* (¹) Meyer (1896-Contrib. coc. Pal. of. Alab., p. 70, pl. II, fig. 12).

OLIGOCÈNE. — Plusieurs espèces dans les couches aquitaniennes de la Floride et de la Jamaïque : *Bittium priscum, boiplex* Dall, *Cerith. præformatum* Guppy, d'après M. Dall (Tert. Flor., p. 275, et Proc. U. S. Nat. Mus., 1895, p. 318).

MIOCÈNE. — L'espèce génotype, dans la Floride, d'après M. Dall (*loc. cit.*, pl. XVI, fig. 8).

PLIOCÈNE. — Une espèce actuelle dans le gisement de Caloosahatchie (Floride) : *Alaba Adamsi* Dall, ma coll. (*loc. cit.*).

EPOQUE ACTUELLE. — Le génotype et l'espèce pliocénique, dans la mer des Antilles, d'après M. Dall (*loc cit.*). Sur les côtes du Brésil : *Cerith. varians* Pfeiffer, ma coll.

(¹) Ne pas confondre avec les divers *Cerith. Kœneni* dont il a déjà été question ci-dessus.

Aneurychilus

CERITHIDIUM, Monterosato, 1884 (¹)

> G.-T. : *Cerithium submamillatum*, Rayn. et Ponzi. Plioc.

Taille très petite ; forme de *Bittium*, conique ; spire médiocrement allongée, aiguë au sommet ; protoconque lisse, minuscule, paucispirée, à nucléus submamillé ; tours convexes, treillissés par des costules droites, subvariqueuses, et par des cordons spiraux, dépourvus de granulations à l'intersection. Dernier tour égal au tiers environ de la hauteur totale, muni d'une varice opposée au labre, subanguleux à la périphérie de la base presque plane, qui est cerclée par des cordons moins saillants que les deux périphériques ; cou à peu près nul. Ouverture arrondie, à péristome non détaché, non canaliculée en avant, mais simplement pourvue d'une sinuosité faiblement évasée qui est intermédiaire entre un bec et une dépression versante ; labre non incurvé, extérieurement bordé par une costule variqueuse, non proéminent sur le plafond de l'ouverture où il se raccorde avec le bec basal par une courbe arrondie ; columelle excavée, non tordue en avant ; bord columellaire très étroit, bien appliqué sur la base, ne montrant aucune trace de limbe ni de dédoublement.

Diagnose refaite d'après l'espèce génotype du Pliocène supérieur de Monte Mario (Pl. XII, fig. 46-47.), ma coll., gracieusement envoyée par M. de Monterosato.

Rapp. et diff. — Ainsi que l'a fait remarquer l'auteur, ce Sous-Genre est variqueux comme *Bittium* et il en a tout-à-fait le galbe : mais l'on en distingue, non seulement par son ornementation, et surtout (ce que n'a pas indiqué l'auteur) par l'absence complète d'un canal cérithial, le contour supérieur du labre ne s'élevant pas plus haut que le bord opposé. Le bec rudimentaire qui tient lieu, chez *Cerithidium*, d'orifice siphonal, rapproche au contraire ce Sous-Genres d'*Aneurychilus* et d'*Alabina* : c'est évidemment dans le même groupe qu'il faut classer ces trois formes qui sont presque holostomes ; j'aurai même hésité à le placer dans la Famille *Diastomidæ*, puisqu'elles n'ont ni le péristome détaché ni le limbe bien visible, si *Aneurychilus* ne se rattachait pas à *Sandbergeria* par

______
(¹) Nomencl. gener. e specif. di alcune Conch. mediterr., p. 123.

sa protoconque et par l'existence d'un imperceptible dédoublement du bord
columellaire qui ne recouvre pas complètement le limbe ; on s'explique d'ailleurs
que le limbe — qui correspond aux accroissements de la dépression basale —
se rétrécit et s'atrophie au fur et à mesure que celle-ci se réduit à une sinuosité plus faible et de moins en moins échancrée.

Cerithidium se distingue d'ailleurs d'*Aneurychilus* et d'*Alabina* par les varices
que porte sa spire, et surtout par son labre non incurvé ; l'ornementation ne
peut guère nous servir de critérium distinctif, car elle est extrêmement variable chez toutes ces petites coquilles rissoïformes, de sorte que, si l'on voulait
y attacher une valeur sectionnelle, il faudrait immédiatement créer des noms
pour cinq ou six nouveaux groupes sans limites précises : une telle exagération
est inadmissible. D'autre part, la protoconque, qui pourrait donner d'utiles indications, est rarement conservée : j'ai pu l'étudier sur le génotype qui m'a
été donné par M. de Monterosato, mais c'est là une exception peu fréquente.

Répart. stratigr.

> PLIOCÈNE. — Le génotype ci-dessus figuré, dans les couches supérieures
> des environs de Rome.
> ÉPOQUE ACTUELLE. — Une espèce voisine du génotype, dans les fonds fan-
> geux de la Méditerranée : *Turitella pusilla* Jeffreys, avec les var. *ecostata*,
> *alabina* Monterosato.

AURELIANELLA. Cossmann, 1893 ([1]).

Coquille turriculée, à spire graduellement dimorphe, non variqueuse ; ouverture arrondie, versante en avant, à limbe basal ; labre
très sinueux, anguleux sur le contour supérieur ; columelle excavée, non tordue en avant, avec un renflement pariétal.

AURELIANELLA, *s. stricto*.   G T. : *A. mutabilis*, Cossm. Eoc.

Taille assez petite ; forme cérithiale, un peu trapue ; spire médiocrement allongée, turriculée, à galbe conique ; protoconque lisse, à
nucléus globuleux et mamillé ; tours séparés par des sutures profondément rainurées ou canaliculées, à ornementation dimorphe selon
l'âge ; les premiers anguleux, puis imbriqués en avant, treillissés et
crénelés, ensuite devenant graduellement plans et presque lisses au
milieu, avec quelques rainures spirales persistant dans le canal su-

____

[1] Catal. ill. coq. foss. Eoc. env. Paris, App. I, p. 10, fig. 10.

tural ; pas de varices sur toute la spire. Dernier tour égal aux trois septièmes de la hauteur totale, bicaréné par deux larges rubans périphériques ; base peu convexe, portant au centre une aire calleuse, assez large et lisse, sur laquelle s'étale en outre un limbe columellaire distinct du bord droit, non caréné, occupant la place du cou qui ne fait aucune saillie sur la base. Ouverture arrondie, à peu près dépourvue de gouttière postérieure, non canaliculée en avant, mais découverte par une très large dépression versante, dont les accroissements forment le limbe basal ; labre mince, très arqué en profil, proéminent en avant où son contour supérieur fait un angle avec le bord de la dépression basale ; columelle excavée, sans aucune torsion antérieure, à peine infléchie au point où elle se raccorde avec le contour interne de la dépression basale ; bord columellaire calleux, renflé sur la région pariétale par l'enroulement spiral du limbe qui y produit une petite arête spirale ; il est bien appliqué sur le limbe dont il se distingue difficilement.

Diagnose refaite d'après l'individu-type (Pl. X, fig. 15-17, et Pl. XI, fig. 11), de l'Eocène supérieur du Ruel, coll. Bourdot.

Rapp. et diff. — Quoique le galbe de la spire soit très différent et que son ornementation dimorphe s'en écarte complètement, ce Genre doit être classé près de *Sandbergeria* à cause de l'analogie étroite qui existe entre son ouverture et celle de ce dernier ; le labre est plus sinueux en arrière, et le limbe n'est pas caréné à l'extérieur ; en outre, l'interruption du contour supérieur (plafond de l'ouverture) est encore plus visible, exactement comme chez *Proto*. Mais. ainsi que je l'ai déjà indiqué ci-dessus à propos de *Sandbergeria*, les autres caractères d'*Aurelianella* n'ont aucun rapport avec la Famille *Turritellidæ* : c'est donc dans la Famille *Diastomidæ* qu'il faut classer ce Genre. avec *Sandbergeria*. Son péristome non détaché, à peu près dépourvu de gouttière postérieure, ne ressemble guère à celui de *Diastoma*, mais sa protoconque est identique. comme celle de *Sandbergeria* d'ailleurs.

Répart. stratigr.
Eocène. — Outre l'espèce génotype dans le Bartonien des environs de Paris, ma coll., une autre espèce bien caractérisée, dans le Bassin de la Loire-Inférieure : *A. rissoides* Cossm., coll. Dumas (Moll. éoc. Loire-Infér., 1898, vol. I, p. 209, pl. XIX, fig. 1-2).

TELIOSTOMA, Harris et Burrows, 1890.
(= *Pterostoma*, Desh. 1864, *non* Germar 1817).

Coquille bacillaire, à spire très aiguë, variqueuse; ouverture en
pavillon arrondi, faiblement canaliculée dans l'angle inférieure, à
peine versante à la base.

TELIOSTOMA, *s. stricto.*   G.T. : *Cerithium tuba*, Desh. Eoc.

Taille moyenne : forme étroite, bacillaire ; spire très longue, très
pointue au sommet, à galbe conique ; protoconque lisse, polygyrée,
tours très nombreux, plans et subulés, à sutures crénelées par
des costules axiales, un peu obliques, que croisent des filets spiraux
plus ou moins granuleux. Dernier tour inférieur au cinquième de
la hauteur totale, portant une varice ventrale, située à 120° du
labre (ou plutôt à 240° dans le sens de l'accroissement du test), arrondi ou subanguleux à la périphérie de la base qui porte des filets
concentriques et dont la fente ombilicale est hermétiquement close.
Ouverture grande, en pavillon dilaté et réfléchi, se soudant sur la base
imperforée qui s'y raccorde sans l'intermédiaire d'un cou, munie
d'une étroite gouttière dans l'angle inférieur, à peine versante sur
son contour supérieur ; labre presque vertical, non sinueux en profil,
non proéminent en avant, épaissi par un bourrelet extérieur, lisse
à l'intérieur : columelle lisse et excavée, sans aucune apparence de
torsion antérieure ; bord columellaire calleux, appliqué sur la base,
puis se détachant verticalement vis-à-vis de la varice, et se dédou-
blant souvent sur le contour de droite.

Diagnose complétée d'après des fragments de l'espèce génotype, et d'après un
géno plésiotype à ouverture intacte, de l'Eocène moyen de Bois-Gouët :
T. Dumasi Cossm. (Pl. IV, fig. 13-14), ma coll.

Rapp. et diff. — Le classement de cette coquille, rarement bien conservée,
est ambigu : tant que l'on ne considère que la spire, elle a une apparence de
Cerithidæ, qui ne laisse planer aucun doute ; même la protoconque (quand on

peut l'étudier) contribue à confirmer cette opinion. Mais la forme de l'ouverture, telle que l'avait fait dessiner Deshayes, dans son second ouvrage sur les coquilles éocéniques du bassin de Paris, motive complètement la création de son Genre *Pterostoma*, remplacé depuis par *Teliostoma*, pour corriger un double emploi. Cette ouverture non canaliculée, bien moins versante que celle de *Diastoma*, à labre non sinueux et bordé à l'extérieur, à contour réfléchi comme le pavillon d'une trompette, n'a aucun rapport avec celle des vrais Cérites; tout au plus pourrait-on la rapprocher de celle de certains *Potamidinæ*, quoiqu'elle soit encore beaucoup moins canaliculée, et surtout qu'elle s'en écarte par son labre sinueux. Pour ces motifs, j'ai antérieurement (1895) classé *Teliostoma* dans la Famille *Diastomidæ*, et je suis disposé à l'y laisser, quoique le limbe basal se réduise ici à un simple dédoublement, peu apparent d'ailleurs, du bord columellaire; il me semble, en effet, que les différences ne sont pas assez tranchées pour justifier la création d'une nouvelle Famille.

On ne peut, d'autre part, établir aucune filiation entre ce Genre et *Exelissa*, du Système jurassique, ni avec *Teliochilus*, du Lias, qui ont tous deux une ouverture en pavillon, avec un bec rudimentaire; peut-être *Teliostoma* a-t-il des représentants ou des ancêtres dans le Système crétacique? Mais, dans l'état actuel de nos connaissances, il m'est impossible de hasarder aucune conjecture à cet égard, car je ne crois pas qu'on y ait encore recueilli de fragments qui puissent s'en rapprocher.

Répart. stratigr.

PALÉOCÈNE. — Une espèce probable, quoique en fragments très incomplets, dans le Montien de la Belgique : *Cerith. regularicostatum* Briart et Cornet, ma coll.

EOCÈNE. — Outre l'espèce génotype, dans le Lutécien des environs de Paris : *Cerithium bacillum* Lamk, avec la var. *grignonense* Desh., ma coll., le génoplésiotype ci-dessus figuré, dans la Loire-Intérieure, ma coll.

TRICHOTROPIDIDÆ, Adams (*em. in* Fischer, 1884).

Coquille ombiliquée, munie d'un épiderme soyeux; ouverture anguleuse ou subcanaliculée en avant; labre mince, obliquement antécurrent; columelle simple, arquée. Opercule petit, subtrigone, arqué, à nucléus apical.

Observ. — Comme l'a fait remarquer Fischer (Man. Conch., p. 689) « les Mol-
» lusques de cette Famille forment le passage entre les Siphonostomes et les
» Holostomes; leur sinus basal est faible ou obsolète; toutefois un véritable

» siphon existe chez l'animal de *Trichotropis* ». A vrai dire, c'est par un bec plutôt que par un canal, que se termine l'ouverture à son extrémité antérieure : les deux bords opposés du contour supérieur se prolongent en s'amincissant et en convergeant vers un angle terminal qui n'est ni échancré, ni tronqué, exactement comme chez *Trigonostoma*, dont *Trichotropis* a un peu l'aspect, sauf que sa columelle ne porte aucune trace de plis. Le critérium le plus saillant des membres de cette Famille est l'inclinaison oblique du labre qui n'a aucunement la sinuosité latérale ni la proéminence antérieure des *Cerithiacea*.

Comme on le verra ci-après, les *Trichotropididæ* ont quelques affinités, dans leur forme générale, avec les *Purpurinidæ*, sauf que leur bec est plus aigu et plus prolongé que l'évasement versant de ces coquilles jurassiques. Aussi, c'est à la Famille *Trichotropididæ* que Stoliczka a d'abord rapporté ces dernières ; mais Zittel a été mieux inspiré en les en séparant pour les placer dans une nouvelle Famille, très voisine toutefois, quoique bien distincte. Le classement de ces deux Familles est tout naturellement indiqué à la limite entre les *Cerithiacea* peu siphonostomes et les Holostomes un peu échancrés, tels que les Mélaniens.

Les *Trichotropididæ* (dénomination correctement amendée par Fischer) sont des animaux dont l'habitat est boréal actuellement ; cependant, j'y classe, à cause de leur aspect identique, des Genres fossiles dont la provenance paraît être plutôt de mers tempérées : d'ailleurs Fischer y a également placé un Genre provenant des Philippines (*Separatista*). Enfin, si réellement cette Famille descend des *Purpurinidæ*, on peut très bien s'expliquer que ses membres aient peu à peu émigré dans des régions plus froides que celles habitées par leurs ancêtres, et peut-être les modifications qu'a subies leur ouverture sont-elles précisément le résultat d'une adaptation moderne à leurs nouvelles mœurs.

Tableau des Genres, Sous-Genres et Sections

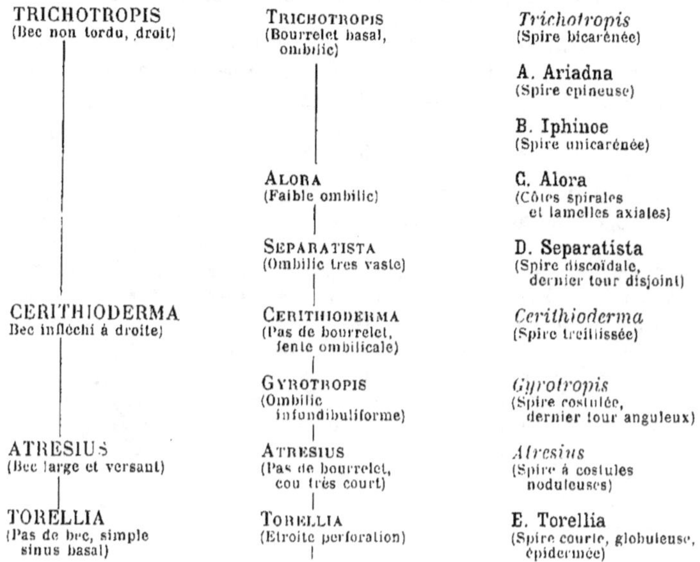

TRICHOTROPIS (Bec non tordu, droit)	Trichotropis (Bourrelet basal, ombilic)	*Trichotropis* (Spire bicarénée)
		A. Ariadna (Spire epineuse)
		B. Iphinoe (Spire unicarénée)
	Alora (Faible ombilic)	**C. Alora** (Côtes spirales et lamelles axiales)
	Separatista (Ombilic tres vaste)	**D. Separatista** (Spire discoïdale, dernier tour disjoint)
CERITHIODERMA Bec infléchi à droite)	Cerithioderma (Pas de bourrelet, fente ombilicale)	*Cerithioderma* (Spire treillissée)
	Gyrotropis (Ombilic infundibuliforme)	*Gyrotropis* (Spire costulée, dernier tour anguleux)
ATRESIUS (Bec large et versant)	Atresius (Pas de bourrelet, cou très court)	*Atresius* (Spire à costules noduleuses)
TORELLIA (Pas de bec, simple sinus basal)	Torellia (Etroite perforation)	**E. Torellia** (Spire courte, globuleuse, épidermée)

Genres, Sous-Genres et Sections non signalés à l'état fossile

A. Ariadna, Fischer, 1864. — G.-T, : *Trich. borealis*, Brod. et Sow. Forme élancée, spire épineuse ; il n'y a réellement guère de différence avec *Trichotropis (sensu stricto)*.

B. Iphinoe, H et A. Adams, 1854. — G.-T. : *Trich. unicarinata*, Brod. et Sow. Forme étagée; spire étagée avec une rampe suturale et aplatie; large ombilic, surface lisse. Ici encore, il y a tout au plus des différences empiriques pour justifier la séparation d'une Section.

C. Alora, H. et A. Adams, 1861. — G.-T. : *Trich. Gouldi* A. Adams. Spire treillissée par des côtes spirales et des lamelles axiales. L'espèce génotype n'a même pas été figurée : il n'est donc pas possible de se faire une idée exacte de la valeur de ce Sous-Genre.

D. Separatista, Gray, 1847. — G.-T: *S. Chemnitzi* A. Ad. Spire subdiscoïdale; dernier tour disjoint, avec un vaste entonnoir ombilical, sur lequel s'infléchit le bec antérieur de l'ouverture ; cette coquille ressemble à *Turbinopsis Hilgardi*, de la Craie d'Amérique, que M. Dall. a rapproché des *Modulidæ*, et que j'ai reproduit dans la 3ᵉ livraison de ces « Essais » (p. 8).

E. Torellia, Loven *in* Jeffreys, 1867 (= *Trachyomya*, Seguenza 1879). — G.-T. : *T. vestita* Jeffr. « Coquille étroitement perforée, renflée, globuleuse, couverte d'un épiderme poilu ; spire courte, déprimée ; ouverture arrondie, sinus basal à peine perceptible ; labre mince, arqué ; columelle concave, subtronquée à la base. La radule et l'opercule sont semblables à ceux de *Trichotropis* mais la coquille paraît presque holostome ». (Diagnose donnée par Fischer, *loc. cit.*)

F. ANAPLOCAMUS. Dall, 1900. — G.-T. : *A. borealis* Dall. Si c'est un *Trichotropis*, ce nom est synonyme d'*Ariadna borealis*. Je n'ai pas de renseignements assez précis pour introduire cette subdivision dans le tableau ci-dessus.

Genre à éliminer de la Famille

MESOSTOMELLA, Stache, 1889. — G. T. : *M. biornata*. Stache (Liburn, Stufe. Abhandl. K. K. Geol. Reichsanst., p. 116, pl, 1, fig. 14). L'auteur a rapproché de *Mesostoma* (= *Cerithioderma*) cette coquille du Garumnien de la Dalmatie, bien que la direction de ses costules axiales soit absolument inverse de celle qu'on observe chez les *Trichotropididæ* : quoique l'ouverture de *M. biornata* soit mutilée, on remarque, d'après la figure (**Fig. 17**), que les côtes des tours de spire — dont l'inclinaison indique celle que devait avoir le labre — font une sinuosité de droite à gauche de l'axe, au lieu d'obliquer de gauche à droite. Autant qu'on peut se faire une opinion d'après la figure lithographiée d'un échantillon absolument incomplet, je pense que *Mesostomella* doit plutôt être classé dans le Cénacle *Melaniacea* où nous le retrouverons peut-être confondu avec une subdivision déjà connue du Genre *Melania*.

FIG. 17. -- *Mesostomella biornata*, Stache.

TRICHOTROPIS, Brod. et Sow. 1829.

Coquille turbinée, épidermée, à ombilic circonscrit par un bourrelet caréné ; bec cérithial anguleux ; columelle amincie à son extrémité, peu infléchie, labre oblique.

TRICHOTROPIS, *s. stricto*.   G.-T. : *Turbo bicarinatus*, Sow. Viv.

Test mince. Taille assez petite ; forme un peu turbinée, dilatée en avant : spire courte, anguleuse et étagée : tours peu nombreux, d'abord convexes et funiculés, puis anguleux au-dessus de la rampe suprasuturale, et ornés, sur la région antérieure, de deux autres cordons spiraux dont le premier est quelquefois aussi saillant que l'angle caréné de la rampe ; intervalles des carènes décussés par de fines lamelles d'accroissement, assez obliques. Dernier tour très grand, élargi, anguleux en arrière, orné comme le reste de la spire, jusque sur la base déclive qui est limitée en avant par un bourrelet sub-caréné, circonscrivant un entonnoir ombilical assez allongé et lisse. Ouverture auriforme, sans gouttière postérieure, terminée en avant par un bec anguleux, un peu prolongé, non tronqué mais arrondi à son extrémité ; labre oblique, très antécurrent vers la suture, non proéminent en avant où il aboutit latéralement au bec ; columelle lisse, un peu excavée en arrière, amincie en lamelle vers le bec le long duquel elle s'infléchit à peine ; bord columellaire mince, appliqué peu distinctement sur la région pariétale, détaché de l'entonnoir ombilical sur le reste de son étendue.

Diagnose complétée d'après des spécimens subfossiles de l'espèce génotype (Pl. VIII fig. 1-2), provenant de l'Amérique du Nord, ma coll.

Rapp. et diff. — L'espèce ci-dessus décrite diffère de *T. borealis* (génotype d'*Ariadna*) par son galbe moins élancé, plus turbiné, par ses cordons moins épineux, par son bec un peu plus large ; ces différences sont bien fugitives, d'ordre plutôt spécifique que sectionnel, et il me semble qu'elles ne justifient guère la profusion de Sections que les auteurs anglais ont successivement pro-posées dans le Genre primitivement établi par Broderip et Sowerby. Comme ces subdivisions ne visent d'ailleurs que des formes actuelles, je me suis abs-tenu d'y faire les réunions qui paraissent s'imposer, et je me suis borné à rap-porter à la forme génotypique les très rares fossiles qu'on a signalés dans les couches tout-à-fait récentes ; leur épiderme est détruit et ne peut par suite être utilisé comme critérium.

Répart. stratigr.
> PLIOCÈNE. — Une espèce treillissée, dans les couches néogéniques de la Nouvelle Zélande : *Trich. inornatus* Hutton, ma coll.
>
> PLEISTOCÈNE. — L'espèce génotype, dans les couches subfossiles de l'île Montréal, au Canada, ma coll.
>
> ÉPOQUE ACTUELLE. — L'espèce génotype, sur les côtes de l'Amérique du Nord, d'après Fischer.

CERITHIODERMA, Conrad, 1860.

Coquille petite, treillissée, trapue, à spire étagée, à disque basal ;
ouverture grande, à labre oblique, à bec subcanaliculé : columelle
tordue en avant.

CERITHIODERMA, *s. stricto.*   G.-T. : *C. primum*, Conrad. Eoc.
     (= *Mesostoma*, Desh. 1861, *non* Ant. Duj. 1830).

Test assez mince. Taille petite ; forme mésalioïde, trapue quoique
turriculée ; spire parfois un peu allongée, à galbe conique ; protoconque lisse, brillante, composée d'un ou deux tours très globuleux
et d'un petit nucléus aplati en goutte de suif dans le creux du premier tour embryonnaire ; tours très convexes, généralement étagés
par un angle presque médian, treillissés par des carènes spirales et
par des côtes très obliques, arquées, dans les intervalles desquelles
on distingue un fin réseau de filets obliques d'accroissement sublamelleux et crépus. Dernier tour généralement égal et rarement inférieur à la moitié de la hauteur totale, caréné à la périphérie de la
base qui forme un disque plan ou même un peu concave, sur lequel
persistent seuls les cordons concentriques et les stries d'accroissement non sinueuses, jusque sur le cou très court. Ouverture grande,
sans gouttière dans l'angle inférieur, terminée en avant par un
bec extrêmement court qui ne semble infléchi à droite que quand
l'ouverture est mutilée, mais à l'extrémité duquel le contour supérieur se raccorde presque horizontalement ; labre oblique, souvent
épaissi, à peu de distance du contour, par une côte variqueuse à
laquelle correspond une rangée interne de crénelures allongées ;
columelle un peu excavée, lisse, tordue en avant par un pli très
anguleux qui limite le bec subcanaliculé ; bord columellaire indistinct sur la base, un peu détaché en avant où il est séparé du
cou par une fente ombilicale.

Diagnose refaite d'après un échantillon de l'espèce génotype, un peu incomplet sur le contour supérieur (Pl. IV, fig. 30), provenant du Claibornien de
l'Alabama, ma coll. ; et d'après un individu intact d'un géno-plésiotype du
Calcaire grossier de Chaussy : *Mesostoma gratum* Desh. (Pl. IV, fig. 31),
ma coll.

Rapp. et diff. — *Cerithioderma* est génériquement identique à *Mesostoma* ;
comme cette dernière dénomination était préemployée, il n'a pas été nécessaire
de la remplacer par une autre. Dès 1889, en rédigeant mon « Catal. ill. des
coq. de l'Eocène », j'avais été frappé de l'analogie qui existe entre les coquilles
dénommées *Mesostoma* par Deshayes, et *Trichotropis borealis*, non seulement
à cause de la forme de l'extrémité antérieure de l'ouverture, mais encore et
surtout à cause de l'obliquité du labre qui est très antécurrent vers la suture ;
cette analogie existe aussi dans les lamelles d'accroissement qui sont visibles
entre les carènes spirales, ou entre les costules axiales dont quelques espèces
de *Mesostoma* sont ornées. La protoconque globuleuse. analogue à celle des
Cancellariidæ, contribue encore davantage à confirmer le rapprochement de
Cerithioderma et de *Trichotropis*.

Toutefois, la disposition plus contournée ou plus oblique du bec cérithial, chez
Cerithioderma, est un critérium générique assez important pour qu'il y ait lieu
de maintenir une distinction entre ces deux Genres, et pour ne pas imiter Tate
qui a dénommé *Trichotropis* toutes les nombreuses espèces de *Cerithioderma*
qu'on trouve dans le Tertiaire inférieur de l'Australie méridionale.

L'origine de ce Genre est évidemment dans les couches supérieures du Crétacique, où il commence à apparaître en même temps que s'éteignent les derniers
représentants du Genre *Atresius* dont on verra ci-après les caractères distinctifs. Quant à sa descendance, il existe encore, entre les derniers *Cerithioderma* tertiaires et les premiers *Trichotropis*, une lacune qui n'a pas été
comblée jusqu'ici, de sorte que la filiation des deux groupes ne sera bien définitivement confirmée que quand on aura recueilli des formes intermédiaires
dans le Tertiaire supérieur.

Répart. stratigr.

EMSCHÉRIEN. — Une espèce à bec plus aigu que les autres formes du même
gisement citées comme *Mesostoma*, dans les sables de Vaals. près d'Aix-
la-Chapelle : *Mesostoma Kœneni* Holzapfel (*loc. cit.*, p. 132, pl. XIV. fig. 2).

EOCÈNE. — Quatre espèces dans les trois niveaux de l'Eocène parisien :
Mesostoma pulchrum, angulatum, gratum Desh., *Cerithium cancellarioides*
Mellev., ma coll. Le génotype ci-dessus figuré, dans le Claibornien des
Etats-Unis, ma coll. Une espèce bien distincte, dans la Loire-Inférieure :
Cerithioderma simplex Cossm., ma coll. les deux premières espèces pari-
siennes, dans le Cotentin, coll. Pissarro. Plusieurs espèces dans les
sables glauconitiques de l'Australie du Sud : *Trichotropis angulifera,
tabulata, triplicata interlineata, fenestrata, costata* Tate, d'après cet auteur
(Gastr. old. Tert., III, p. 186).

OLIGOCÈNE. — Quelques espèces dans le Jan-Jukian de Victoria : *Trichotropis
subquadrata, accrescens, quinquelirata* Tate, d'après cet auteur (*loc. cit.*,
p. 187). Une espèce voisine du génotype, dans l'Aquitanien de la Floride : *Mesostoma rugosum* Heilpr., d'après M. Dall (Tert. Flor., p. 293).
Une espèce incomplète et incertaine, dans le Tongrien de l'Allemagne du
Nord : *Cerith. semireticulatum* von Kœnen, d'après la Monographie de cet
auteur (*loc. cit.*, III, p. 649, pl. XLV, fig. 16).

GYROTROPIS, Gabb.   G.-T. : *G. squamosa*, Gabb, Craie.

« Ombilic infundibuliforme : dernier tour anguleux, couvert de
côtes longitudinales, minces et foliacées. »

FIG. 18. — *Gyrotropis.
Konincki, Muller.*

Observ. — Je n'ai malheureusement sur ce Genre
d'autre indication que la courte diagnose ci-dessus, reproduite d'après le Manuel de Conchyliologie de Fischer
(p. 690). Ce n'est pas dans la Monographie paléontologique de la Californie que Gabb a publié *Gyrotropis* ; sans
quoi, il l'aurait évidemment rapproché d'*Atresius*, comme
je le fais ici, en attendant de plus amples renseignements. C'est probablement au même Genre qu'il y a lieu
de rapporter deux espèces du Crétacé de l'Inde (Trichinopoly group), décrites par Stoliczka : *Trichotropis cf
Konincki* Muller, *T. nodulosa* Stol. ; je fais reproduire
(Fig. 18) la figure de la première, qui ressemble en effet à *Trochus Konincki*
Muller, tel qu'il est représenté dans la Monographie des sables d'Aix-la-
Chapelle, par M. Holzapfel.

ATRESIUS, Gabb, 1869.

« Spire élevée, tours arrondis, ouverture ovale, étroitement prolongée en avant ; columelle non encroûtée, imperforée ; surface sillonnée. »

ATRESIUS, *s. stricto*. (¹)   G.-T. : *A. liratus*, Gabb. Tur-

Taille moyenne ; forme trapue, conique ; spire plus ou moins
courte, aiguë au sommet, à galbe régulièrement conique ; tours con-

(¹) Pal. of Calif., t. II, p. 168, pl. XXVIII, fig. 50.

vexes, à sutures profondes, ornés de costules axiales, croisées par
des cordons spiraux qui y découpent des nodosités transverses ; dans
les intervalles on distingue un fin réseau de stries d'accroissements un peu crépues ou filamenteuses. Dernier tour généralement égal — quelquefois inférieur — à la moitié de la hauteur
totale, variqueux sur le dos, arrondi ou faiblement anguleux à la
périphérie de la base qui est peu convexe et sur laquelle persistent seuls les cordons concentriques, subgranuleux, avec les accroissements crépus, jusque sur le cou qui est excavé et très court.
Ouverture grande, ovale, à péristome épais, avec une gouttière subdétachée dans l'angle inférieure de gauche, terminée à droite en
haut par un bec large et versant ; labre oblique, épaissi par une
forte varice externe, crénelé à l'extérieur ; columelle calleuse, excavée, lisse, portant seulement à son extrémité antérieure, une sorte
de renflement tuberculeux qui limite la gouttière
du bec ; bord columellaire assez large, bien distinct,
séparé du cou et retroussé vers le bec.

Diagnose refaite d'après la figure de l'espèce génotype,
reproduite (Fig. 19) ; et d'après un néotype du Gault de
Saint-Florentin . *Cerithium Lallierianum* d'Orb. (Pl. VI,
fig. 32-36), coll. de l'École des Mines.

Fig. 19. — *Atresius
liratus Gabb.*

Rapp. et diff. — La plupart des auteurs d'Europe ont
confondu les coquilles crétaciques dont il s'agit avec *Mesostoma* (= *Cerithioderma*);
elles s'en distinguent cependant par un caractère essentiel : la columelle, au
lieu de porter en avant un pli tordu qui limite le bec canaliculé, est munie
d'une sorte de tubercule, et le bec est plus large, moins aigu un peu réfléchi
en dehors ; en outre, les tours sont moins anguleux, l'ornementation est plus
crénelée. et les stries d'accroissement sont moins lamelleuses dans les intervalles des carènes. Je n'ai pu observer la protoconque, ni vérifier si elle se
rapproche de celle de *Cerithioderma* ; cette constatation eût cependant été très
intéressante.

Au lieu de proposer un nouveau nom générique pour ces formes qui ont bien
le caractère principal des *Trichotropididæ*, c'est-à-dire l'inclinaison oblique du
labre, je me suis borné à les rapporter à un Genre anciennement proposé par
Gabb pour une coquille californienne, simplement connue à l'état de fragment

mais dont les caractères se rapprochent beaucoup de ceux de *Cerith. Lallierianum* : le bec de l'ouverture est très bien indiqué sur la figure du Mémoire
de Gabb ; seule, l'ornementation diffère un peu, en ce sens qu'elle paraît moins
treillissée et moins crénelée, ce qui peut être la conséquence de l'état de conservation du génotype. Comme cette coquille ne semble pas avoir été retrouvée
j'ai indiqué comme néotype *C. Lallierianum*. Gabb a rapproché son Genre de
Tuba, de *Spironema* et des *Littorinidæ* qui n'ont pas la moindre trace de bec à
l'extrémité antérieure de l'ouverture, tandis qu'il existe, dans le Crétacique de
France, une forme de *Metacerithinæ*, dont le galbe est très voisin de celui
d'*Atresius*, et à laquelle j'ai attribué la dénomination *Cirsocerithium*, ainsi qu'on
l'a vu ci-dessus. Mais, outre que sa varice labrale n'est pas crénelée à l'intérieur, sa columelle n'a pas de renflement tuberculeux, et le labre n'a pas la
même obliquité ; enfin l'ornementation est bien différente : on ne peut donc
réellement rapprocher *Atresius* de *Cirsocerithium*.

Répart. stratigr.

APTIEN. — Une espèce douteuse, dans le Vaucluse : *Cerithium Cornuelianun*
   d'Orb., d'après la Paléontologie française.

ALBIEN. — L'espèce néotype, dans le Gault de l'Yonne, coll. Peron, coll. de
   l'Ecole des Mines.

CÉNOMANIEN. — Une petite espèce très probable, dans le « Jallais » des environs du Mans : *Cerith. cenomanense* d'Orb., d'après la photographie dans
   l'Album paléontologique de la Sarthe, par Guéranger (pl. XIV, fig. 6-7).

TURONIEN. — L'espèce génotype, dans le « Shasta group » de la Californie,
   d'après la figure précitée.

EMSCHÉRIEN. — Plusieurs espèces dans les sables de Vaals près d'Aix-la-
   Chapelle : *Mesostoma Beisseli, Mulleri, Beyrichi* Holzapfel, *Scalaria striato
   costata* Muller, *Rissoa Bosqueti* Muller, d'après la Monographie de
   M. Holzapfel (1888, Moll. Aach. Kreide, p. 130-133, pl. XIV, fig. 2-7 et
   11-12).

PLANAXIDÆ, Sowerby.

Coquille ovale-conique, à spire élevée, sans varices ; columelle
tronquée en avant ; labre arrondi, simple ou plissé, entaillé à la
base. Opercule corné, subspiral.

Observ. — Conformément à la classification adoptée dans le Manuel de Fischer, je place cette Famille dans les *Cerithiacea*, entre les *Trichotropididæ* et
les *Modulidæ*, plutôt que dans le voisinage des *Littorinidæ* et des *Fossaridæ*,

comme l'a proposé Tryon. En effet, l'ouverture des *Planaxidæ* n'est pas holostome : une forte entaille basale est tracée par le raccordement du contour supérieur avec la troncature de la columelle, et ce contour s'élève invariable_ment plus haut que celle-ci. Fischer a d'ailleurs observé que l'habitat bathymétrique de *Planaxis* est différent de celui de *Littorina*, quoique la dentition soit très voisine chez ces deux Genres.

D'autre part, la division en deux Sous-Familles, telle que l'a proposée Tryon paraît pouvoir être adoptée : il s'agit là de caractères qui échappent aux investigations des paléontologistes (siphon, forme du pied). Comme critérium générique, j'ai adopté le caractère le plus essentiel, c'est-à-dire la disposition de la troncature de la columelle ; le labre paraît être un bon critérium sous-générique ; enfin l'ornementation de la spire peut servir à distinguer les Sections.

Cette Famille n'est pas connue avant l'époque tertiaire ; jusqu'à présent, il ne nous est pas possible de préciser de quelle souche elle est issue, car la troncature de la columelle n'a été observée chez aucun *Metacerithinæ* de la Craie ; peut être l'inflexion de l'extrémité s'est-elle accentuée au point de former une véritable troncature ?

Tableau des Genres, Sous-Genres et Sections

* *PLANAXINÆ*, Tryon 1887 : siphon court, pied simple

Genres	Sous-Genres	Sections
PLANAXIS (Columelle tronquée)	PLANAXIS (Labre oblique, sillonné)	*Planaxis* (Spire sillonnée)
		A. Holcostoma (Spire demi-sillonnée)
	HINEA (Labre oblique, variqueux)	B. Hinea (Spire lisse, longue, subulée)
	QUADRASIA (Labre non sillonné)	C. Quadrasia (Spire striée)
	QUOYIA (Forte dent pariétale)	D. Quoyia (Spire sillonnée, tronquée)
ORTHOCHILUS (Columelle infléchie)	ORTHOCHILUS (Labre droit, mince, lisse)	*Orthochilus* (Spire lisse, conique)
DALLIELLA (Columelle plissée en avant)	DALLIELLA (Labre dilaté, oblique)	*Dalliella* (Spire sillonnée, courte)
		E. Sirius (Fort ombilic à bourrelet caréné)

* *LITIOPINÆ*, Tryon 1887 : pas de siphon, pied à filaments cirrhiformes

Genres	Sous-Genres	Sections
LITIOPA (Columelle tronquée)	LITIOPA (Labre oblique, mince, lisse)	F. Litiopa (Spire finement striée)

A. HOLCOSTOMA, H. et A. Adams, 1853. — G. T. : *Planaxis piliger*, Phil. Test épidermé ; spire courte, à galbe conoïdal ; dernier tour formant presque toute la coquille, perforé ; ouverture très anguleuse en arrière, le labre recouvrant l'avant-dernier tour ; échancrure basale avec un fort bourrelet ; labre dilaté, sillonné ; columelle lisse, excavée, très calleuse en arrière.

B. Hinea, Gray, 1847. — G.-T. : *Planaxis mollis* Sow. Spire lisse et allongée ; ouverture petite, ovale, étroitement échancrée en avant ; labre oblique, épais, variqueux à l'extérieur, sillonné à l'intérieur ; columelle très arquée, à troncature adoucie.

C. Quadrasia, Cresse, 1886. — G.-T. : *Q. Hidalgoi* Crosse. Coquille finement striée, imperforée ; péristome épaissi ; labre lisse à l'intérieur ; columelle arquée ; tronquée à la base. Opercule paucispiré, à nucléus terminal.

D. Quoyia, Deshayes, 1830. — G.-T. : *Planaxis decollatus* Quoy (= *Fissilabra*, Brown 1836 ; = *Leucostoma*, Swainson 1840, *non* Meyer 1863). Coquille turriculée, à sommet résorbé et tronqué ; spire sillonnée ; labre épais, crénelé à l'intérieur ; columelle incurvée, avec un fort pli spiral en arrière, brièvement tronquée en avant, vis-à-vis d'une étroite échancrure basale ; bord columellaire lisse, très calleux, séparé du bourrelet du cou par une rainure imperforée et vernissée. Les coquilles tertiaires que Deshayes a rapportées à ce Genre, ne peuvent y être classées parce qu'elles sont holostomes, malgré leur apparente similitude.

E. Sinics, Hedley, 1900 (Stud. on Austr. Mus. Linn. Soc. N. S. W., p. 88, pl. III, fig. 8). — G.-T. : *Raulinia badia* Ten. Woods. Petite coquille mince, turbinée, à carènes spirales, croisées par des accroissements obliques et lamelleux ; base largement perforée, avec un bourrelet caréné aboutissant à l'échancrure basale. Cette coquille ressemble beaucoup à *Dalliella*, autant que je puis en juger par la figure, et on ne l'en distingue que par des caractères sectionnels.

F. Litiopa, Rang, 1829. — G.-T. : *L. melanostoma* Rang. Petite coquille couverte de stries spirales et microscopiques ; ouverture échancrée à la base ; columelle lisse, tronquée, avec un pli pariétal ; bord columellaire étroit. Les prétendus *Litiopa* éocéniques n'ont aucun rapport avec les formes vivantes : ce sont des coquilles voisines de *Lacuna*.

PLANAXIS, Lamk., 1822.

Coquille ovale-conique, à spire généralement sillonnée ; ouverture ovale, à gouttière postérieure, échancré à la base, au-dessus de la troncature de la columelle ; labre oblique, épais, sillonné à l'intérieur ; bord columellaire lisse, calleux.

PLANAXIS, *s. stricto*   G.-T. : *Buccinum sulcatum*, Born. Viv.

Test épais. Taille moyenne ; forme littorinoïde ; spire assez courte, à galbe conique, à sommet obtus et lisse : tours peu convexes ou presque plans, ornés de sillons spiraux, ou à demi-lisses, à sutures bien marquées. Dernier tour grand, dépassant la moitié de la hauteur totale, et atteignant souvent les deux tiers, anguleux à la périphérie de la base qui est déclive, sillonnée comme la spire, jusqu'au cou très court et muni d'un faible bourrelet qui correspond aux accroissements de l'échancrure basale. Ouverture grande, ovale, munie d'une gouttière postérieure que limite un renflement pariétal, entaillée sur le cou par une échancrure assez profonde ; labre épais, oblique par rapport à l'axe vertical, antécurrent vers la suture, portant à l'intérieur des plis ou rides allongés qui correspondent aux sillons de la surface extérieure ; columelle lisse, épaisse, aplatie et peu excavée, subitement tronquée en avant au-dessous du plafond de l'ouverture, de sorte que son extrémité fait un angle arrondi avec le bord de l'échancrure ; bord columellaire assez large, calleux, bien appliqué sur la base, parfois détaché du cou.

Diagnose complétée d'après l'espèce génotype, et d'après un géno-plésiotype du Bartonien des environs de Paris : *P. aulacophorus* Cossm. (Pl. XII, fig. 53-54), coll. Bourdot.

Répart. stratigr.
Eocène. — Deux espèces dans le Bartonien des envions de Paris : le géno-plésiotype ci-dessus figuré, et *P. Fischeri* de Rainc., ma coll. Une espèce bien caractérisée, dans le Nummulitique de la Hongrie : *P. Rosthorni* Penecké, ma coll. Une espèce subglobuleuse, dans la Loire-Inférieure : *P. littorinoides* Cossm , ma coll.
Epoque actuelle. — Nombreuses espèces dans l'Océan indien, la Polynésie, les Indes occidentales, la mer Rouge et sur les côtes de l'Afrique Australe, d'après le Manuel de Tryon.

ORTHOCHILUS, Cossmann, 1889 ([1]).

Petite coquille conique ; spire striée, obtuse au sommet ; ouverture ovale, étroite, rétrécie en avant par un bec échancré, non infléchi ; labre mince, à peine oblique, lisse, columelle droite, terminée en pointe contre le bec.

([1]) Catal. ill. coq. foss. Eoc., t. IV, p. 11.

ORTHOCHILUS, *s. stricto.*   G.-T. : *Planaxis Bezançoni*, Cossm. Eoc.

Test peu épais. Taille petite ; forme conique ; spire peu allongée
à sommet obtus et à nucléus lisse ; tours plans, ornés de fines stries
écartées, brillants néanmoins. Dernier tour égal à la moitié de la
hauteur totale, anguleux à la périphérie de la base qui est déclive,
imperforée, avec un cou un peu élevé, muni d'un bourrelet peu
saillant. Ouverture ovale, assez étroite, rétrécie en avant où elle
se termine par un bec un peu échancré, non infléchi ; labre mince,
non dilaté, lisse à l'intérieur, presque vertical ; columelle presque
droite, finissant en pointe contre le bec ; bord columellaire mince,
étroit.

Diagnose reproduite d'après l'espèce génotype, du Lutécien de Chaussy
(Pl. XII, fig. 55-56), ma coll.

Rapp. et diff. — La disposition du bec non infléchi et à peine échancré, la
faible épaisseur et l'obliquité à peine sensible du labre, la terminaison en
pointe de la columelle non tronquée en avant, justifient l'établissement d'un
Genre distinct, et non pas seulement d'une Section de *Planaxis*, comme je l'avais
primitivement proposé.

Répart. stratigr.
L'espèce génotype, dans les environs de Paris. ma coll.

DALLIELLA, Cossmann, 1895 ([1]).

Petite coquille buccinoïde ou turbinée ; spire courte, sillonnée ;
ouverture dilatée ; labre arrondi, crénelé, oblique ; columelle excavée, avec un pli caréné à son extrémité antérieure.

DALLIELLA. *s. stricto.*   G.-T.: *D. Brusinai*, Cossm. Mioc.

Taille petite ; forme buccinoïde, souvent turbinée ; spire peu allongée, à galbe conoïdal ; protoconque lisse, subglobuleuse, à nucléus

[1] Assoc. franç., Congrès de Caen.

en goutte de suif ; tours convexes, à sutures profondes, ornés de sillons spiraux, croisés par de fines stries d'accroissement obliques. Dernier tour égal aux deux tiers de la hauteur totale, arrondi à la base qui est également sillonnée jusque sur le bourrelet peu saillant du cou excavé. Ouverture relativement grande, arrondie, sans gouttière postérieure ni callosité pariétale, tronquée à droite et en haut par un bec rudimentaire et légèrement échancré sur le cou ; labre oblique, assez mince, parfois crénelé à l'intérieur, dilaté en avant où il forme une courbe qui rejoint le contour du bec basal ; columelle peu excavée, subitement coudée par un pli souvent très saillant, à l'extrémité duquel elle s'infléchit à droite pour se confondre avec le bord de l'échancrure ; bord columellaire peu calleux, lisse, bien appliqué sur la base et sur le bourrelet du cou.

Diagnose refaite, d'après l'espèce génotype, du Burdigalien de Peloua (Pl. XIII, fig. 12-13), ma coll.

Rapp. et diff. — Ce Genre est évidemment voisin de *Planaxis* : il s'en distingue toutefois par le pli saillant que forme la columelle au point où elle se tronque ; en outre, l'échancrure basale est moins nette, et la courbe du labre est plus largement arrondie et découverte sur le plafond de l'ouverture.

Répart. stratigr.

ÉOCÈNE. — Deux espèces dans le Cuisien et le Lutécien des environs de Paris : *Truncaria insolita* Desh., ma coll. ; *Dalliella turriculata* Cossm., coll. Pezaut.

MIOCÈNE. — L'espèce génotype dans le Burdigalien de la Gironde, ma coll.

MODULIDÆ, Fischer, 1885.

Coquille à spire courte, non nacrée ; labre oblique ; columelle terminée par une dent fortement tronquée, contiguë à une échancrure basale qui tient lieu de canal siphonal.

Observ. — Le classement de ces coquilles trochiformes ou turbinées a beaucoup varié : quelques auteurs, Tryon par exemple, 'es ont rapprochées de *Risella*, et par conséquent, des *Littorinidæ* ; d'autre part, contrairement à l'opinion des anciens malacologistes, l'absence de nacre et les caractères de l'animal ne permettent pas de les placer à côté de *Tectus* qui a aussi une dent columellaire. D'ailleurs, quoiqu'il n'y ait pas de siphon, leur radule ressemble à celle des *Cerithidæ*, de sorte que Fischer a été mieux inspiré que ses prédécesseurs en plaçant les *Modulidæ* à la suite des *Cerithidæ*, quoiqu'il ait à tort ajouté que leur ouverture était holostome. En ce qui me concerne, l'examen paléontologique de la coquille seule me paraît confirmer l'analogie entre la dent de *Modulus* et l'extrémité antérieure de la columelle de quelques *Benoistia*, et son échancrure ressemble aussi à celle des *Planaxidæ* ; ce rapprochement a aussi été adopté par M. Dall qui a placé, comme je le fais, ces coquilles à la suite des *Trichotropididæ*, avec lesquels elles ont également de l'analogie, à cause de leur labre incliné et de leurs accroissemen's crépus.

Toutefois, on se demande encore de laquelle des souches précitées est issue la Famille *Modulidæ* qui ne commence à apparaître qu'au milieu de la période tertiaire ; est-ce chez *Atresius* ou *Gyrotropis* du Crétacique qu'on doit en chercher l'origine ? Ici encore se pose une de ces trop nombreuses questions, restées sans réponse à cause de la pénurie de nos connaissances paléontologiques : l'évolution des êtres de transition est précisément celle qu'il nous est le plus difficile de saisir.

MODULUS, Gray, 1840.

Coquille perforée, turbinée, à spire déprimée ; columelle arquée, dentée en avant ; échancrure basale. Opercule ovale-arrondi, multispiré, à nucléus subcentral.

MODULUS, *s. stricto.*   G.-T. *Trochus tectum*, Gmelin. Viv.
    (= *Pseudotrochus*, Heilp. 1887, *non* Klein ;
    = *Turbinopsis*. Conrad ? 1860).

Test épais. Taille relativement petite ; forme trochoïde, plus large que haute ; spire courte, à galbe extraconique ; tours convexes, d'abord funiculés, puis ornés de costules axiales et de fines stries d'accroissement dans les intervalles. Dernier tour formant plus de trois quarts de la coquille, anguleux et crénelé par les côtes à la périphérie de la base qui est déclive ou même un peu excavée, funiculée, étroitement perforée au centre, avec un bourrelet plus ou moins caréné, qui correspond aux accroissements de l'échancrure basale. Ouverture grande, arrondie, sans gouttière postérieure, terminée en avant par une échancrure versante, parfois profondément entaillée sur le contour du plafond ; labre épais, taillé en biseau, lisse à l'intérieur, très obliquement incliné par rapport à l'axe, antécurrent vers la suture ; columelle excavée, lisse, tordue en avant par un pli saillant qui se raccorde avec le contour de l'échancrure ; bord columellaire un peu calleux, détaché de la fente ombilicale.

Diagnose complétée d'après l'espèce génotype, et d'après un géno plésiotype du Miocène de Mérignac : *M. Basteroti* Benoist (Pl. XIII. fig. 16-17), ma coll.

Rapp. et diff. — *Modulus* se distingue de *Trichotropis* par sa spire courte, par son échancrure basale à la place d'un bec aigu, et par sa columelle fortement tordue, carénée ou dentée en avant ; mais il s'en rapproche par l'obliquité du labre antécurrent vers la suture, par sa perforation ombilicale, et par les stries d'accroissement crépues qui ornent sa surface entre les côtes.

Comme c'est le seul Genre cité dans cette Famille, je n'ai pas eu à dresser le tableau critérial des membres de la Famille, ni la liste des formes non connues à l'état fossile. En effet, *Pseudotrochus* Heilp. est synonyme de *Modulus*, d'après M. Dall, et ce nom préemployé n'aurait d'ailleurs pu être conservé. M. Dall ajoute que l'espèce crétacique *Turbinopsis Hilgardi* Conrad. est probablement aussi un *Modulus*, quoique l'ouverture soit mutilée précisément à l'emplacement de la base où devrait se trouver l'échancrure, et quoique l'ombilic soit bien largement ouvert. J'ai déjà figuré cette coquille, d'après un dessin de M. Dall, dans la 3ᵉ livr. de ces « Essais » (p. 8, Fig. 1) ; le rapprochement de *Turbinopsis* avec les *Modulidæ* me paraît très douteux, d'autant plus qu'on ne signale aucune descendance de cette forme secondaire dans l'Eocène pour la relier à celles de l'Oligocène supérieur. Je la rapprocherais plutôt de *Gyrotropis* à cause de l'ombilic, ou mieux encore, des *Fossaridæ* qui n'ont pas le labre très incliné.

Répart. stratigr.

OLIGOCÈNE. — Une espèce à spire trochiforme. dans l'Aquitanien de la Jamaïque : *M. basileus* Guppy, ma coll. Trois autres espèces au même niveau dans la Floride : *Pseudotrochus turbinatus* Heilp.. *M. Willcoxi, compactus* Dall, d'après cet auteur (Tert. Flor., pl. XVIII. fig. 1 a et 12, pl. XXII, fig. 10).

MIOCÈNE. — Le géno-plésiotype ci-dessus figuré pour la première fois, dans le Burdigalien des environs de Bordeaux (V. Benoist : Catal. Test. Saucats, p. 101, texte seulement) ; la même dans l'Helvétien du Piémont, avec deux variétés : *spiratissima*, *rotundolævis* Sacco (*loc. cit*, Part. XXVII, pl. I fig. 2-3).

PLIOCÈNE. — Deux espèces actuelles dans les couches de Caloosahatchie : *M. floridanus* Conrad, *Trochus modulus* Lin, d'après M. Dall (*loc. cit.*, p. 295).

EPOQUE ACTUELLE. — Plusieurs espèces dans l'Océan Indien, aux Indes occidentales, sur les côtes de la Californie et de Mozambique, d'après le Manuel de Tryon.

PURPURINIDÆ, Zittel, 1895 ([1]).

« Coquille à test épais, ovale, à tours étagés, non nacrée ; tours aplatis au dessous de la suture et munis d'une rampe excavée sous une couronne de tubercules ; dernier tour grand ; ouverture ovale, avec un bec versant en avant, à bords désunis. Opercule inconnu. »

Observ. — Après avoir été classées près de *Purpura* et de *Buccinum*, les coquilles jurassiques de ce groupe ont été séparées par Zittel dans une nouvelle Famille bien caractérisée, qui se rattache encore, à la rigueur, aux *Cerithiacea*, mais qui, d'autre part, relie ces derniers aux *Littorinidæ* complètement holostomes. L'existence d'un bec ou d'une dépression versante, à la partie antérieure du contour de l'ouverture, indique qu'il y avait vraisemblablement un siphon court, analogue à celui des *Brachytremidæ* ou des *Modulidæ*. Chez certains membres de cette Famille, la dépression s'atténue beaucoup, de sorte que la coquille a presque l'aspect d'un *Eucyclus* ou d'un *Amberleya*. Malgré ces variations, les *Purpurinidæ* conservent un faciès assez homogène qui justifie la création de Zittel et qui ne donne lieu à aucune hésitation.

Quoique Zittel ait fait entrer dans sa nouvelle Famille des formes siluriennes, carbonifériennes et triasiques, je crois qu'elle doit être restreinte aux terrains secondaires, peut être avec un ou deux ancêtres triasiques ; les autres coquilles antérieures à cette apparition sont encore trop mal connues pour qu'on puisse les y admettre définitivement : leur ouverture est toujours mutilée, ou bien elle ne présente pas, quand on peut l'étudier, la moindre sinuosité antérieure, de sorte que la spire seule ressemble à celle des *Purpurinidæ*, et c'est insuffisant pour établir une base de classification.

Les Genres qui composent cette Famille se sont tous éteints avant d'atteindre la partie tout-à-fait supérieure du Système crétacique ; leur sinuosité basale

[1] Grundzüge der Palæontologie, p. 332.

est trop peu prononcée pour qu'on puisse y voir l'indice précurseur de l'échancrure des *Purpuridæ*, malgré l'analogie de la columelle de *Purpuroidea* avec celle de *Purpura*.

Tableau des Genres, Sous-Genres et Sections

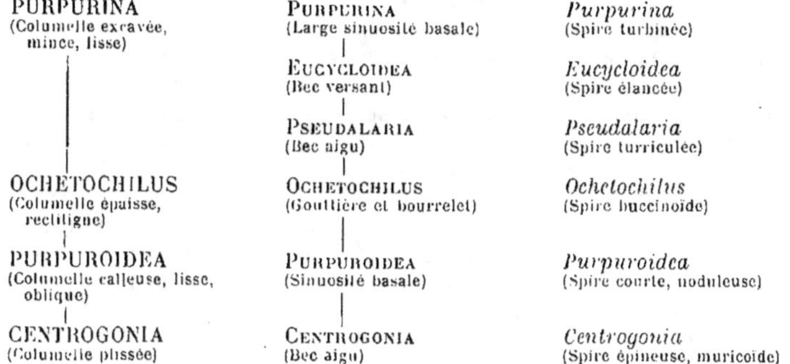

Genres à éliminer de la Famille

SCALITES, Conrad, 1842. — G-T. ; *S. angulatus*, Silurien. Cette coquille à peine perforée a les tours anguleux, et peut-être une bande de sinus sur la carène. de sorte qu'elle se rapprocherait plutôt des *Pleurotomariidæ* ; l'ouverture est subtrigone, mais elle devait être arrondie sur son contour supérieur. Pour décider si *Scalites* est réellement l'ancêtre de *Purpurina*, il faudrait vérifier si réellement le labre porte un sinus analogue à celui de *Murchisonia* ; dans la négative, il se pourrait en effet que la souche originelle des *Purpurinidæ* fût dans ce Genre silurien.

TRACHYNERITA, Kittl, 1894. — G-T. : *T. fornoënsis* Kittl, Tyrolien. A part les tubercules qui couronnent certaines espèces, et qui manquent précisément chez le génotype, ce Genre n'a aucun rapport avec *Purpuroidea* : l'ouverture est holostome, et il est probable que la columelle devait se résorber à l'intérieur de la coquille. comme chez *Nerita*.

SIPHONOPHYLA, Kittl, 1894 (Gastr. St Cassian, III. p. 250, pl. XX, fig. 1-2). — G-T. : *Fasciolaria Desori* Klipst., du Tyrolien, reproduit (Pl. XIV. fig. 19) d'après un cliché envoyé par M. Kittl. Coquille phasianoïde et ombiliquée, à tours convexes et striés spiralement ; ouverture élevée, aiguë en avant, à labre peu incliné. Il m'est impossible de me faire une opinion sur le classement de cette coquille qui n'a aucun rapport avec la Famille *Fusidæ* dans laquelle M. Kittl l'a placée : le bec qui remplace le canal siphonal n'a même aucune analogie avec l'échancrure des *Buccinidæ* ; son ombilic largement ouvert et garni d'un bourrelet externe l'écarte évidemment des *Purpurinidæ*. Peut-être la découverte ultérieure d'échantillons mieux caractérisés permettra-t-elle de rapprocher plutôt ce Genre de *Cœlostylina*.

PALÆOTRITON, Kittl, 1894 (*loc. cit.*, p. 255, pl. XX, fig. 3-10). — G.-T. : *Scalaria venusta* M., du Tyrolien, reproduit (Pl. XIV, fig. 9) d'après un cliché envoyé par M. Kittl. Forme de *Cerithioderma*, mais avec une ouverture qui, chez *P. macrostoma* Kittl, acquiert un péristome évasé quoique anguleux à son extrémité antérieure ; il est vrai que le génotype ne présente pas la même particularité, tout en portant la même ornementation à côtes obliques et à cordons spiraux. Dans ces conditions, la délimitation des caractères génériques est un peu vague et le classement du Genre *Palæotriton* s'en ressent nécessairement ; le petit échantillon que nous figurons a plutôt l'air d'un fragment de *Nassa*, tandis que la figure 3 de l'ouvrage de M. Kittl ressemble à *Cerithioderma*, et que celle de *P. macrostoma* dénoterait, à cause du développement du péristome, une coquille probablement holostome. En résumé, ici encore, il faut attendre avant de se prononcer définitivement.

SPIROCYCLINA, Kittl, 1894 (*loc. cit.*, p. 259, pl, XX, fig. 16-19). — G.-T. *Turritella eucycla* Laube, du Tyrolien, reproduit (Pl. XIV, fig. 1-4) d'après des clichés envoyés par M. Kittl. Coquille élancée, turriculée, à tours convexes et funiculés ; l'ouverture des échantillons que nous figurons paraît presque holostome, avec un péristome qui a une tendance à se détacher de la base ; mais M. Kittl indique dans sa diagnose qu'il existe un bec aigu en avant, et la figure 16 montre même une échancrure qui me déconcerte complètement si elle n'est pas le résultat d'une restauration un peu téméraire de la part du dessinateur. Il est possible cependant que ce Genre doive être plutôt rapproché des *Mathildiidæ*.

TRACHOECUS, Kittl, 1894 (*loc. cit.*, p. 259, pl. XX, fig. 20-21). G. T. : *T. Gemmellaroi* Kittl, du Tyrolien, reproduit (Pl. XIV, fig. 10-11) d'après des clichés envoyés par l'auteur. Coquille bucciniforme, à côtes obliques et à cordons spiraux ; ouverture ovale, avec un bec antérieur auquel aboutit un bourrelet basal, circonscrivant une fente ombilicale. Ce Genre se rapproche de de *Palæotriton* par sa spire, tandis que son ouverture a plutôt des affinités avec celle de *Siphonophyla*. A mon avis, il y a, quant à présent, incertitude complète au sujet de la position à lui assigner ; c'est donc encore une forme *incertæ sedis* sur laquelle on ne sera définitivement fixé que quand on aura pu en étudier l'ouverture intacte.

PSEUDOSCALITES, Kittl, 1892 (=? *Tretospira* Koken). — G.-T. : *Pleurotomaria elegantissima* Klipstein. Quoique cette espèce ait une spire de *Purpurina*, l'ouverture absolument incomplète ne permet pas de caractériser un Genre ; c'est peut-être une forme voisine de *Murchisonia*, mais en tous cas, la columelle ne paraît pas, d'après la figure, être assez excavée pour que *Pseudoscalites* puisse être rapproché de *Purpurina*, ni assez oblique et calleuse pour se rattacher à *Purpuroidea*.

PURPURINA, d'Orbigny, 1850 (¹).

Coquille turbinée, généralement peu élancée, avec une rampe
étagée au-dessus de la suture : ouverture ovale, sinueuse ou même
munie d'un bec sur son contour supérieur; labre peu proéminent
en avant, sinueux en arrière sur la rampe ; columelle mince et lisse,
excavée.

PURPURINA, *s. stricto.*   G.-T. : *P. Bellona*, d'Orb. Baj.

Taille moyenne; forme un peu globuleuse et turbinée; spire courte,
à galbe conoïdal, étagée aux sutures qui sont bordées en dessus par
une rampe plus ou moins large ; tours convexes, parfois en gradins
très aigus, ornés de côtes nombreuses et croisées par des cordons
spiraux qui y découpent des crénelures transverses ; dernier tour
très grand, généralement supérieur aux trois quarts de la hauteur
totale, arrondi à la base qui est étroitement perforée et sur laquelle se
prolonge l'ornementation spirale, tandis que les côtes s'effacent graduellement. Ouverture grande, ovale, non dilatée, un peu versante
en avant à droite, où elle forme une sorte d'oreillette arrondie et se
reliant au contour supérieur par une sinuosité peu visible en plan ;
labre presque droit, non proéminent en avant, excavé sur la rampe,
peu épais et lisse à l'intérieur ; columelle arquée en arrière, mince,
lisse, incurvée en avant avec l'oreillette ; bord columellaire étroit,
peu calleux, découvrant une petite fente ombilicale.

Diagnose complétée d'après l'espèce génotype, du Bajocien de Bayeux
(Pl. VII, fig. 19), ma coll. ; et d'après un géno-plésiotype, d'un groupe plus
renflé : *P. inflata* Tawney (Pl. VII, fig. 10, du même gisement, ma coll.

Observ. — Ce Genre a été établi dans le Prodrome de d'Orbigny par une
diagnose de trois lignes, intercalée entre celle de *Spinigera* et les *Cerithium*, ce
qui prouve que cet auteur avait le sens très net de la position systématique à
attribuer à son nouveau Genre. Ensuite, dans le second volume de la « Paléon-

(¹) Prod. Pal. strat., t. I, p. 270 (*non* 278, *sec.* Hudleston).

tologie française des terrains jurassiques », d'Orbigny a simplement fait figurer
(pl. CCCXXXI, fig. 1-3) *P. Bellona*, espèce du Bajocien que Deslongchamps et
Piette ont désignée comme type, tandis que dans le Prodrome, il n'était
question que de *P. pulchella* et *elegantula*, de l'étage Bajocien. Enfin, sur la
même planche et sur les pl. CCCXXIX et CCCXXX, d'Orbigny a fait figurer
d'autres Purpurines qui ont été depuis placées dans d'autres groupes ; d'autre
part, le texte correspondant à toutes ces figures n'a pas été publié, par suite du
décès de l'auteur, Cotteau n'ayant terminé que les *Pleurotomaria* d'après ses
notes manuscrites. Dans ces conditions, le génotype de *Purpurina* n'ayant
pas été nettement défini par l'auteur, c'est l'interprétation publiée par
Eug. Deslongchamps (1860-Foss. Montreuil-Bellay, p. 24, note infrapaginale)
qu'il y a lieu d'adopter, ainsi que je l'ai fait ci-dessus.

La saillie de la spire de *Purpurina* peut être plus ou moins grande, ainsi que
le prouve le géno-plésiotype que j'ai fait figurer ci-dessus ; mais, dans tous les
cas, le contour supérieur de l'ouverture ne présente qu'une très faible
sinuosité, à peine visible quand on regarde la coquille en plan, posée sur la
pointe de sa spire ; la columelle ne fait aucune inflexion antérieure vers la
droite, mais la courbe régulière qu'elle décrit, pour se rattacher au contour
supérieur, forme une oreillette un peu étroite qui ne ressemble pas au bec aigu
des *Cerithiacea* non canaliculés. A ce point de vue, on pourrait donc douter
que *Purpurina s. s.* soit vraiment une coquille siphonostome : il y a certainement des *Pseudomelania* qui ont l'ouverture presque aussi versante, ou des
Eucyclus dont le contour supérieur n'est guère moins sinueux.

Mais, à côté de ce groupe typique de *Purpurina*, il y a une série de formes
extrêmement voisines, chez lesquelles l'oreillette se rétrécit et le bec se
précise davantage, en même temps que la spire s'allonge, comme on le verra
ci-après, et ce ne sont cependant que des Sous-Genres de *Purpurina* dont elles
ont tous les autres caractères (labre, columelle, ornements, etc...). Aussi ne
peut-on conclure que *Purpurina* (*s. lato*) est un Gastropode holostome, puisqu'il
se relie intimement aux *Cerithiacea*, et que d'Orbigny l'a lui-même désigné
comme siphonostome.

D'ailleurs, de même que l'on trouve des affinités entre la forme de quelques
Cerithiacea et les *Melaniacea*, à tel point que l'on est souvent embarrassé pour
le classement de certains fossiles dans l'un ou l'autre de ces deux Cénacles, de
même on reconnaît une réelle analogie entre *Purpurina* et quelques *Pyrgulifera*
du Crétacique supérieur, plus encore qu'avec les *Littorinacea* qui ont une
columelle bien différente et dont le contour n'est jamais sinueux.

Répart. stratigr.

BAJOCIEN. — Outre les deux géno-plésiotypes ci-dessus figurés, dans l'Oolite
inférieure de Bayeux et du Yorkshire, quelques autres formes ou variétés
dans ce dernier gisement : *Turbo elaboratus* Lyc., *P. pagoda, curta,
parcicosta, aspera, calcar, rotunda, tabulata* Hudleston, d'après la Monographie précitée de cet auteur. Deux autres espèces en Allemagne :
P. Sowerbyi Waagen, *Turbo serratus* Quenst. (*fide* Hudleston, *loc. cit.*).

BATHONIEN. — Plusieurs espèces dans la Grande Oolite du Boulonnais, de la Moselle et de la Sarthe : *P. abbreviata, clapensis* Terq. et Jourdy, *P. crispata* Cossmann (Contrib. ét. Bath. 1885, pp. 126-128).

CALLOVIEN. — Plusieurs espèces dans l'Oolite de Montreuil-Bellay : *P. Orbignyana, coronata, condensata, elongata* Héb. et Desh., d'après la Monographie précitée de ces auteurs (pp. 25-27) ; la seconde dans le Jura brun de Gallicie, d'après M. Laube (Gastr. v. Balin, pl. III. fig. 6).

OXFORDIEN. — Une espèce voisine de *P. condensata*, à Scarborough (Angleterre) : *Turbo liratus* Bean, d'après M. Hudleston (Catal. brit. jur. Gastr. p. 114).

EUCYCLOIDEA, Hudleston, 1888 ([1]).   G.-T. : *Turbo Bianor*, d'Orb. Baj.

Taille moyenne ; forme élancée ; spire un peu allongée, à galbe conique ; tours carénés au-dessus d'une rampe excavée, granuleux ou crénelés sur la carène, striés spiralement, dernier tour à peine supérieur à la moitié de la hauteur totale ; arrondi à la base au-dessus de la carène, étroitement perforé contre le bourrelet basal. Ouverture subrhomboïdale, terminée en avant par un bec anguleux qui correspond à une légère sinuosité du contour supérieur ; labre mince, un peu proéminent en avant, largement échancré sur la rampe suprasuturale ; columelle lisse, excavée, infléchie à gauche vers le bec ; bord columellaire étroit, séparé du bourrelet par la fente ombilicale.

Diagnose refaite d'après des échantillons de l'espèce génotype, du Bajocien de Sully (Pl. VII, fig. 14), ma coll. ; et d'après un géno-plésiotype du Callovien de Montreuil-Bellay : *Purpurina granulata* Héb. et Desl. (Pl. VII, fig. 15-16), ma coll.

Rapp. et diff. — Ce Sous-Genre se distingue de *Purpurina s. s.*, non seulement par sa forme moins turbinée, plus « eucycloïde », mais surtout par son bec antérieur mieux formé, à la place de la large sinuosité du contour supérieur du génotype de *Purpurina*. La longévité d'*Eucycloidea* est à peu près la même, du Bajocien au Callovien inclus ; on ne peut donc dire lequel des deux a engendré l'autre. Il s'agit d'ailleurs d'espèces si variables que l'on a même souvent confondu entre elles celles qui existe dans des niveaux strati-

[1] Gastr. infer. Ool., p. 95 (Palæontogr. Soc.).

graphiquement très rapprochés : on en a cité dans le Lias d'Angleterre, mais je ne suis pas assez certain de leur détermination pour en tirer aucune conclusion.

Répart. stratigr.

> BAJOCIEN. — Outre l'espèce génotype dans l'Oolite inférieure de Bayeux et du Yorkshire, une autre espèce dans ce dernier gisement. *Fusus carino-crenatus* Lycett, d'après M. Hudleston (*loc. cit.*).

> BATHONIEN. — Une espèce bien caractérisée, dans le Bathonien supérieur de la Sarthe : *Purpurina pulchella* d'Orb. (citée dans le Prodrome au niveau du Bajocien, par erreur), d'après ma Monographie (Contrib. ét. Bath. 1885, p. 129, pl. X, fig. 13-15).

> CALLOVIEN. — Le géno plésiotype ci-dessus figuré, dans les couches de Montreuil-Bellay, d'après Hébert et Deslongchamps (*loc. cit.*).

PSEUDALARIA, Hudleston, 1888 (¹). G.-T. : *Turrit. unicarinata*, Desl. Oxf.

(= *Nortonia*, Wilson 1889)

Taille moyenne ; forme mésalioïde, trapue ; spire turriculée, étagée par une carène médiane sur chaque tour, à rampes évidées au-dessous de cette carène ; ornementation spirale, souvent crénelée sur la carène. Dernier tour assez grand, bicaréné à la périphérie de la base qui est peu convexe et cerclée par des cordons, jusque sur le cou très court. Ouverture subquadrangulaire ou pentagonale, avec une gouttière dans l'angle inférieur, munie d'un bec rudimentaire à l'angle supérieur de droite ; labre sinueux ; columelle courte, excavée et lisse ; bord columellaire étroit, peu calleux.

> Diagnose refaite d'après la figure de l'espèce génotype, et d'après un géno-plésiotype du Toarcien de Rivière (Gard) : *Turbo Patroclus* d'Orb., génotype de *Nortonia* (Pl. VIII, fig 10), ma coll. Autre géno-plésiotype, à bec mieux formé : *Purpurina Philiasus* d'Orb. (Pl. VIII, fig. 14). du Charmouthien de May. coll. de la Faculté des Sciences de Caen.

Rapp. et diff. — En proposant ce Sous-Genre, qu'il a défini comme étant intermédiaire entre *Cerithium* et *Turritella*, M. Hudleston ne l'a pas rapproché d'une subdivision nouvelle qu'il venait précisément de créer, quelques pages auparavant, dans le même Mémoire : *Eucycloidea*. La ressemblance de ces deux

(¹) Monogr. Gastr. infer. Ool., p. 188, pl. XII, fig. 6-9.

formes me paraît cependant évidente, elles ne diffèrent que par le galbe plus élancé de *Pseudalaria*, et surtout parce que ce dernier a le cou un peu plus dégagé de la base, ce qui contribue à rendre plus apparent le bec dont il n'existe qu'un indice chez *Eucycloidea*. Pour ces motifs, je propose de classer *Pseudalaria* auprès de ce dernier, comme Sous-Genre de *Purpurina*.

D'autre part, je ne puis apercevoir aucune différence, même sectionnelle, entre *Pseudalaria* et *Nortonia* dont le génotype est *Turbo Patroclus* d'Orb. : le bec de l'échantillon figuré par M. Wilson (Geol. Mag., Dec. III, Vol. VI, p. 399, pl. IX, fig. 1) paraît être un peu plus complètement formé et plus versant que celui de *Turritella unicarinata* ; mais cela tient uniquement à ce que l'état de conservation de ce fossile est meilleur.

Répart. stratigr.

CARMOUTHIEN. — Le géno-plésiotype ci-dessus figuré (*Turbo Philiasus* d'Orb.), dans la Normandie, communiqué par M. Bigot.

TOARCIEN. — Le géno-plésiotype ci-dessus figuré (*Turbo Patroclus* d'Orb.), dans le Lias supérieur de la France et d'Angleterre, ma coll., d'après la Pal. fr. et d'après M. Hudleston (Brit. jur. Gastr.).

BAJOCIEN. — Deux espèces dans l'Oolite inférieure (Dogger) du Yorkshire : *Alaria Etheridgei* Tawney, *Trochus jugosus* Bean, d'après la Monographie précitée de M. Hudleston, Une espèce dans l'Oolite inférieure de Rabenstein, en Allemagne : *Cerithium concavum* Münst. (*fide* Hudleston, *non* Desh. = *Cerithium subconcavum* d'Orb. *in* Prod. 1, p. 302).

BATHONIEN. — Une espèce confondue avec celle du Callovien, quoique plus élancée, dans le « Corn Brash » du Boulonnais, probablement *nouvelle* (*fide* Cossmann, *loc. cit.* 1885, p. 229, pl. V, fig. 15).

CALLOVIEN. — Une espèce typique, dans les couches oolithiques de Montreuil-Bellay : *Turritella Guerrei* (¹) Héb. et Desl. (*loc. cit.* p. 46, pl. VI, fig. 6) coll. de la Faculté des Sciences de Caen.

OXFORDIEN. — L'espèce génotype dans l'argile de Dives : *Turritella unicarinata* Desl. (Mém. Soc. Linn. Norm. 1842, p. 161, pl. XI, fig. 68-69), coll. de la Fac. des Sc. de Caen.

OCHETOCHILUS, Cossmann, 1899 (²).

Coquille buccinoïde, ventrue, variqueuse, à ouverture ovale, avec une gouttière anguleuse en avant et un bourrelet basal.

(¹) La légende de la pl. VI porte *T excavata*, dénomination préemployée par d'Orbigny pour une espèce sénonienne ; mais la correction a été faite dans le texte.
(²) B. S. G. F. (4), p. 557.

OCHETOCHILUS, *s. stricto.*   G..T. : *O. subvaricosus*, Cossm. Bath.

Test épais. Taille peu grande ; forme ventrue, buccinoïde ; spire relativement courte, pointue au sommet, à galbe conique ; protoconque lisse, à nucléus déprimé ; tours convexes, à sutures profondes ornés de cordonnets spiraux, mais dépourvus de côtes axiales, faiblement et irrégulièrement variqueux. Dernier tour très développé, égal ou supérieur aux deux tiers de la hauteur totale, arrondi à la base sur laquelle se prolonge l'ornementation du cou qui est court, muni d'un gros bourrelet basal taillé en biseau. Ouverture semilunaire, très dilatée, à péristome épais, sans gouttière postérieure terminée en avant par une large gouttière un peu versante, formant sur le contour supérieur un angle (vue de face) et un sinus (vue en plan) auquel aboutit le bourrelet basal ; labre largement épaissi à l'extérieur, obliquement incliné à gauche de l'axe du côté antérieur, antécurrent en arrière vers la suture, lisse à l'intérieur, columelle épaisse, rectiligne et oblique, dépourvue de plis, infléchie à gauche vers son extrémité antérieure et terminée en pointe contre la gouttière ; bord columellaire assez large et calleux, bien appliqué sur la base, légèrement détaché du bourrelet en avant, quoique sans fente ombilicale.

Diagnose reproduite et un peu rectifiée d'après les spécimens cotypes du génotype, du Vésulien de Saint-Gaultier (Pl. VII, fig. 8-9), ma coll. Croquis de l'ouverture (Fig. 20).

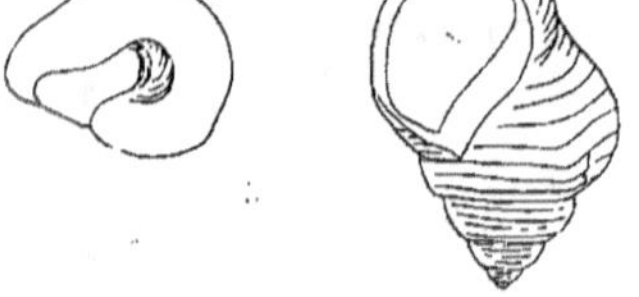

Fig. 20. — *Ochetochilus subvaricosus*, Cossm.

Rapp. et diff. — Ce Genre paraît, à première vue, plutôt voisin de *Brachytrema* que de *Purpurina* ; mais si l'on examine l'inflexion de la columelle, on remarque qu'elle se dirige à gauche à son extrémité antérieure, comme chez *Purpurina*, tandis que chez *Brachytrema*, cette inflexion est orientée à droite, contribuant ainsi à former un bec cérithial qui ne ressemble guère à la sinuosité basale des *Purpurinidæ* ; quelque subtile que puisse paraître cette distinction, elle suffit amplement pour me faire placer dans deux Familles différentes *Ochetochilus* et *Brachytrema*.

Comparé à *Purpurina, Ochetochilus* s'en écarte par des caractères génériques :
outre le galbe de la spire et l'ornementation, il n'y a pas de fente ombilicale ; le
labre a une épaisseur variqueuse et une obliquité qui ne rappellent guère la
minceur et la forme sinueuse de celui de *Purpurina*. Les différences avec *Eucycloidea*, qui n'est qu'un Sous-Genre de *Purpurinæ*, sont à peu près les mêmes.
Quant à *Teliochilus* qui y ressemble vaguement par son ornementation, son ouverture en pavillon l'écarte complètement d'*Ochetochilus* : c'est une coquille
appartenant à une tout autre Famille.

Répart. stratigr.

> BATHONIEN. — Outre l'espèce génotype, dans le Vésulien de l'Indre, une
> espèce probable dans le Bradfordien des Ardennes : *Purpurina buccinoides*
> Piette, d'après la figure publiée par l'auteur (B. S. G. F. 1856, p. 597,
> pl. XIV, fig. 2).
>
> CALLOVIEN. — Une espèce très douteuse dans les couches oolithiques de
> Montreuil-Bellay : *Buccinum oolithicum* Héb. et Desl. (*loc. cit.*, pl. VII,
> fig. 14).

PURPUROIDEA, Lycett, 1848 (')

Coquille massive, imperforée, à spire courte, étagée par des couronnes de nodules subépineux ; ouverture grande, subcanaliculée en
arrière, sinueuse à la base ; columelle calleuse, non plissée, infléchie
à gauche vers son extrémité antérieure.

PURPUROIDEA, *s. stricto.*   G-T. : *Purpura Morrisea,* Buv. Ranr.

Test épais. Taille très grande ; forme turbinée, massive et globuleuse ; spire assez courte, généralement inférieure à la hauteur de
l'ouverture, à galbe conique et à sommet aigu ; tours peu nombreux,
convexes, ou étagés par une couronne de tubercules noduleux ou
subépineux, avec une rampe plus ou moins excavée au-dessous de la
suture. Dernier tour formant la plus grande partie de la coquille,
très ventru, arrondi à la base qui porte de gros cordons spiraux, et
qui est imperforée avec un limbe lisse autour de la région ombilicale.

('') Annals of Nat. Hist. 1848, p. 250.

Ouverture grande et dilatée, munie d'une gouttière dans l'angle inférieur de gauche, tronquée en avant par une large sinuosité du contour supérieur, non échancrée toutefois, mais avec une très légère dénivellation à peine visible du côté du dos ; labre épais, lacinié sur son contour, faiblement sinueux en arrière, un peu proéminent en avant, se raccordant vers la suture avec le bord opposé en contournant la gouttière ; columelle très calleuse, lisse, très oblique, infléchie en avant où elle se relie par une courbe sans torsion avec le contour de la sinuosité basale ; bord columellaire large et épais, recouvrant l'ombilic, mais découvrant le limbe ombilical.

Diagnose refaite d'après un géno-plésiotype bien caractérisé : *Purpura Moreausia* Buv. (Pl. VIII, fig. 3 et pl. IX, fig. 4), du Corallien de Saint-Mihiel, coll. du laboratoire de Zool. du Muséum ; et d'après *P. Reussi* Hœrnes (Pl. VIII, du Turonien de Styrie, coll. de l'Ecole des Mines.

Rapp. et diff. — Ainsi que je l'ai déjà indiqué dans la 5ᵉ livr. de ces « Essais » (p. 70), *Purpuroidea* a d'abord été rapproché de *Purpura* à cause de l'aspect général de la coquille qui est semblable, comme l'indique son nom ; Fischer l'a encore maintenu dans le voisinage de cette Famille, mais Zittel l'en a écarté avec raison et l'a introduit dans sa nouvelle Famille *Purpurinidæ*, à cause de sa base non échancrée, ni canaliculée : en effet, la sinuosité du contour supérieur ne produit qu'une dénivellation à peine visible quand on regarde la coquille au côté du dos ; au lieu d'un bourrelet sur le cou, correspondant à l'échancrure de *Purpura*, il n'y a qu'un limbe ombilical, plus ou moins calleux, à demi-recouvert par le bord columellaire ; la columelle est toujours dépourvue de pli, et surtout elle s'infléchit en avant vers la gauche, tandis que chez tous les *Purpuridæ*, l'inflexion se fait plus ou moins fortement vers la droite ; enfin, le labre de *Purpuroidea* est dépourvu des crénelures internes qui caractérisent presque toutes les formes de *Purpuridæ*.

D'autre part, si l'on rapproche *Purpuroidea* et *Purpurina*, malgré les affinités qui existent toujours entre les deux membres d'une même Famille, on constate ici d'assez fortes différences : outre la taille qui est plus grande chez *Purpuroidea*, outre sa forme massive et ses gros nodules, on remarque que la sinuosité de *Purpurina s. s.* est plus étroite et plus versante que celle de *Purpuroidea* ; cette différence s'accentue encore chez *Eucycloidea* et chez *Pseudalaria* qui ont presque un bec, de même qu'*Ochetochilus* ; enfin, le labre fait, sur la rampe supra-suturale de *Purpurina*, une sinuosité dont on ne trouve qu'un indice très atténué chez *Purpuroidea*, et la columelle de ce dernier acquiert au milieu une épaisseur et une orientation rectiligne qui n'ont aucun rapport avec la courbe mince et excavée de *Purpurina*.

Dans le classement des échantillons de la coll. de l'Ecole des Mines, Bayle a placé à côté de *Purpuroidea* une espèce des calcaires triasiques d'Esino (Tyrol), que Kittl a dénommée *Trachynerita depressa* Hœrnes (*Turbo*) : ainsi que je l'ai indiqué ci-dessus, ce Genre *Trachynerita* doit probablement rester auprès des *Neritidæ* comme *Protonerita* Kittl, malgré l'analogie incontestable que les espèces tuberculeuses de *Trachynerita* présentent, par exemple, avec *Purpuroidea Reussi* ci-dessus figuré. Leur affinité se borne à cette ressemblance extérieure, tandis que l'ouverture présente des différences radicales, notamment dans le contour supérieur qui ne présente aucune sinuosité chez *Trachynerita*, et dans l'inflexion de la columelle qui se comporte comme chez les *Neritidæ*. On peut donc affirmer que les animaux qui habitaient ces deux coquilles avaient une organisation bien différente et que l'un n'a pas même été l'ancêtre de l'autre.

Répart. stratigr.

Tyrolien. — Une espèce douteuse, dans le Trias d'Autriche : *Purpuroidea raiblensis* Blaschke (Pachycardientuffe, 1903) ; l'échantillon figuré est dans un état de conservation défectueux, mais son galbe élevé me fait douter que ce soit un *Trachynerita*.

Bathonien. — Quatre espèces dans la « Grande Oolite » de Minchinhampton, en Angleterre : *P. Morrisea* Buv., *P. insignis* Lycett, *P. glabra* Morr. et Lyc., *P. Lycettea* Hudl., d'après la Monographie de Morris et Lycett (Palæont. Soc. 1850) et d'après M. Hudleston (Catal. of British jur. Gastr.). Deux espèces dans le Bradfordien des Ardennes, le Vésulien du Boulonnais et de l'Indre : *P. minax, bicincta* Piette, d'après ma « Contrib. à l'étude de l'étage Bath. en France » et mon « Etude sur le Bath. de l'Indre ».

Callovien. — Une espèce de grande taille dans les calcaires blancs de l'Indre : *P. multifilosa* Cossmann (*loc. cit.*, I, p. 8, pl. XVI, fig. 10).

Oxfordien. — Une espèce dans le minerai de fer de Neuvizi (Ardennes) : *P. Lapierrea* Buv., ma coll. ; une autre espèce dans le Jura bernois : *Melania ornata* Thurm., d'après la Monogr. de M. de Loriol (1896, p. 40, pl. VII, fig. 2).

Rauracien. — Outre le géno-plésiotype ci-dessus figuré, dans la Meuse et dans le Jura bernois, une espèce bien caractérisée dans le Corallien d'Angleterre : *Murex nodulatus* Young et Bird, d'après M. Hudleston (Geol. Mag. 1880, p. 289, pl. VIII, fig. 1, 2 et 4). Une autre espèce antérieurement tuberculeuse, dans les calcaires blancs de Saint-Mihiel : *P. turbinoides* Buv., d'après la figure publiée par cet auteur. Une espèce un peu douteuse, dans le « Coral Rag » d'Angleterre et du Jura bernois : *Murex tuberosus* Sow., d'après M. de Loriol (Moll. corall. 1889, I, p. 15, pl. II, fig. 3).

Séquanien. — Une espèce à l'état de moule, confondue avec *P. Lapierrea* Buv., dans les calcaires de Tonnerre, d'après M. de Loriol (Monogr. couches séq., p. 15, pl. III, fig. 7).

Kimméridgien. — Deux espèces confondues avec *P. Morcana* et *Lapierrea*, dans les couches coralligènes de Valfin, avec une autre espèce nouvelle : *P. gracilis* de Loriol (Valfin, 1806, pp. 58-60, pl. IV, fig. 1-3).

PORTLANDIEN. — Trois espèces dans les couches tithoniques des Carpathes et
de la Sicile : *P. carpathica. Oosteri, striata* Zittel (Stramberg, pl. XLIII,
fig. 3-8); l'une d'elles avec une autre espèce (*P. Tschani* Oo-ter) dans le
« Corallien » de Wimmis (Suisse), d'après Ooster (1869, p. 25, pl. IX). Il
en exi te aussi dans les « couches à *Terebratula janitor* » de la Sicile, d'a-
près Gemmellaro.

NÉOCOMIEN. — Une espèce très douteuse, à l'état de moule caréné, dans les
calcaires valanginiens du Jura suisse et du Mont-Salève, près de Genève :
Strombus Sautieri Coq. (*Natica Leviathan* Pict. et Camp., changement motivé par l'int oduction erronéé de cette espèce dans le Genre *Natica*, mais
ou pourrait conserver *Purpuroidea Sautieri*). Deux espèces plus certaines,
dans les calcaires ferrugineux de l'Yonne : *P. subgracilis* et *infracretacea*
Peron (1900. Et. pal. terr. Yonne, p. 138, pl. IV, fig. 9-10).

BARRÉMIEN. — Une espèce dans les couches urgoniennes du Portugal : *P. ser-
vesensis* Choffat (Le Crét. dans l'Arrabida, 1904).

APTIEN. — Une espèce aussi douteuse que *Natica Leviathan*, dans les couches
d'Espagne : *Natica Gazullæ* Coquand (Monogr. Apt. Esp., pl. IV, fig, 1-2).

ALBIEN. — Une espèce inédite, dans le Gault de Cosne, d'après Pictet et
Campiche ; peut-être est-ce elle que M. de Loriol a figuré sous le nom
Trophon ? Cosneum (Gault de Cosne, pl, 11, fig. 20-21). Une autre espèce
aussi douteuse, également striée, dans le Gault de Saint-Florentin (Yonne) :
Buccinum Gaultinum d'Orb., coll. de l'Ecole des Mines.

CÉNOMANIEN. — Un moule interne très douteux, dans le Crétacique du Bassin de Sergipe ([1]), au Brésil : *Turbo patentus* White (Arch. Mus. nac. 1887,
T. VII, p. 197. pl. X, fig. 9).

TURONIEN. — Le géno plésiotype ci-dessus figuré dans les couches dites « de
Gosau », en Styrie, coll. de l'Ecole des Mines ; cette forme se rapproche
beaucoup plus que les précédentes de celles du Jurassique.

CENTROGONIA, Cossmann, 1899 ([2]).

Coquille muricoïde, pyramidale ; ouverture étroite, à bec court ;
columelle biplissée ; bourrelet basal.

CENTROGONIA, *s. stricto.*   G.-T. : *C. Cureti*, Cossm. Barr.

« Taille assez petite ; forme muricoïde ; pyramide à cinq pans ;
spire médiocrement allongée ; cinq costules saillantes, se succédant

---

([1]) Il y a plusieurs niveaux étudiés dans le Mémoire de M. White ; le plus inférieur,
celui du Bassin de Sergipe, paraît correspondre a notre Cénomanien.
([2]) Assoc. franç. Congrès de Boulogne sur-Mer, p. 5 (tir. à part), pl. I, fig. 2-3.

régulièrement d'un tour à l'autre, terminées en arrière par une épine obtuse ; la surface porte des traces très obsolètes de larges rubans spiraux. Ouverture petite, courte, terminée en avant par un bec court auquel aboutit un bourrelet basal ; columelle peu arquée, portant deux plis épais et saillants qui la divisent en trois parties égales bord columellaire assez largement étalé en arrière, quoique peu distinct, détaché en avant et séparé du bourrelet par une petite fente ombilicale.

Diagnose originale reproduite textuellement ; reproduction de la figure originale (Fig 21).

Rapp. et diff. — Par quelques-uns de ses caractères, — notamment par le bec basal de l'ouverture, auquel aboutit un bourrelet évidemment formé par les accroissements de ce bec, — ce nouveau Genre se rapproche de *Purpurina* et de *Pseudoscalites*, ainsi que de *Purpuroidea* qui a aussi, comme notre *Centrogonia*, une callosité columellaire assez largement étalée sur la base. Mais *Centrogonia* s'écarte de tous les membres de cette Famille *Purpurinidæ* par sa colu-

Fig. 21. — *Centrogonia Cureti*, Cossm.

melle munie de deux gros plis ou gradins, tout à fait inopinés dans cette Famille. D'autre part, autant que je puis en juger par quelques stries d'accroissement peu distinctes, le labre ne ferme pas, en arrière, sur la rampe suturale, la sinuosité arrondie qui caractérise *Purpurina* ; il me semble, au contraire, qu'il aboutit orthogonalement à la suture.

L'aspect général de la coquille ressemble incontestablement à celui des *Muricidæ* ; mais, outre que l'ouverture ne se termine pas, en avant, par un véritable canal, la columelle est bien différente. En définitive, je ne crois pas qu'on puisse classer *Centrogonia* dans les Siphonostomes proprement dits, et c'est par conséquent à la limite entre ces derniers et les Holostomes, c'est à-dire près des *Trichotropididæ*, ou plutôt dans la famille *Purpurinidæ*, que ce Genre singulier doit être placé.

Répart. stratigr.

BARRÉMIEN. — L'espèce génotype, seule connue, dans les calcaires blancs d'Orgon, coll. Curet.

ANNEXE

1° NOTES COMPLÉMENTAIRES RELATIVES AUX SIX PREMIÈRES
LIVRAISONS

*

Première livraison

CERITHIELLA, Morr. et Lyc. *em.* — Ajouter (p. 79) :
TURONIEN. — Une espèce bien caractérisée, dans les couches du Liban : *Cerithium Blanckenhorni* J. Böhm, d'après un spécimen de la coll. du Musée
d'État de Munich, communiqué par l'Administration.
TORNATINA, A. Adams. — Ajouter (p. 82) :
PLIOCÈNE, — Une espèce dans le Crag d'Angleterre : *T. obtusa* S. Wood, ma
collection.

PTEROCEANIDÆ

PTEROCEANIS, Meisenheimer, 1903 (Zool. Anz, XXVI, pp. 92-99).
Je n'ai aucun renseignement sur cette Famille ni sur ce Genre nouveau des
mers actuelles.

ATLANTIDÆ

ATLANTA. — Ajouter (p 134) :
OLIGOCÈNE. — Une espèce dans le Jan-Jukian de Cape Otway (Australie) :
Atlanta fossilis Tate, d'après cet auteur. Je n'ai pu vérifier si c'est un
Eoatlanta ou un véritable *Atlanta*.

*

Deuxième livraison

TEREBRIDÆ

SUBULA. — L'interprétation que j'ai faite, conformémant à l'opinion
générale, du choix des types de *Terebra* et de *Subula*, n'a pas été suivie
par M. Dall qui, bien que la dénomination *Acus* doive, à mon avis, être

rejetée en synonymie de *Subula* (V. p. 52), propose d'y substituer **Oxyme-ris** *nom. nov.* (1903, Proc. U. S. Nat. Mus., p. 950), dont l'utilité est absolument contestable.

CONIDÆ

Hemiconus. — Ajouter dans l'Eocène (p. 152) ; *H. Cossmanni* Tate (1898. Proc. roy. Soc. p. 391, pl. XIX, fig. 11), du Balcombian de Muddy Creek (Victoria).

Lithoconus. — (V. p. 158). D'après M. Pritchard (*in litt.*), il est douteux que les deux espèces éocéniques d'Australie (*C. cuspidatus* et *ligatus* Tate) appartiennent à ce groupe ; *C. ligatus*, en particulier, a été classé par Tate comme *Leptoconus*.

Chelyconus. — Ajouter dans l'Eocène (p. 161): *C. Ralphi* T. Woods, du Balcombian de Muddy Creek.

Leptoconus. — Ajouter dans l'Eocène (p. 163) : *C. heterospira, acrotho-loides, Murrayanus, extenuatus, ligatus, ptychodermis* Tate, du Balcombian d'Australie (*fide* Pritchard).

PLEUROTOMIDÆ

Nous avons traité cette importante Famille dans la deuxième livraison de ces « Essais » et les changements ou additions peu nombreux qu'y ont apportés les annexes des livraisons suivantes, sont relatés dans la table analytique qui termine la sixième et précédente livraison (1904, p. 143-144). Or, la même année 1904, a été publié (Trans. Acad. Sc. St-Louis, Vol. XIV, n° 5) un Mémoire de M. Thos. L. Casey, non accompagné de figures et intitulé « Notes on the *Pleuro-tomidæ*, with description at some new genera and species ». Bien qu'aux termes des règles fixées par les Congrès zoologiques et géologiques, il n'y ait aucun compte à tenir des dénominations d'espèces nouvelles, quand elles ne sont pas appuyées par des figures nous ne pouvons nous dispenser de discuter ici la classification qu'a proposée M. Casey, d'autant plus que quelques-uns des nombreux Genres qu'il a proposés sont fondés sur des espèces déjà connues et antérieurement figurées, de sorte que ceux-là ne tombent pas sous le coup de l'application de la règle d'exclusion dont il vient d'être question.

Avant d'entrer dans l'examen détaillé de ces propositions et dans la comparaison de ce système avec le nôtre, j'ai deux réserves générales à faire : l'une relative à l'émiettement auquel est conduit M. Casey par l'adoption de règles dichotomiques qui mettent au rang de caractères génériques des différences purement spécifiques ; l'auteur — qui n'a étudié que les Pleurotomes des Etats-Unis — institue 23 subdivisions nouvelles ; or. ainsi que je l'ai déjà fait observer en analysant ce travail dans la « Revue critique de Paléozoologie » (1904, p. 236) si l'on appliquait la même méthode à l'examen des Pleurotomes fossiles d'Europe, ce n'est plus 23 Genres nouveaux qu'il faudrait créer, mais 230 !

La seconde critique vise l'erreur dans laquelle est tombé l'auteur en attribuant la même valeur à tous les caractères différentiels, de sorte que, comme plusieurs de nos confrères, il ne propose que des Genres, alors que — je l'ai maintes fois répété — ce n'est pas trop d'avoir recours à trois degrés (Genre, Sous Genre et Section) pour mettre sur leurs plans respectifs, selon leur importance biologique, les critériums distinctifs de toutes ces formes. D'ailleurs, la méthode dichotomique est un procédé théorique qui peut rendre quelques services aux naturalistes, quand il s'agit de déterminer sans figures des espèces ; mais on commet une grave erreur en se basant sur elle pour établir des systèmes de classement des Familles et des Genres. En effet, cette méthode — qui ne tient aucun compte de la morphologie ni de la phylogénie — conduit, par la symétrie même de ses arrangements, à négliger des caractères isolés quoique importants, et d'autre part, à laisser des cases vides que l'on est tenté de remplir par des créations nouvelles et injustifiées. Nous avons déjà vu, à propos des *Triforidæ* qu'un souci de cette nature avait produit *Iniforis* et *Mastoniæforis* Jousseaume, qu'il a fallu rayer ensuite ; les subdivisions que fait naître l'étude de l'histoire naturelle, dans la classification du règne animal, ne sont pas comme des planètes dont l'astronome peut prévoir l'existence par interpolation, sans les avoir vues au bout de sa lunette, attendu que les êtres animés s'enchaînent graduellement sans discontinuité, et que les divisions artificielles que nous croyons utile d'y faire n'ont aucune valeur mathématique, et que ce sont seulement des jalons pour nous aider quand il s'agit de les fixer dans notre mémoire ou de les désigner dans nos explications.

Ces réserves faites, nous passons à la discussion du Mémoire de M. Casey.

Pour la division des *Pleurotomidæ* en Familles, il y a lieu de mettre d'abord les huit dénominations qu'il propose en regard de celles — à peu près équivalentes, que j'avais définies, au nombre de six, dès 1896.

Clavini	=	*Clavatulinæ*	
Pleurotomini	=	*Pleurotominæ*	(*ex parte*)
Belini	=	—	(*ex parte*)
Pseudotomini	=	*Cryptocominæ*	(Fam. *conidæ*)
Donovanini	=	*Borsoninæ*	(*ex parte*)
Mitromorphini	=	—	(*ex parte*)
Daphnellini	=	*Mangiliinæ*	(*ex parte*)
Taranini	=	—	(*ex parte*)

La plupart des noms de la colonne de gauche font double emploi avec ceux de la colonne de droite qui ont la priorité, et les autres (*Belini*, *Mitromorphini*, *Taranini*) ne paraissent pas justifiés par les caractères que l'auteur a indiqués (p. 125-126), ou bien ils sont basés sur des types ambigus.

Quant aux 23 Genres, en y comprenant ceux d'une seconde brochure intitulée « Notes on the Conrad coll. of Vicksburg Fossils » et publiée dans « Proc. Acad. nat. Sc. Philadelphie » (1903, pp. 261-283), en voici l'énumération avec nos observations :

Lophiotoma, *nov. gen.* Génotype non indiqué, mais l'auteur cite dans ce groupe : *Pleurot. tigrina, virgo.* etc., espèces actuelles qui ne se distinguent de *Pleurotoma s. s.* que par leur spire un peu moins allongée ; le besoin de cette création ne se faisait guère sentir.

Pleuroliria, de Gregorio, 1890. — Génotype : *Pleurot. cochlearis* Conrad, de l'Oligocène de Vicksburg. Non seulement M. Casey rétablit ce Genre que j'avais omis de relever dans la Monographie de M. de Gregorio sur la faune éocénique de l'Alabama, mais encore il le divise en deux groupes, selon que l'embryon de la coquille est multispiré et aigu, ou paucispiré et obtus. Or, si l'on consulte l'ouvrage en question, on y voit que le génotype est *P. supramirifica* de Greg, (*an. var. cochlearis* Conr.) et qu'il est représenté par un échantillon auquel il manque précisément l'extrémité du canal et la pointe de la spire ! En outre, la provenance exacte n'en est pas indiquée, de sorte que l'interprétation, faite par M. Casey, d'un Genre aussi incertain est des plus arbitraires. D'ailleurs, même en admettant que le génotype soit réellement *P. cochlearis* Conr., et que les différences de cette coquillle avec *Pleurotoma s. s.* ou avec *Lophiotoma* soient aussi faibles que l'indique M. Casey, il n'y a réellement aucun motif pour désigner sous ce nom *Pleuroliria* les espèces fossiles que j'ai classés (*loc. cit.* II, p. 77) comme de vrais *Pleurotoma* et pour réserver exclusivement ce nom aux formes actuelles : le but de mon travail est précisément de faire ressortir la phylogénie des coquilles à travers les âges, de sorte que ce serait aller à l'encontre de ce but que de désigner systématiquement par des noms différents les fossiles qui ne s'écartent des espèces actuelles que par des détails insignifiants. Je crois d'autant moins nécessaire de ressusciter *Pleuroliria*, que l'auteur de ce Genre l'a insuffisamment caractérisé et qu'il y confondait des *Drillia*, des *Defrancia* et des *Oligotoma* (*ex parte*).

Gemmula, Weinkauff. — M. Casey a réuni à ce Sous-Genre ma Section *Hemipleurotoma*, sous le prétexte que le génotype de celle-ci (*Pleur. denticula* Bast.) est semblable à quatre espèces actuelles (*P. Kieneri, fusca, Gilchristi, monilifera*) qu'il rapporte à *Gemmula* quoiqu'il n'en ait pas vu le génotype (*P. gemmata* Hinds). Or, autant que je puis en juger par les figures, il n'y a pas identité entre ces espèces et les coquilles du Tertiaire d'Europe pour lesquelles j'ai proposé *Hemipleurotoma* : *Pl. denticula* s'écarte beaucoup plus de *P. gemmata* et de *P. monilifera*, qui sont des espèces à tours excavés et à carène saillante, que *Pleuroliria* et *Lophiotoma* ne s'écartent de *Pleurotoma s. s.* Pourquoi l'auteur se montre-t-il si prodigue de dénominations dans un cas, et si avare dans l'autre ? Je ne vois rien à modifier dans l'arrangement de mon tableau de classification, et par conséquent je conserve *Hemipleurotoma*.

Tomopleura, *nov. gen.* — G.-T. : *Pl. nivea* Phil. Je n'ai aucune indication sur cette espèce vivante que Tryon n'a pas fait figurer dans son Manuel ; mais M. Casey place dans le même groupe *P. pouloensis* Jouss. et *P. makimenos* Jouss. qui me paraissent être des *Drillia* tout-à-fait caractérisés : dans ce cas, *Tomopleura* ne devrait pas être conservé. Comme il ne s'agit pas de fossiles, la question a moins d'intérêt au point de vue de mes « Essais ».

Glyptotoma, *nov. gen.* — La première espèce citée est *Pleur. crassiplicata*

Gabb, sur laquelle je n'ai malheureusement aucun renseignement. L'auteur indique que la columelle porte deux ou trois plis et que le sinus occupe une position médiane, laissant une bande binoduleuse, bien différente de celle du sinus de *Scobinella* dont *Glyptotoma* se rapproche par son ouverture. S'il en est réellement ainsi, *Glyptotoma* pourrait être admis comme une Section de *Scobinella*, dans le Genre *Asthenotoma* ; il est regrettable que M. Casey n'ait publié aucune figure à l'appui, de sorte que je ne puis même en faire la reproduction.

Cochlespira, Conrad, 1865. — G.-T. : *C. cristata* Conrad, de l'Oligocène de Vicksburg. J'ai précédemment réuni *Cochlespira* avec *Rouaultia* Bell., mais M. Casey signale une grande différence dans la position du sinus qui, au lieu d'être situé sur la carène périphérique, est situé « sur une fasciole concave, entre la périphérie et la suture » Aussi, M. Casey rapporte à *Cochlespira Pl. terebralis* Lamk. qui est un *Ancistrosyrinx* à échancrure tout-à-fait suturale ; on peut s'en rendre compte par la figure de *C. cristata* que je publie (Pl. XIV fig. 20) : cette coquille est bien, en effet, du même groupe que *P. terebralis*. Par conséquent, si c'est bien le génotype que Conrad avait en vue quand il a créé *Cochlespira*, *Ancistrosyrinx* Dall, est synonyme postérieur et doit disparaître de la nomenclature.

Cochlespirella, *nov. gen.* (1903, Proc. Acad. nat. Sc. Phil., p. 279). — G.-T. : *Fusus nanus* Lea, dont la figure originale est méconnaissable ; mais M. Casey y classe également *P. insignifica* Heilp., et il ajoute que c'est une forme très voisine de *Cochlespira*. Comme je possède cette dernière espèce, je puis certifier qu'elle a tous les caractères du Genre *Peratotoma*, dans lequel je l'ai classée. Mais alors, si *Cochlespirella* est bien un synonyme de *Peratotoma*, il s'écarte de *Cochlespira* par son canal court, largement tronqué, par sa columelle infléchie, par sa protoconque papilleuse, etc...

Cochlespiropsis, *nov. gen.* — G T. : *Pleurot. engonata* Conrad, de l'Eocène du Texas, que j'ai classé dans la Section *Perrona*, tout en indiquant ses affinités avec *Rouaultia*. Après une nouvelle comparaison de l'individu que je possède de cette espèce, avec *Rouaultia subterebralis* précédemment figuré par moi, je ne puis apercevoir aucune différence générique qui permette de séparer *Cochlespiropsis* de *Rouaultia* : le lecteur pourra s'en convaincre en comparant la figure que je crois utile de publier pour *R. engonata* (Pl. XIV, fig. 13).

Protosurcula, *nov. gen.* — G T. : *Surcula Gabbi* Conrad, de l'Eocène du Texas. Je possède cette espèce et j'ai pu la comparer avec *Surcula s. s.* : son galbe est un peu plus élancé, mais les caractères génériques sont identiques à ceux du génotype (*Surcula Javana* Lamk.), ou plutôt à ceux de *S. australis* qui a le canal encore plus rectiligne. Or, comme je l'ai indiqué (*loc. cit.*, p. 70), il y a des passages graduels entre ces deux formes ; on ne peut donc réellement retenir *Protosurcula*, même comme une Section de *Surcula* : on s'en rendra compte en consultant ci-après la figure du génotype (Pl. XIV, fig. 22).

Eosurcula, *nov. gen.* — La première espèce citée est *Surcula Moorei* Gabb, de l'Eocène inférieur du Texas. Ainsi qu'on peut en juger d'après la figure que je publie de cette espèce (Pl. XIV, fig. 21), c'est encore un *Surcula*, mais avec des carènes spirales qui lui donnent un aspect peu habituel pour ce Genre ; comme, d'autre part, M. Casey ajoute — ce que je n'ai pu vérifier sur mes spécimens — que la protoconque est plus étroite que celle de *Protosurcula*, je n'ai pas d'objection à admettre *Eosurcula* comme une Section nouvelle de *Surcula*.

MEGASURCULA, *nov. gen.* (Il eût été plus correct d'écrire *Megalosurcula*). — M. Casey n'en indique pas le génotype, mais il y classe *Pleurot. Carpenteriana* et *P. Tryoni* Gabb, espèces vivant sur les côtes de la Californie. D'après la figure de la première de ces espèces, ce serait un gros *Bathytoma* presque lisse ; toutefois, M. Casey indique que l'embryon, au lieu d'être conoïdal et multispiré, est paucispiré quoique conoïdal. Une différence si peu appréciable suffit-elle pour motiver une Section nouvelle ? La réponse à cette question est évidemment négative ; en tous cas, ce ne serait pas une Section de *Surcula* !

HEMISURCULA, *nov. gen.* — Génotype : *Pleurot. silicata* Aldrich, de l'Eocène inférieur de l'Alabama. Je ne connais pas cette espèce, et je ne vois, dans les indications fournies par M. Casey, aucun élément qui permette d'apprécier la validité de sa création.

ORTHOSURCULA, *nov. gen.* — L'auteur indique que les « types » sont *Pl. longiforma* Ald., de l'Eocène du Mississipi, et *Surcula transversaria* Lamk. ; d'abord, il ne peut y avoir simultanément deux génotypes, il faut nécessairement choisir l'une ou l'autre de ces espèces ; ensuite, si c'est la seconde, par exemple, c'est un *Surcula* du même groupe que *Surcula australis*, dont il a déjà été question ci-dessus à prospos de *Protosurcula*. Mon opinion est donc qu'*Orthosurcula* se confond encore absolument avec *Surcula*.

TROPISURCULA, *nov. gen.* (plus correctement : *Tropidosurcula*). — G.-T. : *Drillia Caseyi* Aldrich, de l'Oligocène de Vicksburg ; je ne connais pas cette espèce, et je ne puis me faire aucune opinion sur la valeur d'une subdivision aussi insuffisamment caractérisée. Comme d'ailleurs M. Casey a omis toutes les références bibliographiques dans son Mémoire, on ne peut consulter la diagnose originale ni surtout la figure de *D. Caseyi*.

SURCULOMA, *nov. gen.* — G.-T. : *Pleurot. tabulata* Conrad, espèce très commune à Claiborne, que j'ai classée dans le Genre *Amblyacrum*, parce qu'elle en a la protoconque. Il est vrai que les autres caractères s'écartent un peu de ceux de *Raphitoma*, de sorte que j'admets à la rigueur *Surculoma*, mais à la condition de ne pas le rapprocher de *Surcula* dont il est nettement séparé par son canal court, par sa protoconque papilleuse, à nucléus dévié ; c'est tout au plus une Section d'*Amblyacrum*, à sinus plus largement ouvert, à bourrelet basal avec une fente ombilicale, à columelle infléchie. On appréciera ces différences en se reportant aux figures que je publie de *Surculoma tabulatum* (Pl. XIV, fig. 14-15).

MICROSURCULA, *nov. gen.* — Deux espèces nouvelles non figurées ; par conséquent, on ne pourra se former une opinion sur cette subdivision que quand l'auteur aura légitimé les noms de ces espèces en les accompagnant des figures indispensables pour les reconnaître.

LYROSURCULA, *nov. gen.* — Même observation que pour *Microsurcula*.

Leptosurcula, *nov. gen.* — G.-T. : *Pleurot. beadata* Harris, de l'Eocène du Texas, espèce qui m'est inconnue et que l'auteur indique comme étant particulièrement fusiforme. Je dois donc attendre des renseignements complémentaires avant de faire entrer *Leptosurcula* dans ma classification des *Pleurotomidæ.*

Eodrillia, *nov. gen.* — G.-T. : *Pleurot. depygis* Conrad. J'ai classé cette coquille de Claiborne dans ma Section *Eopleurotoma,* parce que la position élevée de son sinus l'écarte complètement du Genre *Drillia* : il est vrai que le canal est aussi court que chez ce dernier Genre, comme on peut s'en rendre compte par la figure que je publie de cette espèce (Pl. XIV, fig. 16) ; mais le galbe de la coquille et son ornementation rappellent complètement ceux d'*Eopleurotoma* qui a, par définition, le canal bien moins allongé que celui d'*Hemipleurotoma,* de sorte que je ne crois pas qu'on puisse en séparer *Eodrillia* et que cette dénomination doit être considérée comme synonyme d'*Eopleurotoma.*

Ruscula, *nov. gen.* — G-T : *Fusus plicatus* H. Lea, de l'Eocène supérieur. Je n'ai aucun renseignement sur cette espèce, et je suis par conséquent dans l'impossibilité de me faire une opinion sur ce groupe que M. Casey classe dans ses *Pseudotomini.*

Varicobela, *nov. gen.,* — G-T. : *Strombus Smithi* Aldrich, de l'Eocène supérieur. Même observation que pour *Ruscula.*

Fusitoma, *nov. gen.* — G.-T. : *Fusus sipho* Aldrich. Même observation que pour *Ruscula.*

Eoclathurella, *nov. gen.,* représenté par deux espèces nouvelles, non figurées : cette dénomination est donc, jusqu'à présent, sans aucune valeur.

Helenella, *nov. gen.* — G.-T. : *Pleurot. multigranosa* Smith, espèce vivant à Sainte Hélène et sur laquelle je n'ai pas de renseignements.

Phandella, *nov. gen.* — G.-T. : *P. nepionica n. sp.,* du Vicksburgien. Dénomination sans valeur au point de vue spécifique et générique, faute d'une figure à l'appui ; si le nom est exactement choisi, il s'agirait d'ailleurs d'un spécimen non adulte.

Microdrillia, *nov. gen.* (1903, Proc. Acad. nat. Sc. Phil., p. 276). — G.-T. : *Pleurotoma Cossmanni* Meyer [*non* de Raincourt, = *Meyeri* Cossmann], espèce de l'Eocène de Jackson (Mississipi) que j'ai classée dans le Genre *Asthenotoma.* M. Casey fait observer que cette coquille en diffère, non seulement par sa protoconque petite et conique, mais surtout par la position de son sinus ; en examinant les deux individus que je possède de cette espèce (don de l'auteur Meyer), je constate que leur protoconque ne présente pas de différences appréciables avec celle que j'ai figurée (*loc. cit.,* p. 105, fig. 21) d'après un spécimen du génotype d'*Asthenotoma,* et par conséquent à ce point de vue, il n'y aurait pas de motif valable pour séparer *Microdrillia* ; mais il est exact que le sinus de *P. Meyeri* n'est pas placé sur la convexité des tours comme chez *A. Basteroti,* il est au dessous de la carène médiane, quoique situé encore au-dessus de la carène suburale, sur une rampe intercalée entre ces deux carènes. Quant à la columelle, elle est semblable à celle d'*Asthenotoma,* c'est-à-dire tordue ou subplissée vis-à-vis de l'inflexion antérieure ; toutefois l'ouverture est un peu plus élevée et le canal est un peu mieux formé que chez *Asthenotoma*, comme on peut s'en assurer par la figure que je publie de *M. Meyeri* (Pl. XIV, fig. 17-18). Quoiqu'il s'agisse de bien légères différences, je puis admettre *Microdrillia* comme Section d'*Asthenotoma*, mais sans aucune connexion avec *Drillia*.

En résumé, sur les 23 dénominations nouvelles qu'a proposées M. Casey dans ses deux brochures précitées, il y en a 4 que j'admets d'emblée dans ma classification : **Glyptotoma, Eosurcula, Surculoma, Microdrillia**; d'autre part, 12 de ces groupes exigeraient une définition plus nette et surtout des figures à l'appui, avant qu'il soit possible de se prononcer à leur égard, ce sont : *Tomopleura* (Viv.), *Hemisurcula, Tropidosurcula, Microsurcula, Lyrosurcula, Leptosurcula, Ruscula, Varicobela, Fusitoma, Eoclathurella, Helenella* (Viv.), *Phandella*; enfin 7 dénominations me paraissent complètement synonymes de noms préexistants : *Lophiotoma* (= *Pleurotoma*), *Cochlespirella* (= *Peratotoma*), *Cochlespiropsis* (= *Rouaultia*), *Protosurcula* (= *Surcula*), *Megasurcula* (= *Bathytoma*), *Orthosurcula* (= *Surcula*), *Eodrillia* (= *Eopleurotoma*).

A ces conclusions j'ajoute que *Cochlespira* Conrad, paraît être synonyme antérieur d'*Ancistrosyrinx*, et que *Gemmula* ne doit pas être confondu avec *Hemipleurotoma*. Je passe sur un certain nombre d'autres remarques accessoires, telles que celle-ci par exemple : *Clavus*, d'après M. Casey, ne serait pas synonyme de *Clava*, et devrait être préféré à *Cymatosyrinx* Dall : or cette question a été définitivement tranchée : il y a synonymie quand la désinence seule diffère et quand il ne s'agit pas de noms propres qui peuvent varier suivant le sexe (V. *Revue crit. Pal.* 1903, p. 67); donc *Clavus* (clou) = *Clava*. De même en ce qui concerne *Cythara* (*non Cithara* Klein) que M. Casey rétablit à la place d'*Eucithara* Fischer. Ces questions ne se discutent plus actuellement.

Bela (p. 90). — A propos du géno-plésiotype figuré, M. Pritchard m'a écrit que cette coquille n'est probablement pas le véritable *B. pulchra* Tate (pl. IV, fig. 2 et 6) et que ce serait plutôt *Daphnella tenuisculpta* Ten Woods. Il y a lieu de prendre acte de cette rectification qui ne porte d'ailleurs que sur la dénomination réelle de l'espèce prise comme exemple fossile, mais dont les caractères génériques restent bien tels que je les ai indiqués.

Buchozia (p. 92). — M. Pritchard m'a signalé que la coquille éocénique, désignée par moi sous le nom *Pusionella hemiothone* Tate, de l'Australie du Sud, a été décrite comme *Columbella hemiothone* T. Woods, de Muddy Creek (Victoria).

Daphnobela (p. 94). — Même rectification pour *Daphnella gracillima* T. Woods (*non* Tate), du Balcombian (Eoc.) de Muddy Creek, et du Jan-Jukian (Olig.) de Spring Creek (Vict.).

Borsonia (p. 98). — J'ai cité *Pleurot. Clavæ* T. Woods, mais M. Pritchard pense que cette coquille n'a pas de plis columellaires et que son embryon est différent : ce serait peut-être un *Drillia*.

Mitromorpha (p. 101). — Ajouter, d'après M. Pritchard :

Eocène. — Une espèce dans le Balcombian de Victoria : *Mitra daphnelloides* T. Woods, classé par Tate dans le même Genre que *M. cancellata* D. D. de la Touraine.

*

Troisième livraison

MARGINELLIDÆ

MARGINELLOMA, v. Martens, 1902. — G·T. : *M. gigas nov. sp.*, espèce actuelle
Je n'ai aucun renseignement qui me permette de me· faire une opinion sur le
classement de cette nouvelle subdivision.

FUSIVOLUTA, v. Martens, 1902. — G-T. : *Voluta anomala nov. sp.* (Ges. Natur-
forsch. Berlin, p. 23). Les éléments me manquent pour fixer le classement de
cette coquille vivante.

*

Quatrième livraison

FUSIDÆ

Dans le « Smithson. miscell. coll. », vol. XLIV, a paru, en 1904, un Travail
de M. Am. Grabau. intitulé « Phylogeny of Fusus and its Allies », dans lequel
cet auteur a proposé — outre une classjfication de cette Famille qui s'écarte
complètement de celle que j'ai dressée dans la 4ᵉ livr. de ces « Essais » — un
certain nombre de Genres nouveaux qu'il s'agit de discuter et d'intercaler, s'il
y a lieu, dans mon système de nomenclature.

L'introduction de ce Mémoire pose d'abord en principe que la protoconque
d'un Gastropode est le critérium le plus sûr pour l'étude phylogénétique des
Genres d'une même Famille : deux espèces de Gastropodes, dit-il, dans lesquelles les caractères adultes sont semblables. tandis que leurs caractères pri-
mitifs sont dissemblables, sont moins voisines que deux autres coquilles dont
les protoconques sont identiques, tandis que leurs derniers tours diffèrent.

Cette assertion peut être très juste dans quelques cas particuliers ; mais si
l'on en fait, comme l'a essayé M. Grabau le pivot de toute une classification, on
arrive à des résultats inadmissibles, comme cela se produit toutes les fois qu'un
auteur n'a qu'un seul critérium comme objectif. Ainsi, dans les cas des *Fusidæ*,
cette théorie exclusive amène M. Grabau à négliger complètement les caractères
de l'ouverture. essentiels cependant chez un Gastropode ! Nous l'avons maintes
fois répété au cours de ces « Essais », il faut bien se garder de bâtir tout un
système sur un seul critérium, que ce soit la radule, ou la protoconque, ou tout
autre caractère plus ou moins accessoire : on n'arrive à approcher la vérité
scientifique — si tant est qu'on l'atteigne jamais — qu'en mariant harmonieu-
sement les critériums appropriés à chaque groupe familial ; souvent même, on
est obligé de les faire varier dans une même Famille, ou encore — je le confesse

sans vergogne — à démolir l'œuvre une fois édifiée, pour la rebâtir sur de nouveaux fondements. C'est ce qui explique pourquoi je ne puis me rallier à la classification des *Fusidæ*, imaginée par M. Grabau, d'après l'aspect de la protoconque seule, point de départ erroné qui l'a conduit à placer dans des Genres différents des coquilles parisiennes, entr'autres, chez lesquelles nous, qui sommes habitués à les recueillir par milliers, nous n'apercevons que des variétés d'une même espèce.

Ajoutons d'ailleurs à cette critique de principe un autre fait non moins important : dans une Note intitulée « Ueber Heterostylie bei Schneckenschale und ihre Erklärung » que M. le Doct. Bœttger a publiée en 1905 (Nachricht deutsch. malac. Gesells., Heft I, pp. 26 35, Frankfurt a (Main), et qui vise précisément le Travail de M. Grabau, notre confrère rappelle que Sturany a donné, en 1903, une explication très plausible de la différence de grosseur de la protoconque chez certaines espèces de *Murex* et de *Fusus*, selon la p r o f o n d e u r d e l' h a b i - t a t d e l' a n i m a l : il paraîtrait que l'embryon est toujours plus gros et plus développé chez les individus de mer profonde. Que devient alors le principe de la grosseur ou de l' a c c é l é r a t i o n de la protoconque, pris par M. Grabau comme critérium principal de la distinction de ses Genres ? Faudra-t-il en conclure que la même bête change de Genre selon qu'elle s'élève plus ou moins haut dans la mer ?

En présence de ces contradictions, je ne puis donc que maintenir la classification que j'ai proposée pour les *Fusidæ*, et je me bornerai à examiner ci-dessous quelles sont celles des créations nouvelles de M. Grabau qu'il y a lieu d'admettre définitivement, ainsi que les observations souvent fort intéressantes qu'il a faites, et dont il y a lieu de tenir grand compte.

Fusus. — G-T. : *Murex colus* L. Protoconque d'un tour et demi, lisse, globuleuse, à nucléus oblique ; le premier tour de spire qui lui succède est orné de costules axiales. M. Grabau divise ce Genre en dix séries — ou groupes — selon l' a c c é l é r a t i o n plus ou moins rapide de la spire, c'est-à-dire selon que l'ornementation définitive apparaît plus ou moins tôt. Il y a là des remarques utiles et une tentative, parfois couronnée de succès, pour la mise en harmonie de ce « subcritérium » avec la phylogénie des espèces.

Aptyxis, Troschel. — M. Grabau a observé que la protoconque et le premier âge sont les mêmes que chez *Fusus s. s.* Mais, comme le canal reste constamment plus court et que Troschel a constaté quelques différences dans l'anatomie de l'animal, il n'y a pas lieu de réunir ces deux Genres, et c'est là précisément que le principe posé par M. Grabau se trouve immédiatement mis en défaut.

Falsifusus, *nov. gen.* — G-T. : *Fusus Meyeri* Aldr. (*non* Dunker) = *F. Ottonis* Aldr., de l'Eocène de l'Alabama. Protoconque lisse, composée de trois tours convexes, à nucléus non dévié ; les autres caractères de la coquille — et notamment ceux de l'ouverture — sont identiques à ceux de *Fusus*, de sorte que si la protoconque manque (infortune fréquente chez les spécimens fossiles) on n'a plus aucune base pour séparer *Falsifusus* et pour l'intercaler entre *Fusus* et *Tectifusus*. A cette Section, M. Grabau a rapporté : *F. Ludovicianus* Johnson, du Claibornien de la Louisiane ; et peut être *F. houstonensis, F. apicalis* Johnson, du Claibornien de l'Alabama, quoique leurs protoconques soient déjà très différentes de celle de *F. Meyeri*; il n'y en a pas deux qui soient exactement pareilles, à en juger d'après les dessins scrupuleusement faits dans ce Mémoire. Si l'on se guidait réellement d'après le fragile postulatum de M. Grabau, il faudrait donc proposer encore de nouvelles Sections pour chacunes de ces espèces : ainsi notre *F. serratus* Desh. — qui est, à mon avis, un vrai *Fusus s. s.* — a une protoconque intermédiaire entre celle de *Fusus* et celle de *F. Meyeri*, tandis que M. Grabau le classe parmi les *Falsifusus*! C'est la preuve la plus évidente que son critérium est insuffisamment défini.

FULGUROFUSUS, *nov. gen.* — G-T. : *F. quercollis* Harris, de l'Eocène inférieur de l'Alabama. Protoconque semblable à celle de *Fusus s. s.*, quoique un peu plus oblique ; cette différence est imperceptible et ne peut réellement justifier la création même d'une Section nouvelle. Les tours de la coquille sont un peu plus étagés, caractère purement spécifique. M. Grabau y rapporte également *F. rugatus* Aldr., de l'Eocène de l'Alabama qui me paraît être un vrai *Fusus*. Je ne puis donc admettre *Fulgurofusus*.

HEILPRINIA, *nov. gen.* — G-T. : *Fusus caloosaensis* Heilprin, du Pliocène de la Floride. Protoconque a c c é l é r é e, c'est-à-dire presque immédiatement suivie de deux tours costulés ; spire en massue, presque exactement comme chez *Euthriofusus burdigalensis* (¹) ; toutefois, la columelle n'est pas aussi coudée que celle d'*Euthriofusus*, aussi je crois que l'on peut admettre *Heilprinia* comme Section d'*Euthriofusus*. M. Grabau y rapporte : *Fusus equalis* Emmons, que j'avais classé comme *Euthriofusus* ; *Fusus exilis* Conrad, espèce miocénique que j'ai comparée de nouveau et qui a en effet le canal infléchi, mais avec une spire non massive ; *Fusus barbarensis* et *robustus*, du Pliocène de la Floride ; *Fusus Burnsi* Dall, du Miocène de la Virginie ; enfin *Fusus timessus* Dall, espèce vivante des Antilles. Je crois utile de donner une figure d'*Heilprinia caloosaensis* (Pl. XIII, fig. 2), et aussi celle d'*Euthriofusus exilis* (Pl. XIII, fig. 1), afin que le lecteur apprécie l'impossibilité de classer ces deux coquilles dans la même Section, malgré la similitude de la protoconque et des premiers tours.

CYRTULUS, Hinds, 1843. — G T. : *C. serotinus* Hinds, époque actuelle. La séparation de ce Genre, que j'avais pressentie (*loc. cit.* p. 19), est confirmée par M. Grabau qui définit la protoconque comme étant formée de deux tours et demi environ, et subitement arrêtée par une carène ; en outre, la spire est effilée à l'extrémité, et elle débute comme celle de *Fusus*. Mais, comme tous les caractères génériques et sous-génériques de l'ouverture sont les mêmes que chez *Clavilithes*, c'est auprès de ce dernier Genre, et seulement à titre de Section distincte, que je suis d'avis de classer *Cyrtulus*.

CLAVELLOFUSUS, *nov. gen.* — G-T. : *C. spiratus sp. nov.*, qui n'est qu'une des nombreuses variétés bien connues de *Clavilithes parisiensis* Mayer. Il me paraît impossible d'admettre ce groupe dont la protoconque ne se distingue réellement

---

(¹) Dans cette espèce, M. Grabau admet quatre variétés auxquelles il attribue des noms repris dans l'Atlas si incertain de Grateloup, et entr'autres *Fusus tuberculosus* qui ne pourrait, en tous cas, conserver ce nom préemployé ; la correction n'a jamais été faite, parce qu'elle est inutile.

pas de celle de *Clavilithes* : elle est un peu plus petite ou moins globuleuse, ce qui peut tenir à des circonstances bathymétriques comme on l'a vu ci-dessus, explication qui concorde précisément avec la variabilité des espèces de *Clavilithes* lutéciens, selon les gisements où on les recueille. Il est vrai que l'extrémité de la spire est peut-être un peu plus effilée chez *C. spiratus* que chez *C. parisiensis*, mais cela n'indiquerait tout au plus qu'une variété locale de l'espèce de Mayer-Eymar, non pas une Section. Remarquons enfin que M. Grabau n'a obtenu ces fossiles que de seconde main ; les indications tout-à-fait fantaisistes qu'il donne sur les niveaux exacts de ces gisements (Cuise mélangé avec le Calcaire grossier, le plus souvent Paris pour toute étiquette !) prouvent qu'il en ignorait absolument la provenance certaine, ce qui est indispensable quand il s'agit de désigner le type authentique d'une espèce nouvelle ou même d'une variété locale ; or cette désignation est précisément le seul moyen de saisir la phylogénie d'une même espèce aux divers niveaux d'un même étage aussi complexe que notre Calcaire grossier parisien : c'est ce que ne manquent jamais de faire avec exactitude les paléontologistes scrupuleux qui recueillent des fossiles par milliers *in situ*. En résumé, *Clavellofusus*, qui est fondé sur une variété peu certaine doit être rejeté comme Section.

CLAVILITHES, Swainson, 1840. — Même génotype que *Clavella* préemployé par Oken 1815 : il y a lieu de rectifier dans ce sens ce que j'ai précédemment écrit au sujet de cette dénomination (*loc. cit.* p. 19), et d'admettre *Clavilithes* malgré la formation grammaticalement défectueuse de ce nom. Cette correction faite, avec juste raison, M. Grabau propose de réserver *Clavilithes* pour les espèces pourvues d'une protoconque à nucléus naticoïde, à second tour plus étroit, l'ensemble formant un bouton subcylindrique. Or j'ai précisément (*ibid.*) insisté sur les variations de la protoconque des espèces de ce Genre, et l'observation de Sturany sur l'influence de l'habitat bathymétrique ne fait que confirmer — ici surtout — l'impossibilité d'y attribuer une valeur sectionnelle, puisque la variation se produit souvent chez la même espèce.

RHOPALITHES, *nov. gen.* — G-T. : *Fusus Noæ* Lamk., du Lutécien. Protoconque paucispirée, mais se rapprochant néanmoins du type *Clavilithes* ; pour justifier la séparation d'une Section, il faudrait donc admettre aussi l'ornementation qui persiste davantage et jusque sur la base de *F. Noæ* ; comme l'ouverture est identique à celle de *Clavilithes*, je trouve que *Rhopalithes* est bien inutile. M. Grabau a d'ailleurs, ici encore, établi de nouvelles espèces sur de simples variétés de ces abondantes coquilles parisiennes qui présentent entre elles de nombreuses transitions, et sans aucun souci des différents niveaux qu'elles caractérisent ; toute cette nomenclature est à rectifier au point de vue spécifique, nous y reviendrons dans le prochain Appendice au Catalogue illustré.

COSMOLITHES, *nov. gen.* — G-T. : *Fusus uniplicatus* Lamk., du Lutécien des environs de Paris. J'avais déjà pressenti qu'il faudrait séparer cette espèce, ainsi que *F. lævigatus*, de *Clavilithes s. s.*, non pas à cause de leur protoconque qui ressemble à celle de *C. longævus*, mais à cause de leur columelle plissée. J'admets donc *Cosmolithes* comme Sous-Genre de *Clavilithes*, conformément aux critériums de ma classification, et je me borne à renvoyer le lecteur à la figure

(*loc. cit.*, pl. I, fig. 18) de *C. lævigatus* que j'ai publiée dans la 4ᵉ livr. de ces
« Essais » ; c'est un géno-plésiotype bien caractérisé de *Cosmolithes*.

En résumé, il résulte de ce qui précède que nous adoptons :

Heilprinia,   Section d'*Euthriofusus*,
Cyrtulus,   Section de *Clavilithes*,
Cosmolithes,   Sous-Genre de *Clavilithes*.

CHRYSODOMIDÆ

Pᴇɴɪᴏɴ, Fischer, 1884. — G-T. : *Siphonalia dilatata* Quoy et Gaimard. A la
page III de la 4ᵉ livr. de ces « Essais »,j'ai indiqué et fait figurer (*l. c.*, pl. V,
fig. 5), comme géno-plésiotype fossile éocénique de cette Section de *Siphonalia*,
une espèce australienne (*S. Roblini* Tate) qui ne ressemble guère au type choisi
par Fischer pour *Penion*. Ayant reçu, depuis cette époque, *S. dilatata*, fossile du
Pliocène de Wanganui (Nouv. Zélande), j'en profite pour donner d'abord une
figure de ce génotype (Pl. XIII, fig. 5), et pour rectifier la diagnose en ce qui
concerne l'ouverture qui est subrhomboïdale, terminée en avant par un canal
peu resserré et infléchi (plus long que celui de notre spécimen qui a l'extrémité
cassée) ; le labre est lacinié à l'intérieur, à profil à peine sinueux ; la columelle
est lisse, fortement excavée en arrière, et coudée sans aucune torsion à l'origine
du canal ; le bord columellaire est mince, large et bien appliqué sur la base.

Cette rectification faite, il reste à définir le classement des quatre espèces
costulées, à canal resserré et infléchi à droite, puis redressé dans l'axe, qui caractérisent le Balcombian de Victoria, et que j'ai à tort placées dans la Section
Penion : *Siphonalia Roblini, longirostris, styliformis* Tate, et *S. Tatei* Cossm. Je
ne puis les classer auprès de *Streptosiphon* à cause de leur columelle lisse et de
leur protoconque qui se compose d'un gros bouton à nucléus dévié. En conséquence, je propose pour ces coquilles une nouvelle Section **Austrosipho,** pour
laquelle je renvoie à la figure précitée de la 4ᵉ livraison, représentant désormais
le génotype de cette Section (*S. Roblini* Tate).

Pʟɪᴄɪꜰᴜsᴜs, Dall., 1902 (¹) — G-T. : *Fusus Kroyeri* Möller. Espèces vivantes
et boréales qui formeraient une Section de *Tritonofusus*, distinctes par leurs
costules ressemblant à celles de *Pseudoneptunea*.

Aɴᴄɪsᴛʀᴏʟᴇᴘɪs, Dall, 1895(²) G-T. : *Chrysodomus eucosmius* Dall, de la mer
de Behring ; coquille bucciniforme, très voisine de *Chrysodomus*, qui n'en diffère
que par les détails de sa radule.

Bᴇʀɪɴɢɪᴜs, Dall, 1879. — G-T. : *Chrysodomus crebricostatus* Dall. Cet animal
aurait, par son anatomie, des rapports avec *Liomesus* ; mais la coquille de l'espèce figurée (*loc. cit.*, pl. XXXV, fig. 1) a beaucoup d'analogie avec *Volutopsis*,
son ouverture est ample et le canal est presque nul ; la spire est ornée de fortes
côtes spirales. L'autre espèce citée : *B. Kennicotti* Dall, rappelle au contraire
Plicifusus.

(¹) Illustr. of Amer. Shells. Proc. U. S. Nat. Mus., Vol. XXIV, p. 523.
(²) Proc. U. S. Nat. Mus., Vol. XVII, p. 709.

Je me borne à enregistrer ici ces créations proposées d'après des caractères anatomiques qui ne peuvent nous servir de guide pour l'étude des formes fossiles.

BUCCINIDÆ

Orania, Pallary (1900).   G. T. : *Pseudomurex Spadæ*, Libassi.
(= *Nemofusus* Cossm. 1903)

Il y a identité complète, presque même spécifique entre *Pisania fusulus* (Génotype de *Nemofusus*) et le génotype d'*Orania* qui a la priorité.

Pseudovaricia, Tate, (p. 186). G-T. : *P. mirabilis*, Tate, Grâce à l'obligeance de M. Pritchard, je suis actuellement en mesure de faire reproduire (Pl. IX, fig. 4 et pl. XI, fig. 16) un bon échantillon de ce génotype dont je n'avais pu donner qu'un croquis (Fig. 48).

Eburnopsis, Tate (p. 193). — G-T. : *E. aulacoessa* Tate, du Balcombian de Muddy Creek. Grâce à l'obligeance de M. Pritchard, je suis en mesure de publier — sinon la figure du génotype — du moins celle d'une espèce très voisine : *E. tessellata* Tate, et de compléter la diagnose. L'ornementation se compose — non pas de cordonnets spiraux — mais de sillons sur lesquels se détache visiblement, au dernier tour, la rainure dorsale aboutissant à une légère saillie du labre. Quant à l'ouverture, elle est beaucoup moins échancrée en avant que celle de *Pseudoliva* : elle forme un bec à peine entaillé, auquel aboutit le bourrelet obsolète qui circonscrit la fente ombilicale ; à l'intérieur de celle-ci s'enfonce presque verticalement un limbe dédoublé du bord collumellaire, caractère tout particulier qui n'était pas visible sur la figure imparfaite d'après laquelle j'avais fait la diagnose de ce Genre. Enfin il y a, à la partie antérieure de la columelle, une sorte de dent saillante qu'on n'aperçoit que quand l'ouverture est un peu mutilée, comme celle du génoplésiotype que je publie à l'appui de ces observations (Pl. XIV. fig. 5). Il résulte de ces constatations que la séparation d'*Eburnopsis* est amplement justifiée.

Sylvanocochlis, Melvill (G-T. : *Pseudoliva ancilla* Hanley). — Je n'ai aucun renseignement sur cette coquille vivante.

*

Cinquième livraison

MURICIDÆ

Un certain nombre de subdivisions boréales ou australes ont été récemment proposées par M. Dall (Proc. U. S. nat. Mus. Illustr. of Amer. Shells, 1902, p. 532 et suiv.). Or, deux de ces subdivisions ont été omises dans la revision que j'ai publiée en annexe à la VIe livr. de ces Essais (p. 122) :

ANTISTREPTUS. — G-T. : *A. magellanicus* Dall : petite coquille sénestre, semblable à *Anadus*, avec un opercule de *Trophon*.

AUSTROTROPHON. — Première espèce citée : *Trophon triangulatus* Carpenter. Section de *Trophon* dont les caractères différentiels ne sont pas indiqués.

HADRIANIA. — Par suite d'une faute d'impression dans le texte (p. 45) et dans la légende de la Pl. II, la figure 10 qui représente un géno-plésiotype d'*Hadriania* (*Murex tertiliosus*) est attribuée, comme la figure 9, à *H. craticulata*. En réalité, il y a deux espèces distinctes.

PURPURIDÆ

CONCHOLEPAS. — Ajouter (p. 81) :

EOCÈNE. — Une espèce dans le Balcombian de Mornington (Vict.) : *C. antiquatum* Tate (*fide* Pritchard).

GALEROPSIS, Hupé (Revue et Mag. de Zool., Mars 1860, pp. 125-128, pl. X, fig. 4).

« Le type est fossile, gisement inconnu. Son aspect général est celui d'un Cabochon, piléiforme ; mais la première partie de la spire a une forme plus régulière qui se rapproche de celles des Pourpres. On y trouve même des traces de côtes transversales ; les stries d'accroissement qui témoignent de la forme de l'ouverture, montrent que les bords de celle ci offraient une irrégularité qui n'a fait que s'exagérer, puisque les bords actuels du péristome sont fortement flexueux, l'animal vivant sur des corps étrangers et irréguliers dans leur forme. »

Il est probable que cette coquille doit être rapprochée de celle que nous avons

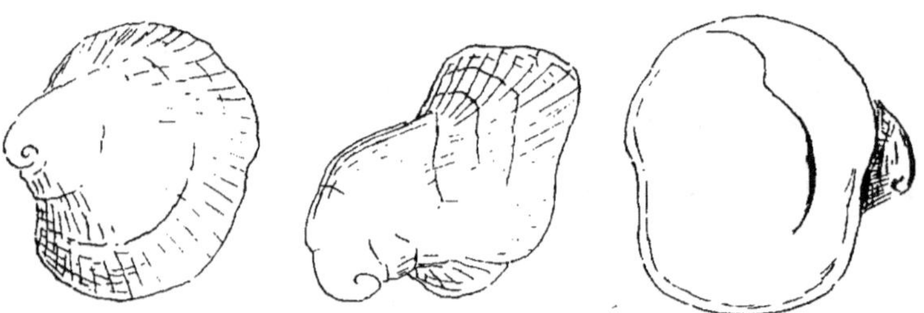

FIG. 22. — *Galeropsis Lavenayi*, Hupé.

fait figurer comme un géno-plésiotype fossile de *Concholepas* : *C. Deshayesi* Rambur (*loc. cit.*, p. 81, pl. II, fig. 28), qui vient du même niveau, si ce n'est du même gisement. Il serait intéressant de savoir ce qu'est devenu le type de *G. Lavenayi* Hupé. coll. de Lavenay. En attendant, je crois intéressant de reproduire les figures originales (Fig. 22).

TRITONIDÆ

Une importante contribution à l'histoire de cette Famille, survenue depuis l'étude que j'en ai faite dans la Vᵉ livr. de ces « Essais », m'oblige à en reprendre ici l'examen : il s'agit d'un Mémoire de M. Dall, intitulé « An historical and systematic Rewiew of the Fog-shells and Tritons. — Août 1904, Smiths. miscell. coll., Vol. XLVII, pp. 114-144 ». Ce Mémoire, très documenté, rempli de références précieuses à consulter, a été l'objet d'une analyse très sérieuse de M. G-F. Dollfus, dans le N° I (1905) de la « Revue critique de Paléozoologie » (pp. 48-57). Nous ne pouvons mieux définir le but du Travail de M. Dall qu'en citant tout d'abord quelques lignes de cette analyse :

« La thèse de M. Dall consiste à remettre en circulation, à ressusciter des
» noms obscurs, tels que ceux de Bolten, de Link, sous la couverture du prin
» cipe de priorité... basé d'ailleurs sur la nécessité de rendre justice aux
» anciens auteurs, avec une rigueur absolue, pour arriver à une fixité définitive
» de la Nomenclature ;... l'année 1758 est la limite de cette justice. D'autre part,
» il croit devoir mettre sur le même rang tous les auteurs, les bons comme les
» mauvais ; tout nom imprimé, à tort ou à raison, par cela seul qu'il est im
» primé, lui semble admissible ;... sa résurrection est implacable, elle s'interdit
» tout jugement, elle nous oblige à tout accepter, et sous prétexte de justice,
» elle nous conduit à détruire l'œuvre des plus grands savants anciens et mo
» dernes ;... c'est le contrepied de la classification admise par
» M. Cossmann... »

S'il ne s'agissait que de sacrifier la classification que j'ai proposée, pour y substituer un arrangement meilleur, plus rationnel, s'appliquant surtout aux fossiles que j'ai principalement en vue dans ces « ESSAIS DE PALÉOCONCHOLOGIE COMPARÉE », je n'hésiterais pas un instant à me rallier aux propositions de M. Dall, attendu que je ne recherche que la vérité scientifique et que je fais bon marché de mes opinions dès qu'on me démontre qu'elles sont entachées d'erreur. Mais comme ses idées sont très discutables, que ce sont simplement des affirmations sans démonstration, qu'elles nous conduiraient à des difficultés inextricables s'il s'agissait d'en faire l'application aux fossiles, et que d'autre part, la résurrection de certains noms, repris par cet auteur, n'est recevable que sous le bénéfice d'interprétations arbitraires et contestables, je suis obligé de discuter sa méthode et d'expliquer ici les motifs pour lesquels il ne me parait pas possible de m'y rallier « en bloc », quitte à y emprunter seulement les rectifications isolées qui paraissent s'imposer, et à les faire cadrer avec ma classification.

Voici d'ailleurs, brièvement résumée, la classification qu'il propose :

I. RANELLIDÆ   Bursa, Bolten (G.-T. : *Ranella spinosa* Lamk.).

      Marsupina, Dall n. s. (*R. spadicea* Montf.)
      Chasmotheca, Dall n. s. (*R. foliacea* Brod.)
      Ranella, Lamk. (*M. bufonia* Gm.)
      Lampadiopsis, Jouss. (*R. rhodostoma* Beck.)
      Colubrellina, Fischer (*M. conditus* ([1]) Gm.)
     ASPA, H. et A. Adams (*M. marginatus* Gm.)
     BUFONARIA, Schum. (*M. scrobilatus* ([2]) L.)
      Crossata, Jouss. (*R. ventricosa* Brod.)
      Craspedotriton, Dall n. s. (*T. convolutus* Brod.)

II. SEPTIDÆ   Septa, Perry (G.-T. : *S. rubicunda* Perry = *Triton nodifer* Lk.)
     Trachytriton, Meek (*T. vinculum* H. et Meek.)
     Personella, Conrad (*P. septemdentata* Gabb).
     Ranellina, Conrad (*R. Maclurei* Conr.)
     Austrotriton, Cossm. (*T. radialis* Tate).
     Gyrineum, Link (*M. gyrineus* L.)
     Eugyrina, Dall n. g. (*R. gigantea* Lk.)
     Argobuccinum, Mörch (*R. vexillum* Brod.)
      PARALAGENA, Dall n. s. g. (*T. clandestinus* Lk.)
      FUSITRITON, Cossm. (*T. cancellatus* Lk.)
      PRIENE, Adams (*T. scaber* King.)
     Distortrix, Link (*M. anus* L.)
     Cymatium, Bolten (*M. femoralis* L.)
      Lampusia, Schum. (*M. pilearis* L.)
      Ranularia, Schum. (*T. clavator* Lk.)
      Tritonocauda, Dall n. s. (*M. caudatus* Gm)
      Gutturnium, Mörch (*T. tuberosus* Lk.)
      Turritriton, Dall n. s. (*T. gibbosus* Brod.)
      Tritoniscus, Dall. n. s. (*T. Loroisi* Petit.)
      Cabestana, Bolten (*M. cutaceus* L.)
     MONOPLEX, Perry (*M. costatus* Born)
     LINATELLA, Gray (*T. cingulatus* Lk.)

III. COLUBRARIIDÆ Colubraria, Schum. (G.-T. : *Bucc. maculosum* Chemn.)
     CUMIA, Bivona (*C. decussata* Biv. = *T. reticulatus* Bl.)
      Maulotriton, Dall n. s. (*T. bracteatus* Hinds).
      Monostiolum, Dall n. s. (*T. Swifti* Tryon).
      Caducifer, Dall n. s. (*T. truncatus* Hinds).
      Tæniola, Dall n. s. (*T. decollatus* Sow.)
     PHRYGIOMUREX, Dall n. s. g. (*T. sculptilis* Reeve).

([1]) Fischer a désigné *R. candisata* Lamk., et non *Murex condilus* Gm.
([2]) Ce serait d'abord *scrobiculatus* ; mais le type de Schumacher est *R. spinosa*.

Soit en tout 39 subdivisions, là où ma classification n'en admettait que 26. exactement 50 0/0 en plus ; or on m'accuse déjà de trop multiplier les Genres et Sections ! Quoi qu'il en soit, examinons de plus près cet arrangement systématique.

Il est fondé — non pas sur la position des varices — mais sur la disposition de la radule ou sur d'autres caractères anatomiques qui ne peuvent servir de guide pour les paléontologistes, ainsi que sur l'échancrure suturale que présentent certaines formes de Ranelles ; du canal et de la columelle, il n'en est même pas question ; aucune justification n'est donnée à l'appui de la division en trois Familles distinctes : l'auteur nous l'impose sans discussion, c'est à prendre ou à laisser !

Dans mon système, je n'admettais même pas de Sous-Familles dans l'unique Famille *Tritonidæ* : conformément à la tradition, j'ai réservé une importance capitale, celle d'un critérium générique, à l'emplacement des varices qui marquent des temps d'arrêt prépondérants dans l'accroissement de la coquille : j'ai adopté comme critérium générique, la disposition du canal qui a bien sa valeur, comme chez tous les Siphonostomes ; et enfin les critériums sectionnels sont la columelle et l'échancrure labrale, empruntés en partie à Lamarck, en partie à Fischer. Cet arrangement s'adaptait parfaitement à l'intercalation des formes fossiles pour lesquelles il n'y a ni radule ni anatomie à étudier, et surtout à la filiation phylogénétique de ces coquilles durant la période tertiaire, point de vue qui est au contraire laissé tout à fait dans l'ombre par M. Dall. Or, c'est précisément là le but intéressant de la Paléoconchologie comparée, et comment peut-on suivre cet enchaînement des animaux éteints à ceux de l'époque actuelle, si l'on groupe ensemble des tests dissemblables, sous prétexte que la radule est identique ? Aussi, jusqu'à meilleure preuve du contraire, je ne vois pas de motifs pour bouleverser une classification qui a pour elle la consécration d'une longue expérience, et pour en adopter une autre qui s'effondre dès qu'on cherche à l'appliquer à la Paléontologie.

Ce premier point étant réglé, je passe à l'examen détaillé de la synonymie des subdivisions proposées par M. Dall.

Bursa, Bolten (1798). — Ainsi que l'a fait observer M. Dollfus, il n'est pas admissible de prendre comme génotype d'un Genre datant de 1798, *Ranella spinosa* Lk. (1817), sous prétexte que *Murex rana* Bolten n'est autre que *R. spinosa* ! Ni *Bursa*, ni *B. rana* ne sont recevables, puisque les noms génériques et spécifiques du catalogue de Bolten ne sont valables que de la date à laquelle ils ont été légitimés par un auteur ultérieur. En outre, *Bursa* était préemployé par Bonnani et Petiver qui étaient bien plus naturalistes que Bolten ; si l'on rejette les dénominations de ces derniers, on se demande pourquoi on adopterait celles de Bolten ? Donc il faut maintenir *Ranella* Lamk., pour *R. gigantea* (= *Murex reticularis*) ; *Pseudobursa* Rovereto, pour *M. bufonius*, et enfin *Bufonaria* Schum., pour *R. spinosa*. Cette seule rectification, qui n'est même pas discutable, fait tomber d'un seul coup l'arrangement des *Ranellidæ* proposé par M. Dall.

Marsupina et **Chasmotheca**, Dall (1904). — Sections simplement basées sur ce que les varices sont crénelées chez *Marsupina spadicea* et subépineuses chez *Chasmotheca foliata* : ce sont là des distinctions bien subtiles, mais comme il s'agit d'espèces actuelles, je n'ai pas de conclusions à proposer en ce qui concerne les fossiles.

LAMPADOPSIS, Jouss. et COLUBRELLINA, Fischer. — Ne diffèrent d'*Apollon*, comme je l'ai expliqué (*loc. cit.*, p. 115), que par des détails de leur forme extérieure; mais M. Dall rejette *Apollon* parce qu'il le considère comme un synonyme postérieur de *Gyrineum* Link ; or, non seulement les noms de Link ne sont recevables que s'ils sont légitimés par un autre auteur, tandis qu'*Apollon* a été régulièrement publié par Montfort, mais encore Herrmannsen indique *R. granifera* comme génotype d'*Apollon*, tandis que *Gyrineum* est, d'après M. Dall, *Murex gyrinus* L. Donc, ici encore, je maintiens *Apollon* (= *Lampadopsis* et *Colubrellina*).

Craspedotriton, Dall (1904). — Ne diffère que très peu de *Bufonaria* ; mais comme le sinus est très étroit et laisse une trace sur les tours, on peut, à la rigueur, admettre cette Section pour *Triton convolutus* Brod., que Tryon a classé dans le Genre *Cumia* Biv.

PERSONELLA, Conrad (1865). — J'admets qu'on conserve cette Section de *Persona* (*loc. cit.*, p. 103), mais je ne suis pas d'avis d'y réunir *Sassia* qui a le canal long, tandis que *Personella* a le canal court : c'est un caractère différentiel bien plus important que ceux qui, pour la plupart, motivent les nouveaux noms proposés par M. Dall. Quant à *Persona*, il est inadmissible d'y substituer *Distortrix* Link, qui n'a de valeur qu'à dater de Mörch (1852).

RANELLINA, Conrad (1865). — D'après M. Dall, *R. Maclurii* Conrad — que je croyais perdu comme génotype (*loc. cit.*, p. 89) — se trouve encore quelquefois à Claiborne, quoiqu'il y soit rare ; une variété courte de cette espèce a même été décrite par Whitfield sous le non *Pisania claibornensis* (Amer. Journ. Conch., I, pl. XXVII, fig. 2. 1865). Cette dénomination générique peut donc être rétablie dans la Famille *Tritonidæ* ; on ne peut regretter qu'une chose, c'est que M. Dall n'ait pas jugé à propos de reproduire une figure de cette rare espèce, dont l'image est méconnaissable, dans le Manuel de Tryon.

SEPTA, Perry (1811). — C'est avec *Bursa*, le point principal des rectifications faites par M. Dall : le génotype serait *Septa rubicunda*, c'est-à-dire une variété de *Triton nodifer* Lamk. (*nodiferus* est un solécisme latin à ne pas imprimer!) qui appartient au même groupe que *Triton tritonis* ; par conséquent, par extension successive, *Septa* devrait remplacer *Triton* préemployé, au lieu d'*Eutritonium* que j'ai récemment proposé. Or, il y a à cette interprétation, une difficulté fondamentale : M. Dall avoue lui-même que *Septa* Perry, est un mélange d'espèces, voisines de *Cymatium* Bolten et de *Triton* Montfort, et que Perry n'a mentionné qu'incidemment *Murex tritonis* L., qu'il ne connaissait même pas ! Baser toute une révolution de Nomenclature sur une assimilation aussi fragile, est une entreprise téméraire ; en tous cas, *Septa* ne peut être interprété, avec le sens que Perry n'a jamais songé à lui donner, qu'à dater de M. Dall (août 1904) ; or, à cette date, *Eutritonium* était déjà publié par moi depuis le mois d'avril, donc *Septa* est en réalité postérieur et doit rentrer dans l'oubli. J'ajouterai que si ces dates ne suffisaient pas pour trancher le débat, il faudrait éviter de ressusciter un nom pour l'appliquer à un génotype inconnu de l'auteur de ce nom, et que même s'il n'en était pas ainsi, ce ne serait jamais un motif suffisant pour remplacer *Tritonidæ* Brodcrip (1839) par *Septidæ* Dall (1904), attendu que les noms de Familles ont leurs droits de priorité comme les noms de Genres et d'espèces.

Je ne cite ici que pour mémoire une autre proposition faite par M. Dollfus, dans l'analyse précitée du Mémoire de M. Dall, et consistant à reprendre *Bucci-num* pour *Triton*, afin de ne pas prendre « le nom de l'homme (Triton) qui souffle dans la trompette, pour le nom de l'instrument (Buccin) dont il se sert. » Si cette proposition ingénieuse fait disparaître toute contestation pour *Triton*, elle fait naître une autre difficulté, c'est le choix du nom à donner à *Buccinum undatum*, pour lequel on ne peut davantage reprendre *Tritonium* précmployé, ainsi que le suggère M. Dollfus. D'ailleurs, l'interprétation nouvelle de *Bucci-num*, destinée à rectifier une erreur de Linné, ne daterait en réalité que de M. Dollfus (1905), c'est-à-dire un an après que j'ai proposé *Eutritonium* : par conséquent, là encore, la rectification arrive trop tard.

Ma conclusion définitive est donc : **Eutritonium** Cossm. pour *Murex tritonis* L.

GYRINEUM, Link. — J'ai déjà expliqué (*loc., cit.* p. 117) pourquoi on ne peut admettre les Genres de Link avec la date 1807, son ouvrage n'ayant pas reçu la publicité requise pour un Manuel de Nomenclature. Dans le cas actuel, *Gyrineum* n'a été repris qu'en 1852 : c'est donc cette date — et non 1807 — qu'il faut citer, et par conséquent elle est postérieure à 1817 (*Bufonaria* Schum. *ex cod. typo*), C'est d'ailleurs par une double erreur que M. Dall a désigné *M. scrobi-latus* L. comme génotype de *Bufonaria* (V. la note infrapaginale ci-dessus).

Paralagena, Dall (1904). — G-T. : *T. clandestinus* Lamk., désigné comme *Lagena*, Mörch (1852, *non* Walker 1784). Cette coquille a, par sa forme, quelque analogie avec notre fossile éocénique *Triton piraster* Lamk., comme l'a fait remarquer M. Dollfus dans son analyse précitée ; mais la varice n'occupe pas la même position sur le dernier tour, de sorte que je considère *Paralagena* comme une Section d'*Argobuccinum*, ce qui est d'ailleurs conforme à la proposi-sition de M. Dall.

CYMATIUM, Bolten. — Même observation que pour les Genres de Link : ce n'est qu'en 1853 que les frères Adams ont donné la publicité nécessaire et scien-tifique à ce nom qui, par suite, ne peut remplacer *Lotorium* Montf., dont le type (*Murex lotorium* L.) présente les mêmes critériums que *M. femoralis* L., indiqué par les auteurs comme génotype de *Cymatium*.

GUTTURNIUM, Klein (*fide* Mörch 1852). — Le rétablissement de cette Section, que j'avais réunie à *Ranularia* (*loc. cit.* p. 88), ne peut se justifier que par l'adoption d'un génotype différent (*T. tuberosus* Lamk.) pour le Genre de Klein. Je n'ai pas les éléments pour apprécier l'utilité de cette séparation, mais j'insis-terai seulement sur ce que c'est bien à *Ranularia s. s.* que doivent être rappor-tées les formes fossiles mentionnées par moi (*loc. cit.*, p. 97).

Tritonocauda, Dall (1904). — Section séparée de *Ranularia* simplement à cause de l'existence chez *Murex caudatus* Gm., d'une callosité columellaire ridée, tandis qu'elle est lisse chez *T. clavator* (génotype de *Ranularia*). En comparant attentivement les deux espèces, j'avoue que je n'y aperçois que des différences spécifiques,

Turritriton, Dall (1904). — G-T. : *T. gibbosus* Brod. Je ne vois pas de formes fossiles qui puissent être rapprochée de cette Section dont le canal court ressemble à celui de *Persona*.

Tritoniscus, Dall (1904). — G-T. : *T. Loroisi* Petit. Coquille massive et muricoïde, à canal court, dont je ne connais pas d'analogue chez les fossiles. Au lieu d'en faire une Section de *Ranularia* qui a le canal très long, il semble qu'il serait plus logique de la rapprocher de *Bufonaria*.

CABESTANA, Bolten (1798). — J'ai déjà indiqué pour quels motifs (*l. c.* p. 96) ce nom ne peut remplacer *Aquillus* Montf. (1810).

MONOPLEX, Perry (1811). — G-T. : *Murex costatus* Bom (= *M. olearius Auct. non* L.). Quoi qu'en dise M. Dollfus (*loc. cit.*, p. 52), cette coquille diffère suffisamment de *Lampusia pilcaris* par la brièveté de son canal, pour qu'on puisse admettre ce Sous-Genre qui prendrait place entre *Lampusia* et *Lotorium* sur mon tableau de classification (*l. c.*, p. 87).

LINATELLA, Gray (1857). — Par suite d'une faute d'impression, ce nom est orthographié *Zinatella* sur mon tableau (p. 87) ; mais, à la p. 88 ainsi que sur la table alphabétique, *Linatella* figure avec sa véritable orthographe, de sorte que nos lecteurs ont certainement déjà fait la rectification nécessaire.

COLUBRARIA, Schum (1817). — Ce Sous Genre (érigé en Genre par M. Dall) a été omis sur le tableau (*loc. cit.* p. 87 ; mais il figure bien à sa place (p. 99) après *Austrotriton*.

CUMIA, Bivona (1838). — G-T. : *C. decussata* Bivona (= *T. reticulatus*, Blainv.). J'avais déjà catalogué *Cymia* Mörch (1852) dans la Famille *Purpuridæ* (*loc. cit.*, p. 74), en citant comme génotype *C. tectum* Wood. D'autre part, je ne vois pas de différence générique entre *Triton reticulatus* et *Colubraria maculosa*, et d'ailleurs M. Dall n'a ressuscité le nom *Cumia* qu'avec un point d'interrogation. Dans cet état d'incertitude, *Cumia* et *Cymia* étant exactement synonymes, il serait plus sage de laisser tomber dans l'oubli la dénomination de Bivona.

Maulotriton, Monostiolum, Caducifer et **Tæniola**, Dall (1904). — Encore quatre Sections nouvelles, auxquelles M. Dollfus (*loc. cit.*, p. 56), adresse le reproche de ne présenter que des différences spécifiques avec *Colubraria*, de sorte qu'elles ne constitueraient qu'un émiettement préjudiciable de la Nomenclature, Je partage cette manière de voir, sauf en ce qui concerne *Monostiolum* (G-T. : *T. Swifti* Tryon) qui a réellement un aspect très différent de *Colubraria*. *Tæniola* aurait peut-être quelque analogie avec *Hilda*.

Phrygiomurex, Dall (1904). — G-T, : *T. sculptilis* Reeve. Cette petite coquille, tronquée au sommet comme *T. truncatus* (G-T. de *Caducifer*) se distingue essentiellement par son aspect muriqué, surtout aux abords des sutures, et par sa base qui porte un sillon spiral bordé par deux côtes muriquées, Malheureusement, l'ouverture n'est pas assez caractérisée sur la figure pour qu'on puisse décider s'il s'agit d'un Genre distinct, ou d'un Sous-Genre de *Colubraria* comme l'a proposé l'auteur. Il faudrait encore y ajouter **Cryotritonium** v. Martens (G-T. : *Lampusia Murrayi* Smith), sur lequel je n'ai aucun renseignement.

En résumé, on voit par les observations qui précédent que les modifications réellement utiles, à apporter à ma monographie des *Tritonidæ* se réduisent à quelques intercalations que j'ai indiquées ci-dessus, au fur et à mesure de l'examen des sudivisions proposées par M. Dall. Ces additions ne concernent d'ailleurs la Paléoconchologie que pour *Ranellina* et *Personella*.

CYPRÆIDÆ

VICETIA, Fabiani, 1905 ([1]), G.-T. : *Ovula Hantkeni*, Héb. et M. Ch. Eoc.

Taille grande : forme massive, calpurnoïde, c'est-à-dire aplatie sur la face ventrale et bossuée sur la face dorsale, presque également atténuée à ses deux extrémités et un peu étranglée sur le diamètre médian ; spire involvée, complètement recouverte par un enduit calleux ; surface lisse, portant seulement sur la région dorsale deux bourrelets transverses, parfois armés de nodosités subdigitées, ne se prolongeant pas sur la face ventrale, où on ne distingue qu'un gonflement très obsolète. Ouverture étroite, peu sinueuse, échancrée à ses deux extrémités, un peu plus élargie en avant où elle se termine par un canal rudimentaire, encadré par deux lèvres un peu amincies ; gouttière apicale formant une échancrure presque symétrique à celle du canal siphonal, mais comprise entre deux lèvres plus épaisses ; labre muni de plis dentiformes et serrés ; columelle à peu près lisse sur toute son étendue, tordue par un fort pli caréné et portant généralement des plissements plus ou moins persistants qui décroissent d'avant en arrière.

Diagnose refaite d'après des clichés de l'espèce génotype, de l'Eocène de Monte Postale (Pl. XIII, fig. 3-4), obligeamment offerts par M Fabiani.

Rapp. et diff. — Dans le Vᵉ livr. de ces « Essais » (p. 147 et 176), j'ai classé cette coquille dans le Genre *Gisortia*, caractérisé par ses extrémités également échancrées et par son bord columellaire lisse. M. Fabiani ayant eu l'occasion d'examiner de bons exemplaires de *G. Hantkeni*, conservés au Musée de Géologie de l'Université de Padoue, m'a signalé, avant de publier la brochure précitée, les différences que ces échantillons présentent avec le Genre *Gisortia*

([1]) I Moll. eoc. del Monte Postale, p. 12, pl. III, fig. 4 (Atti Accad. sc. ven. trent. istr., Cl. I, Vol. II, fasc. 2, p. 45).

s. s. ; je lui ai suggéré l'idée de séparer *Vicetia* (Etym. : *Vicetus*, Vicence) dont il a fait un Genre complètement distinct, par le motif que le bord columellaire n'est pas entièrement lisse, comme l'indique la première colonne de mes critériums génériques (p. 147). Après un nouvel examen de la coquille et ainsi que l'a constaté lui-même M. Fabiani, les plissements qui garnissent l'excavation columellaire au-dessous du pli tordu, ne sont pas persistants sur tous les spécimens étudiés, et ils ne se prolongent jamais sur toute l'étendue du bord columellaire dont la plus grande partie est lisse. Je suis donc d'avis que *Vicetia* ne peut réellement être admis que comme Sous-Genre de *Gisortia*, c'est-à-dire qu'il faut modifier ainsi qu'il suit le tableau de classification (p. 147) :

GISORTIA	GISORTIA	*Gisortia*
(Canal et rostre échancrés, columelle non crénelée)	(Surface dorsale non gibbeuse, appendices postérieurs)	(Ouverture sinueuse, large fossette lisse)
	VICETIA	*Vicetia*
	(Surface dorsale gibbeuse, lèvres symétriques)	(Ouverture non sinueuse, large fossette brisée)

Répart. stratigr·

EOCÈNE. — L'espèce génotype ci-dessus figurée, dans le Vicentin.

PALLIOCYPRÆA, *nov. subgen.* G.-T. : *Aricia gastroplax*, M'Coy [1]. Eoc.

Taille grande ; forme d'un « pudding sur le plat », la face ventrale étant presque plane avec un large et mince rebord ovale, tandis que la face dorsale fait une saillie arrondie et piroïde sur le plan de ce rebord. Ouverture étroite, incurvée en arrière, presque rectiligne, un peu élargie en avant, terminée à chaque extrémité par un rostre recourbé, en saillie sur le rebord périphérique ; les deux bords de l'ouverture sont finement crénelés par des plis courts et réguliers ; columelle faiblement incurvée, avec une fossette peu profonde.

> Diagnose établie d'après des clichés du génotype du Balcombian de Mornington (Pl. IX, fig. 10-11), communication de M. Pritchard, de Melbourne.

[1] Proc. Pal. Vict. déc. II, p. 20, pl. XVI, fig. 1, pl. XVII et XVIII, fig. 2, Melbourne 1875.

Rapp. et diff. — L'aspect de cette coquille est tout à fait étrange : le rebord mince, secrété par le manteau de l'animal sur toute la périphérie de la face ventrale, l'écarte complètement de toutes les formes connues de *Cypræidæ*. Cependant, si l'on fait abstraction de ce rebord, en admettant qu'il soit cassé exactement au niveau du bombement de la face dorsale, on constate qu'on a presque exactement la forme d'un *Rhynchocypræa* birostré. C'est pourquoi je ne propose *Palliocypræa* que comme Sous-Genre de *Rhynchocypræa*, se distinguant de ce dernier, non seulement par l'absence de tubercules sur le cou, mais encore et surtout par le développement tout à fait anormal de son plateau périphérique. Il y a en outre d'autres différences accessoires : par exemple dans les crénelures courtes du bord columellaire, remplaçant les longues rainures de *Rhynchocypræa* ; ou bien dans l'indice d'une fossette antérieure qui fait complètement défaut chez ce dernier. Quoi qu'il en soit, l'échantillon très intact qu'a trouvé M. Pritchard, au lieu des débris qui avaient servi de base à la création de cette espèce par M. Coq, nous permet de préciser le classement de cette forme intéressante et peu connue.

Répart. stratigr.

Eocène. — L'espèce génotype dans le Tertiaire inférieur de Victoria, coll. Pritchard.

*

Sixième livraison

APORRHAIDÆ

Chedevillia, nov. sect.   G.-T. *Rimella Munieri*, Chéd. Eoc.

Genre *Rostellaria*, Sous-Genre *Hippocrene*. Taille relativement petite ; forme rimelloïde, un peu ventrue ; spire médiocrement allongée, à galbe conique, parfois déviée au sommet qui est lisse ; tours convexes, d'abord ornés de stries spirales et obsolètes, les derniers seulement munis de côtes axiales et pincées, décussées par des cordons plus espacés et plus saillants que ceux des premiers tours. Dernier tour ovoïde, déclive à la base sur laquelle se prolongent les côtes, jusqu'au cou qui est à peine excavé et fortement dévié. Ouverture étroite, ovale en fuseau, prolongée en arrière par une étroite gouttière qui descend jusqu'au sommet, terminée en avant par un rostre aigu, mais assez court et légèrement infléchi en dehors ;

aile mince, développée en anse de panier, se reliant au rostre par une courbe sans échancrure, ne dépassant pas le sommet de la spire à laquelle elle adhère et qui dévie chez l'espèce génotype pour adhérer à l'aile ; surface externe de l'aile ornée et subvariqueuse, vernissée à l'intérieur avec un épaississement calleux et curviligne, vis-à-vis de la varice externe ; columelle lisse, courte, régulièrement incurvée ; bord columellaire calleux, appliqué sur la base, peu détaché en arrière où il se replie et se relève en formant contre la gouttière une lamelle ou un rebord appliqué contre l'aile à laquelle il se rattache au sommet par un bec aplati.

Diagnose faite d'après l'espèce génotype (Pl. XIV, fig. 8), du Lutécien inférieur de Boury (Oise), coll. Chédeville.

Rapp. et diff. — J'ai mentionné cette espèce (*loc. cit.*, VI, p. 30), ainsi que *R. mirabilis* Desh, dans le Genre *Rimella*, tout en faisant quelques réserves au sujet de ce classement, parce que je ne connaissais alors qu'un échantillon mutilé de l'espèce de Deshayes. M. Chédeville m'ayant récemment communiqué le type presque intact de sa rare espèce, avec un fragment qui précise le contour de l'aile, j'ai vérifié que les deux élégantes coquilles dont il s'agit ne possèdent pas l'échancrure basale qui caractérise *Rimella* et *Cyclomolops*, que leur rostre n'est pas déclive vers la gauche, et que l'aile prend le même développement que chez *Hippocrene*. Comme d'autre part, l'ornementation de la spire rappelle plutôt celle de *Rimella* et de *Dientomochilus*, il est évident que nous nous trouvons en présence d'une nouvelle forme, et que, si on s'en rapporte à mes critériums, elle doit exactement prendre place entre *Hippocrene s. s.* et *Wateletia*. Il est d'ailleurs intéressant de constater que *Chedevillia* forme un nouveau lien de transition entre *Maussenetia* qui se rattache aux *Aporrhaidæ* secondaires, et *Hippocrene* qui, dans l'Eocène, représente l'ancêtre des *Strombidæ* tertiaires et actuels.

Répart. stratigr.
Eocène. — Le génotype dans le Lutécien, et l'espèce déjà signalée (*R. mirabilis* Desh.), dans le Cuisien des environs de Paris.

2° DIAGNOSES DES ESPÈCES NOUVELLES
citées dans la septième livraison.

Cirsocerithium Peroni, *nov. sp.*   Pl. XIII, fig. 6, 7 et 11.

Test épais. Taille au-dessous de la moyenne ; forme trapue, mésalioïde, à galbe conique ; spire assez courte, quoique pointue au som·
met ; environ dix tours convexes, dont la hauteur ne dépasse
guère le tiers de la largeur, séparés par de profondes sutures, ornés
de six ou sept cordons spiraux, granuleux ou subnoduleux à l'intersection de petites costules axiales, droites, peu saillantes, assez
rapprochées et s'étendant d'une suture à l'autre. Dernier tour égal
aux deux cinquièmes de la hauteur totale, arrondi mais limité à la
périphérie par un cordon plus saillant que les autres ; base peu
ornée, formant un disque légèrement excavé, avec une fente ombilicale au centre. Ouverture en quart de cercle, à péristome bordé,
terminée en avant et à droite par un bec à peine visible, formé
par l'intersection anguleuse du contour supérieur et du bord columellaire ; labre à profil orthogonal, basé par une épaisse varice
externe à peu de distance du contour qui est tranchant ; columelle
peu excavée, lisse, se raccordant avec le bec ; bord columellaire
épais, détaché de la fente ombilicale.

DIMENSIONS. — Longueur : 14 mill. ; diamètre : 7 mill.

RAPP. ET DIFF. — Cette espèce diffère du génotype de *Cirsocerithium* par son
ornementation plus fine et par sa forme encore plus trapue ; elle n'a pas les
nodosités qui caractérisent l'espèce albienne (*C. subspinosum*) et son analogue
de l'Aptien (*C. aptiense*).

LOCALITÉ. — Environs de Boghari (Algérie), Cénomanien ; deux individus,
coll. Peron.

Terebralia Vignali, *nov. sp.*   Pl. X, fig. 14.

Test très épais. Taille moyenne ; forme ventrue, courte, à galbe
conoïdal, pointue au sommet ; environ quinze tours étroits, un peu
convexes, dont la hauteur s'abaisse aux deux cinquièmes de la lar-

geur, séparés par des sutures profondément rainurées, ornés de costules courbes et serrées, sur lesquelles quatre sillons spiraux et équi-
distants découpent des granulations aplaties et subquadrangulaires ;
chaque tour porte, en outre, une ou deux larges varices, plus saillantes que les costules et rainurées comme elles par les quatre sillons.
Dernier tour égal aux deux cinquièmes de la hauteur totale, variqueux comme les autres, muni d'un cinquième sillon à la périphérie de la base qui est convexe, et qui porte huit cordons spiraux,
égaux, non croisés par les costules qui cessent subitement à partir
du sillon périphérique. Cou droit et obliquement sillonné. Ouverture rhomboïdale, malheureusemenr mutilée chez tous les spécimens ;
columelle droite, munie d'un pli spiral et médian ; pli pariétal assez
saillant ; dents internes vis-à-vis des varices externes.

DIMENSION. — Longueur probable : 55 mill. ; diamètre : 25 mill.

RAPP. ET DIFF. — Quoique la spire de cette espèce ait exactement l'ornementation de *T. bidentata*, elle s'en distingue essentiellement par sa forme
beaucoup plus courte et plus ventrue : chez *T. bidentata*, la longueur dépasse
toujours 3 fois le diamètre, tandis que chez *T. Vignali* le rapport dépasse à
peine 2 fois : en outre, les cordons de la base sont croisés par des rainures
sinueuses dans le prolongement de celles qui séparent les costules du dernier
tour, tandis qu'ils sont lisses chez *T. Vignali*.

LOCALITÉ. — La Grenatière (Hérault), Miocène supérieur. Recueillie par
M. Miquel à qui je n'ai pu la dédier, car il existe déjà *Potam. Vignali* Oppenh. ;
assez fréquente, mais toujours incomplète.

Pyrazus Stueri, *nov. sp*.   Pl. IX, fig. 1-3.

Taille grande ; forme polygonale au sommet, la pyramide s'effaçant
sur les derniers tours ; spire probablement longue, à galbe conique
ou pyramidal ; tours nombreux, étroits, dont la hauteur égale la
moitié de la largeur, portant sept côtes arrondies qui se succèdent
d'autant plus régulièrement que les sutures sont peu distinctes ; les
intervalles de ces côtes, d'abord un peu excavés, s'aplanissent vers le
sixième tour avant le dernier ; et la surface devient à peu près
conique sur le dernier ; ornementation spirale et persistante,
composée de six cordons imbriqués sur chaque tour, inégaux, inéqui-

distants, obtusément perlés par de fines costules d'accroissement dont la direction est à peine oblique. Dernier tour assez élevé, portant une forte varice opposée au labre, mais non diamétrale, à 150° environ sur la face ventrale ; base arrondie, sur laquelle persistent les cordonnets spiraux, en se serrant davantage. Ouverture à péristome détaché ; labre formant une saillie variqueuse qui se projette en arrière, assez loin de la suture déviée.

Dimensions. — Longueur probable : 100 mill. ; petit diamètre de l'ouverture : 23 mill. ; grand diamètre : 35 mill.

Rapp. et diff. — Quoique je ne connaisse pas l'ouverture intacte de cette belle espèce, elle a tellement l'aspect des *Pyrazus* tertiaires que je n'hésite pas à la décrire dans ce Genre. Elle ressemble évidemment à *Cerithium Partschi* Zekeli, de Gosau ; mais, d'après la figure, ce dernier aurait huit côtes plus saillantes, plus persistantes, plus fortement perlées par cinq cordonnets spiraux, égaux, et les sutures y sont indiquées par de plus larges rainures. Quant à *P. Rochebrunei* Vignal, qui a été recueilli presque au même niveau et dans la même région, il y a cependant des différences d'ornementation qui justifient la coexistence des deux espèces.

Localité. — Condat (Dordogne), Sénonien inférieur ; type, collection Stuer ; autres spécimens, ma collection.

TABLE ALPHABÉTIQUE

DES

FAMILLES, GENRES, SOUS-GENRES, ETC.

Les noms en italiques sont ceux des synonymes

ERRATA

Page 76 (note infrapaginale. nᵒ 1) : la correction du double emploi de *C. subtiara* ayant déjà été faite (*Revue Crit. Paléoz.*, 1901, p. 204, = *C. diachoristum* Cossm.), il y a lieu de supprimer *C. tiarulinum*.

Page 79 (**Répart. stratigr.** Eocène) : omis d'indiquer une espèce australienne, *C. semicostatum* Tate, dont le nom a été changé en *C. Pritchardi* Geo. Harris, quoique ces deux dénominations figurent dans la table suivante.

Page 98. Manque **Répart. stratigr.** Paléocène. *Cerithium Chapuisi* Briart et Cornet.

Page 129 (**Répart. stratigr.** Eocène) : omis d'indiquer que la correction *Terebraliopsis Böhmi* était déjà faite par moi en 1901 (*Revue Crit. Paléoz.*, p. 24).

TABLE ALPHABÉTIQUE DES NOMS D'ESPÈCES

CITÉES DANS LA SEPTIÈME LIVRAISON

Les noms en italiques sont ceux des synonymes ; le premier nom entre parenthèses est celui du genre dans lequel l'espèce est repérée dans cet ouvrage ; le second nom générique, en italiques, est celui sous lequel l'auteur a établi l'espèce, quand ce nom générique diffère du premier.

PLANCHE 1

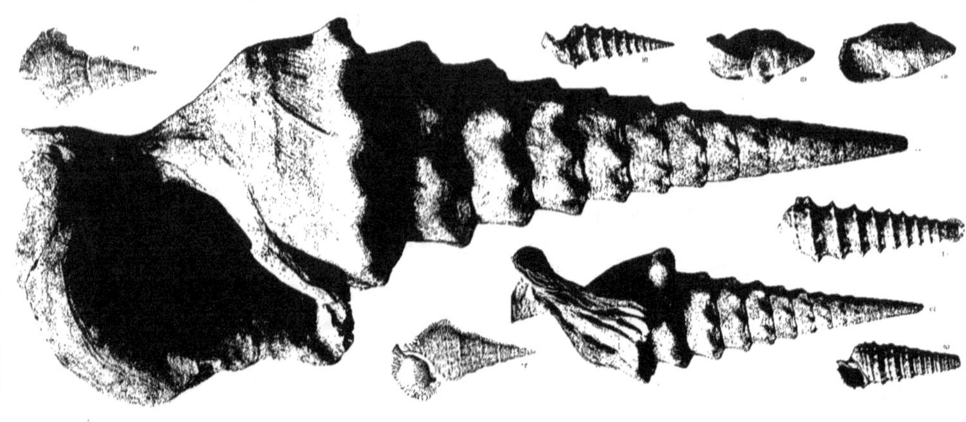

PLANCHE III

1-2. Rhinoclavis (*Pseudovertagus*) Jussieui [Mayer].	Grand. natur.	Eoc.
3. Cerithium (*Gourmyia*) Occirrhoe, d'Orb.	id.	Olig.
4-5. Rhinoclavis (*Semivertagus*) unisulcatus [Lamk.]	Gr. 2/1	Eoc.
6-7. Rhinoclavis (*Pseudovertagus*) striatus [Lamk.]	Grand. natur.	Eoc.
8-9. Bezançonia spirata [Lamk.].	id.	Eoc.
10. Cerithium nodulosum, Brug.	id.	Viv.
11-12. Bezançonia (*Colinia*) perelegans [Desh.].	Gr. 3/1	Eoc.
13. Cerithium (*Vulgocerithium*) vulgatum, Brug.	Grand. natur.	Mioc.
14. id. id.	id.	Pleist.

PLANCHE IV

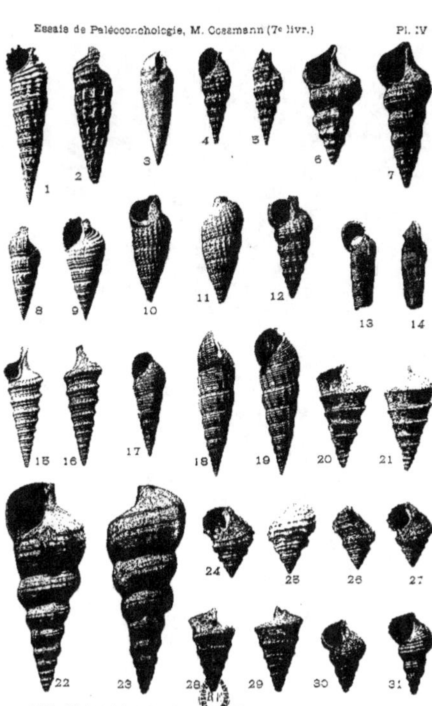

Essais de Paléoconchologie, M. Cossmann (7e livr.)
Pl. IV
Clichés et Phototypie Sohier & Co, à Champigny-sur-Marne

PLANCHE V

PLANCHE VI

1-5. Exelissa strangulata [d'Archiac].	Gr. 3/1	Bath.
6-6*bis*. Endiataenia Terquemi, Cossmann.	Gr. 4/1	Hett.
7. Cryptaulax undulatum [Quenst.].	Gr. 2/1	Call.
8. Cryptaulax (*Cryptoptyxis*) Wrigti [Etallon].	Gr. 3/2	Kim.
9-11. Nerineopsis Davoustiana [Cotteau].	Gr. 2/1	Néoc.
12-14. Paracerithium acanthocolpum, Cossm.	Gr. 4/1	Hett.
15-17. Rhynchocerithium subnassoides [d'Orb.].	Gr. 2/1	Néoc.
18-21. Rhynchocerithium fusiforme [Héb. et Desl.]	id.	Call.
22-24. Bathraspira neocomiensis [d'Orb.].	Grand. natur.	Néoc.
25-27. Bathraspira tecta [d'Orb.].	id.	Alb.
28. Metacerithium ornatissimum [d'Orb.].	id.	Alb.
29-31. Metacerithium trimonile [Mich.].	Gr. 3/2	Alb.
32-36. Atresius Lallierianus [d'Orb.]	id.	Alb.
37-40. Uchauxia peregrinorsa [d'Orb.].	Grand. natur.	Tur.
41-42. Gymnocerithium icaunense [Cossm.].	id.	Néoc.

Essais de Paléoconchologie, M. Cossmann (7e livr.)   Pl. VI

Clichés et Phototypie Sohier & Cie, à Champigny-sur-Marne

PLANCHE VII

1-3.	Cirsocerithium subspinosum [d'Orb.].	Gr. 3/1	Alb.
4-5.	Terebraliopsis Requieniana [d'Orb.].	Grand. natur.	Tur.
8-9.	Ochetochilus subvaricosus, Cossm.	id.	Bath.
10.	Purpurina inflata, Tawney.	Gr. 3/2	Baj.
11-13.	Rostrocerithium plicatum [Sow.].	Grand. natur.	Tur.
14.	Purpurina (*Eucycloidea*) Bianor [d'Orb.].	Gr. 2/1	Baj.
15-16.	Purpurina (*Eucycloidea*) granulata, Héb. et Desl.	Gr. 3/2	Call.
17.	Gymnocerithium collegiale [Zittel].	Grand. natur.	Portl.
18.	Benoistia pyramidata, Cossmann.	Gr. 2/1	Éoc.
19.	Purpurina Bellona, d'Orb.	Grand. natur.	Baj.

PLANCHE VIII

1-2. TRICHOTROPIS BICARINATUS [Sow.].	Gr. 3/2	Pleist.
3-5. PURPUROIDEA REUSSI [Hœrnes].	Grand. natur.	Tur.
6. BENOISTIA PYRAMIDATA, Cossmann.	Gr. 2/1	Eoc.
7-9. GYMNOCERITHIUM ROTUNDUM [Etallon].	Gr. 2/1	Kim.
10. PURPURINA (*Pseudalaria*) PATROCLUS [d'Orb.].	Grand. natur.	Torc.
11-14. PURPURINA (*Pseudalaria*) PHILIASUS [d'Orb.].	Gr. 2/1	Charm.
12. NERINELLA SPIRALIS [Rig. et Sauv].	Grand. natur.	Bath.
13. PURPUROIDEA MOREAUSIA [Buv.].	id.	Raur.
15-16. PARACERITHIUM (*Cosmocerithium*) NYSTI [d'Arch.].	Gr. 2/1	Bath.

Clichés et Phototypie Sohier & Cⁱᵉ, à Champigny-sur-Marne

PLANCHE IX

1-2. PYRAZUS STUERI, Cosmann.	Grand. natur.	Sén.
.4. PURPUROIDEA MOREAUSIA [Buv.].	id.	Raur.
5-6. BITTIUM SEMIGRANULOSUM [Lamk.].	Gr. 5/2	Eoc.
7-8. BITTIUM (*Semibittium*) CANCELLATUM [Lamk.].	Gr. 2/1	Eoc.
9. PROCERITHIUM (*Cosmocerithium*) BETULÆ [d'Orb.].	id.	Bath.
10-11. RHYNCHOCYPRÆA (*Palliocypræa*) GASTROPLAX [M'Coy].	Grand. natur.	Eoc.
12-13. TEREBRELLA OPIS [d'Orb.].	id.	Baj.
14. PSEUDOVARICIA MIRABILIS, Tate.	id.	Eoc.
15. CRYPTAULAX CONTORTUM [Desl.].	id.	Baj.

PLANCHE X

1-2.	Potamides (*Exechestoma*) Athenasi [Vass.].	Grand. natur.	Eoc.
3.	Pyrazus pentagonatus [Schloth.].	id.	Eoc.
4-5.	Sandbergeria communis [Desh.].	Gr. 4/1	Eoc.
6-7.	Potamides lapidum, Lamk.	Grand. natur.	Eoc.
8-9.	Potamides Lamarcki, Brongn.	id.	Olig.
10-11.	Pyrazus pentagonatus [Schloth.].	id.	Eoc.
12-13.	Aneurychilus secalis [Desh.].	Gr. 4/1	Eoc.
14.	Terebralia Vignali, Cosmann.	Grand. natur.	Mioc.
15-17.	Aureliianella mutabilis, Cosmann.	Gr. 3/1	Eoc.
18-20.	Potamides (*Tympanotonus*) orientalis [Conr.].	Grand. natur.	Tur.
21-22.	Terebralia corrugata [Bast.].	id.	Olig.

Essais de Paléoconchologie. M. Cossmann (7e livr.) Pl. X.

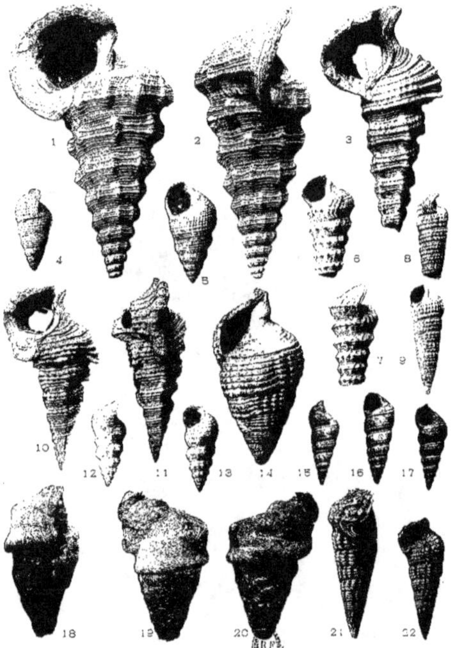

Clichés et Phototypie Sohier & Cie, à Champigny-sur-Marne.

PLANCHE XI

1-2. POTAMIDES (*Exechestoma*) ANGULOSUS [Lamk.].	Grand. natur.	Eoc.
3-4. POTAMIDES (*Ptychopotamides*) SEMICORONATUS [Lamk.].	id.	Eoc.
5-6. POTAMIDES (*Potamidopsis*) TRICARINATUS [Lamk.].	id.	Eoc.
7-10. POTAMIDES (*Tympanotonus*) CONARIUS [Bayan].	id.	Eoc.
11. AURELIANELLA MUTABILIS, Cosmann.	Gr. 3/1	Eoc.
12-13. TEREBRALIA (*Pyrazisinus*) CAMPANULATA [Heilp.].	Grand. natur.	Olig.
14-15. BATILLARIA PLEUROTOMOIDES [Lamk.].	id.	Eoc.
16. PSEUDOVARICIA MIRABILIS, Tate.	id.	Eoc.
17-18. POTAMIDES (*Pirenella*) PLICATUS [Brug.].	Gr. 2 1	Olig.
19. TYMPANATOMUS TROCHLEARIS [Lamk.].	Grand. natur.	Olig.
20. TEREBRALIA (*Pyrazisinus*) SCALATA [Heilp.].	id.	Plioc.
21. TELESCOPIUM LEMNISCATUM [Brongn.].	id.	Olig.
22-23. POTAMIDES (*Cerithidea*) SACRATUS [Gould].	Gr. 3/1	Pleist.
24-25. POTAMIDES (*Pirenella*) PICTUS [Bast.].	Gr. 3/2	Mioc.
26-27. POTAMIDES (*Tylochilus*) TUBA [Desh.].	id.	Paléoc.

Clichés et Phototypie Sohier & Cie, à Champigny-sur-Marne

PLANCHE XII

1-2. POTAMIDES (*Cerithidea*) DOUVILLEI, Vasseur.	Grand. natur.	Eoc.
3-4. POTAMIDES (*Pirenella*) MITRALIS [Eichwald].	id.	Plioc.
5-7. POTAMIDES (*Alocaxis*) CYLINDRACEUS (Desh.).	Gr. 2/1	Paléoc.
8-9. ANEURYCHILUS (*Alabina*) BOIPLEX [Dall].	Gr. 4/1	Olig.
10-11. CERITHIOPSIS ALVEOLATA [Desh.].	id.	Eoc.
12-13. NEWTONIELLA CLAVUS [Lamk.].	Gr. 2/1	Eoc.
14. CERITHIOPSIS (*Metaxia*) RUGULOSA [Sow.].	Gr. 4/1	Viv.
15-18. NEWTONIELLA (*Seila*) VARIANS [Desh.].	id.	Eoc.
19-21. BITTIOLUM PODAGRINUM [Dall.].	id.	Plioc.
22-24. CERITHIOPSIS (*Dizoniopsis*) PUPÆFORMIS [Bast.].	id.	Mioc.
25-26. LEOCOCHLIS LOUSTAUÆ, Cossmann.	Gr. 2/1	Eoc.
27-28. TRIPHORA BENOISTI, Cossmann.	Gr. 3/1	Mioc.
29-30. TRYPANAXIS UMBILICATA [Lamk.].	Gr. 2/1	Eoc.
31-33. TRYPANAXIS APERTA [Desh.].	id.	Eoc.
34. CERITHIOPSIS (*Cyrbasia*) PUPINA [Desh.].	Gr. 5/1	Eoc.
35-37. TRIFORIS (*Trituba*) BITUBULATUS, Baudon.	Gr. 3/1	Eoc.
38-39. TRIFORIS (*Epetrium*) HEROUVALENSIS, de Raine.	id.	Eoc.
40-42. TRIFORIS PLICATUS, Desh.	id.	Eoc.
43. TRIPHORA PERVERSA [Linné].	id.	Mioc.
44. TRIPHORA (*Ogivia*) PLANATA [Ten. Woods].	Gr. 2/1	Olig.
45. TRIPHORA (*Ogivia*) CRASSICRENATA [Cossm. et Pissarro].	Gr. 3/1	Eoc.
46-47. ANEURYCHILUS (*Cerithidium*) SUBMAMILLATUS [Rayn. et Conti].	Gr. 5/1	Plioc.
48-49. TRIPHORA (*Ogivia*) SINGULARIS [Desh.].	Gr. 3/2	Eoc.
50-51. BENOISTIA (*Conocerithium*) TAUROCONICUM [Sacco].	Gr. 2/1	Mioc.
52. POTAMIDES (*Tiarapirenella*) BICINCTUS [Br.].	Gr. 3/2	Mioc.
53-54. PLANAXIS AULACOPHORUS, Cossmann.	Gr. 3/1	Eoc.
55-56. ORTHOCHILUS BEZANÇONI, Cossmann.	id.	Eoc.

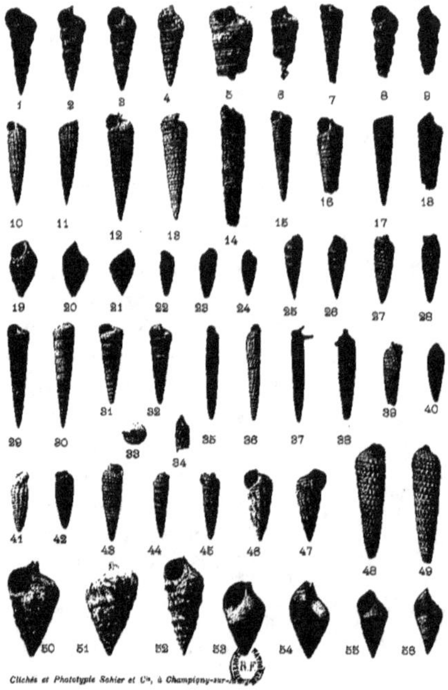

Clichés et Phototypie Sohier et Cie, à Champigny-sur-Marne

PLANCHE XIII

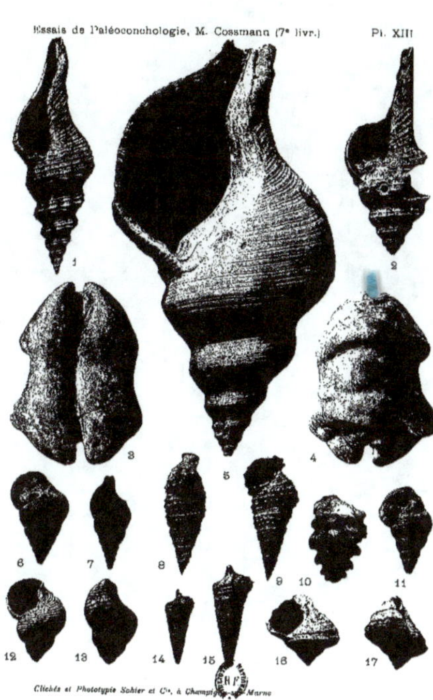

Essais de Paléoconchologie, M. Cossmann (7e livr.)
Pl. XIII

PLANCHE XIV

Essais de Paléoconchologie. M. Cossmann (7e livr.) Pl. XIV

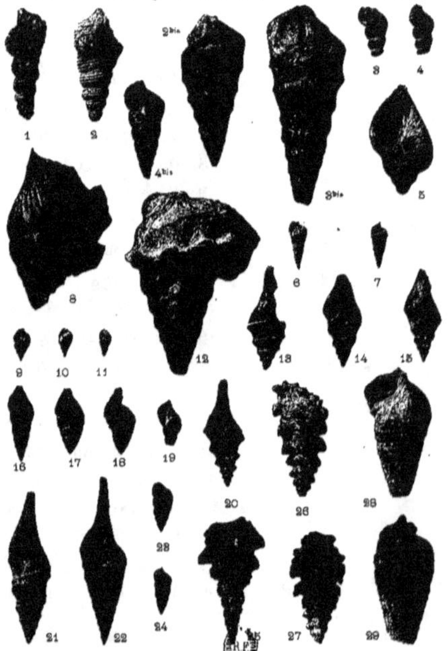

Clichés et Phototypie Sohier et Cie, à Champigny-sur-Marne

www.ingramcontent.com/pod-product-compliance
Lightning Source LLC
LaVergne TN
LVHW020617060726
842526LV00003B/769